普通高等教育计算机类专业"十四五"系列教材

C 语言程序设计

主　编　达列雄　陈少波

副主编　张　燕　李春玲　朱　伟　王　强

西安交通大学出版社
XI'AN JIAOTONG UNIVERSITY PRESS

图书在版编目(CIP)数据

C语言程序设计 / 达列雄,陈少波主编. --西安:西安交通大学出版社,2025.2. --(普通高等教育计算机类专业"十四五"系列教材). --ISBN 978-7-5693-2507-2

Ⅰ.TP312.8

中国国家版本馆CIP数据核字第2024QX3768号

C YUYAN CHENGXU SHEJI
C语言程序设计

主　　编	达列雄　陈少波
责任编辑	郭鹏飞
责任校对	邓　瑞
封面设计	任加盟

出版发行	西安交通大学出版社
	(西安市兴庆南路1号　邮政编码710048)
网　　址	http://www.xjtupress.com
电　　话	(029)82668357 82667874(市场营销中心)
	(029)82668315(总编办)
传　　真	(029)82668280
印　　刷	陕西博文印务有限责任公司
开　　本	787 mm×1092 mm　1/16　印张　18.75　字数　430千字
版次印次	2025年2月第1版　2025年2月第1次印刷
书　　号	ISBN 978-7-5693-2507-2
定　　价	48.00元

如发现印装质量问题,请与本社市场营销中心联系。
订购热线:(029)82665248　(029)82667874
投稿热线:(029)82664954
读者信箱:85780210@qq.com

版权所有　侵权必究

前 言

高等院校的教材建设是深入贯彻党的二十大精神,落实教材国家事权,建设教育强国、培养德智体美劳全面发展的社会主义建设者和接班人的重要举措。教材建设是铸魂工程,有什么样的教材就会培养出什么样的年轻一代,就会有什么样的国家和未来。因此,教材建设无论从内容到形式都必须坚持党的教育方针和正确价值引领,做到科学、严谨、规范。

在当今数智化时代,以人工智能、物联网、区块链和大数据技术为代表的计算机技术的发展日新月异。程序设计作为计算机科学的核心技术,对于培养编程思维和编程能力、推动科技进步和社会发展起着至关重要的作用。C 语言作为一门经典且极具影响力的程序设计语言,以其简洁的语法、丰富的数据类型、强大的功能以及良好的可移植性,被广泛应用于系统软件、应用软件、嵌入式系统等众多领域。无论是构建操作系统、开发数据库管理系统,还是编写各种实用的工具软件,C 语言都展现出了卓越的性能和强大的适应性。

本书旨在为读者提供系统、全面、深入的 C 语言程序设计知识。在编写过程中,我们注重理论与实践的结合,通过大量的案例和练习题帮助读者更好地理解和掌握 C 语言的基本语法和常用算法。同时,我们也强调编程思想的培养,引导读者学会如何分析问题、设计算法,并将其转化为可执行的 C 语言程序。为了满足不同读者的学习需求,本书在内容编排上力求循序渐进、深入浅出。从 C 语言的基本概念和编程环境开始介绍,逐步引导读者深入学习 C 语言的高级特性和编程技巧。本书每一章都配有详细的讲解和丰富的示例,以便读者能够快速掌握知识点。此外,本书还提供了大量的课后练习题和编程实践项目,帮助读者巩固所学知识,提高编程能力和计算思维能力。

本教材在编写过程中融入了党的二十大和二十届三中全会精神,以及全国教育大会的精神,并认真落实了教育部关于课程思政建设的相关要求。在教材案例选用中除了选用 C 语言的经典案例外,还融入了大量的思政元素和思政案例,做到知识传授与价值观引导的有机统一,润物细无声、潜移默化地落实了立德树人的根本任务。

通过学习本书,读者将能够熟练掌握 C 语言程序设计方法和技能,训练编程思维,为今后在学习工作中通过编程解决各类问题打下坚实基础。限于水平,书中不足之处恳请读者和同行批评指正。

编者

2024 年 12 月

目 录

第1章 程序设计和 C 语言 ... 1
- 1.1 什么是计算机语言 ... 1
- 1.2 C 语言的发展及特点 ... 3
- 1.3 C 语言程序设计的一般过程 ... 4
- 1.4 最简单的 C 语言程序 ... 5
- 1.5 运行 C 语言程序的步骤与方法 ... 8
- 习题 ... 13

第2章 算法设计 ... 14
- 2.1 什么是数据结构 ... 14
- 2.2 什么是算法 ... 15
- 2.3 算法的特性 ... 16
- 2.4 简单的算法举例 ... 17
- 2.5 算法的表示 ... 19
- 习题 ... 22

第3章 C 语言中的运算符和表达式 ... 23
- 3.1 标识符 ... 23
- 3.2 数据类型 ... 24
- 3.3 常量和变量 ... 26
- 3.4 运算符和表达式 ... 30
- 3.5 数据类型转换 ... 35
- 习题 ... 37

第4章 顺序结构程序设计 ... 40
- 4.1 C 语言语句概述 ... 40
- 4.2 C 语言中的格式输入输出函数 ... 44
- 4.3 C 语言中字符数据的输入输出函数 ... 61
- 4.4 顺序结构程序设计应用举例 ... 64
- 习题 ... 72

第5章 选择结构程序设计 … 76
5.1 选择结构和判断条件 … 76
5.2 用 if 语句实现选择结构 … 87
5.3 switch 语句实现多分支选择结构 … 98
5.4 选择结构程序设计案例应用 … 103
习题 … 111

第6章 循环结构程序设计 … 116
6.1 while 语句和 do…while 语句 … 116
6.2 for 语句 … 119
6.3 循环的嵌套 … 124
6.4 break 语句和 continue 语句 … 128
6.5 循环结构程序举例 … 130
习题 … 138

第7章 数组的应用 … 143
7.1 一维数组 … 143
7.2 二维数组 … 151
7.3 字符数组 … 156
7.4 数组的综合应用 … 163
习题 … 166

第8章 模块化程序设计与函数 … 168
8.1 模块化程序设计与函数概述 … 168
8.2 无参函数的定义和调用 … 170
8.3 有参函数的定义和调用 … 173
8.4 对被调函数的声明和函数原型 … 176
8.5 函数的嵌套调用和递归调用 … 178
8.6 变量的作用域范围 … 182
8.7 案例应用 … 186
习题 … 189

第9章 指 针 … 194
9.1 指针变量的定义和引用 … 194
9.2 指向数组的指针 … 200
9.3 指针作为函数的参数 … 211
9.4 指向函数的指针与指针函数 … 214

9.5 指针数组与多级指针 ·· 217
9.6 动态内存分配与指向它的指针变量 ··· 221
习题 ··· 223

第 10 章 结构体和共用体 ·· 229
10.1 结构体 ··· 233
10.2 共用体 ··· 243
10.3 链表 ·· 244
10.4 综合实例 ·· 250
习题 ··· 261

第 11 章 编译预处理与文件 ··· 267
11.1 编译预处理 ·· 267
11.2 文件 ·· 269
习题 ··· 281

附 录 ··· 285
附录 1 C 语言中的 37 个关键字及含义 ·· 285
附录 2 ASCII 码对照表 ·· 287
附录 3 C 语言中的运算符和优先级 ·· 288
附录 4 C 语言中常用的函数解析 ··· 290

第 1 章　程序设计和 C 语言

一个完整的计算机系统是由硬件系统和软件系统构成的，软件系统是支持计算机运行和正常使用的一系列软件的集合，例如我们使用的 Windows 操作系统、鸿蒙操作系统、Android 操作系统、WPS 办公软件、QQ 和微信等都是软件。一个软件又是由一个或者多个程序组成的，而这些程序就是程序设计人员利用某种计算机能够识别和理解的语言编写出来的。

人和人交流用的是人类的自然语言，人和计算机交流用的是计算机语言。用计算机语言按照其语法规则，对所要解决问题的方法和步骤进行描述的过程称为程序设计。将设计好的程序交给计算机，计算机就会按照程序中规定好的具体操作步骤进行处理，这就是程序运行。

那么，什么是计算机语言？计算机语言都有哪些？计算机语言的特点有哪些？如何用计算机语言编写程序？本章将对这些问题重点展开讲解，为读者在后续各章的学习打好基础。

1.1　什么是计算机语言

计算机语言(computer language)是指用于人与计算机之间进行交流的语言，是人与计算机之间传递信息的工具。任何语言都有其基本的组成元素和语法规则，只有使用规定的语言元素并按照其语法规则进行"交流"，彼此才能传递信息，正常交流。计算机语言就是一套用于编写计算机程序的字符和语法规则，由这些字符和语法规则组成计算机语言的各种语句，利用这些语句对求解问题的过程和步骤进行描述，便是计算机程序。计算机语言按层次来分可以分为机器语言、汇编语言和高级语言。

1. 机器语言

机器语言是计算机的"母语"，是计算机能够直接理解和接受的程序语言或指令代码，机器语言是由"0"和"1"组成的计算机能直接识别和执行的一种机器指令的集合。计算机执行这些指令，便可完成预定的任务。不同的计算机都有各自的机器语言，即指令系统。从编程人员的角度看，机器语言是最低级的语言。机器语言被称为第一代程序设计语言。

机器语言具有灵活、直接执行和速度快等特点。然而，用机器语言编写程序，编程人员首先要熟记所用计算机的全部指令代码和代码的含义，这是一项冗长、乏味且艰巨的事情，且编出的程序全是"0"和"1"组成的指令代码，直观性差，晦涩难懂，而且还容易出错，不易查错和修改。

2. 汇编语言

为了提高程序编写效率,改善程序的可阅读性,简化程序设计过程,用一些容易理解和记忆的"助记符"来代替一些特定的指令,例如用"ADD"代表加法操作指令,"SUB"代表减法操作指令,以及"INC"代表增加1,"DEC"代表减去1,"MOV"代表变量传递等,通过这种方法,大大减小了程序设计人员记忆指令、编写代码和修改程序的难度。我们将这种表示程序的"助记符"系统称为**汇编语言**。

但用"助记符"系统书写的程序,计算机无法直接识别和执行,这时候就需要一个专门的程序把这些用"助记符"编写的程序代码"翻译"成计算机能够识别的机器语言。为了将助记符程序转换为机器语言程序,研究人员开发了一组称为汇编器的程序。这种翻译程序之所以被称为汇编程序是因为它们的任务是将指令助记符和存储单元的标识符汇编成实际的机器指令。汇编语言与人类的自然语言之间的鸿沟大幅缩小,人们称它为第二代程序设计语言。

虽然用汇编语言编写程序相比用机器语言编写有许多优点,但是它生来就是机器相关的,程序中的指令助记符依旧与特定的计算机硬件相关,程序员在编程时要耗费许多精力考虑硬件的细节问题,不能把主要精力放在问题求解过程中。另外,用汇编语言设计的程序依赖机器,不能简单地移植,因此,汇编语言和机器语言被称为面向机器的程序设计语言。

3. 高级语言

从1950年开始,计算机科学家们研发出了一种更接近人类自然语言和数学语言的程序设计语言,这种语言比汇编语言更加适合于程序设计,通常称为**高级程序设计语言**。例如实现两数求和的高级语言程序代码如下

```
a = 3;          //将数值3存入到变量a中
b = 2;          //将数值2存入到变量b中
c = a + b;      //将a与b中的值相加后存入到变量c中
```

高级程序设计语言所使用的语句,采用了接近人类自然语言的数据命名方式,以及接近数学表达式的运算式。另外,语句不涉及任何特定的计算机硬件与指令系统,使得高级语言程序表现出了与机器无关的特点,从理论上来说可以在任何计算机上运行。

高级程序设计语言的一条语句可以完成一个高级活动,没有涉及具体的计算机该如何实现这个活动,使得程序员绕开了复杂的计算机硬件问题,将精力集中于问题的求解方法与过程上。因此,这种运用高级语言进行程序设计的方法被称为面向过程的程序设计。由于高级语言具有机器无关性,因此用高级语言设计的程序能够比较容易地从一种类型的计算机移植到另一种类型的计算机。

高级语言更容易被编程人员理解和接受,程序编写和修改更方便,这大大提高了编程效率,降低了程序出错率,但是计算机无法识别和理解高级语言,为了能在计算机上执行高级语言程序,同样需要一个"翻译"程序,将由高级语言语句组成的程序翻译成特定的机器语言的指令序列,这个"翻译"程序被称为编译程序。本书讲解的C语言是当今最为流行的高级程序设计语言之一,它出现于20世纪70年代初期,至今仍被程序编写人员广泛使用,也是

程序设计初学者的首选。

1.2　C语言的发展及特点

1. C语言的发展历史

1972年，美国贝尔实验室的丹尼斯·里奇在B语言的基础上最终设计出了一种新的语言，他取了BCPL的第二个字母作为这种语言的名字，这就是C语言。

1973年初，C语言的主体完成。汤普森和里奇迫不及待地开始用它完全重写了UNIX。随着UNIX的发展，C语言自身也在不断地完善。

1977年，丹尼斯·里奇发表了不依赖于具体机器系统的C语言编译文本《可移植的C语言编译程序》。

1982年，很多有识之士和美国国家标准协会（American National Standards Institue，ANSI）为了使C语言健康地发展下去，决定成立C标准委员会，建立C语言的标准。

1989年，ANSI发布了第一个完整的C语言标准——ANSI X3.159-1989，简称"C89"，人们也习惯称其为"ANSI C"。

C89在1990年被国际标准化组织（International Standard Organization，ISO）采纳，ISO官方给予的名称为ISO/IEC 9899，所以ISO/IEC9899:1990也通常被简称为"C90"。

1999年，在做了一些必要的修正和完善后，ISO发布了新的C语言标准，命名为ISO/IEC 9899:1999，简称"C99"。

2011年，ISO又正式发布了新的标准，称为ISO/IEC9899:2011，简称为"C11"。目前，最新的C语言标准为2022年发布的"C23"标准，新标准有很多新的特性和改进，为C语言的使用者提供了更多的便利和可能性。

2. C语言的主要特点

C语言是一种结构化的高级语言，它层次清晰，可按照模块方式编写程序，有利于程序调试，且C语言的处理和表现能力都非常强大，既能够用于开发系统程序，也可用于开发应用软件。C语言的主要特点总结如下。

(1) 语言简洁。C语言简洁、紧凑，使用方便、灵活，包含的各种控制语句仅有9种，关键字也只有32个，程序书写自由，主要用小写字母表示，压缩了一切不必要的成分，容易记忆和使用。

(2) 具有结构化的控制语句。C语言是一种结构化的语言，提供的控制语句具有结构化特征，如for语句、if…else语句和switch语句等。可以用于实现函数的逻辑控制，方便面向过程的程序设计。

(3) 数据类型丰富。C语言不仅有传统的字符型、整型、浮点型、数组等数据类型，还具有其他编程语言所不具备的数据类型。

(4) 运算符丰富。C语言包含34个运算符，它将赋值、括号等均视作运算符来操作，从而使C语言的运算类型极为丰富，可以实现其他高级语言难以实现的运算。

(5) 可对物理地址进行直接操作。C 语言允许直接访问物理地址,能进行位(bit)操作,能实现汇编语言的大部分功能,可以直接对硬件进行操作。C 语言不但具备高级语言所具有的良好特性,又包含了许多低级语言的优势,故在系统软件编程领域有着广泛的应用。

(6) 代码具有较好的可移植性。C 语言是面向过程的编程语言,用户只需要关注所要解决问题的本身,而不需要花费过多的精力去了解相关硬件,且针对不同的硬件环境,在用 C 语言实现相同功能时的代码基本一致,无需或仅需进行少量改动便可完成移植,这就意味着,对于一台计算机编写的 C 程序可以在另一台计算机上轻松地运行,从而极大减少了程序移植的工作强度。

(7) 可生成高质量、目标代码执行效率高的程序。与其他高级语言相比,C 语言可以生成高质量和高效率的目标代码,故通常应用于对代码质量和执行效率要求较高的嵌入式系统程序的编写。

但是,C 语言对程序员要求也高,程序员用 C 语言写程序会感到限制少、灵活性大、功能强,但较其他高级语言在学习上要困难一些。另外,C 语言存在对数据的封装性弱,对变量的类型约束不严格,对数组下标越界不进行检查等缺点,会影响程序的安全性。

1.3 C 语言程序设计的一般过程

前几节我们已经对计算机语言以及 C 语言有了简单的了解,那么用 C 语言进行程序设计,还需要哪些环境,需要经过哪些步骤呢? 本节将主要为读者讲解 C 语言程序设计的一般过程。

1.3.1 编写源程序

在计算机上进行程序设计的过程,就是将程序输入计算机并进行修改、调试的过程。在这一过程中,需要用一种叫作编辑器的软件来进行程序文本的书写与编辑工作。

从程序的形式上来看,程序都是纯文本性的内容,可以用任何计算机上通用的文本处理工具来编辑,例如记事本、写字板、Word、Vim、Emacs、gedit 等这些都是很好的文本编辑软件。在文本编辑器中按照 C 语言的语法规则书写代码语句,并将其保存为扩展名为 .c(例如 test.c)的文件,这个文件就是 C 语言的源程序。

1.3.2 将源程序翻译为机器指令

由于计算机只能识别机器语言,用高级语言编写的程序与机器语言程序之间有着很大的差距,要想使高级语言程序能被计算机接受并执行,就需要将高级语言程序翻译或解释成机器语言指令。这就好比用中文表示的信息要想让一个不懂汉语的英文国家的人来读懂并按要求去行事,必须先将这些信息翻译成英文一样。C 语言通常用一种叫作编译器的程序将源程序翻译成机器语言程序(目标程序)。所有高级语言都提供了这样的翻译软件,但是不同语言的翻译方式各有不同。

1.3.3 生成可执行程序

用 C 语言编写的源程序经编译器翻译后生成的目标程序虽然已经是机器代码了,但是还不能在计算机上运行,还需要通过"链接程序"将目标程序变成可执行程序文件,只有可执行程序才能在计算机上独立运行。

C 语言允许将一个程序按其功能划分成若干个模块,每个模块可以单独在一个源文件中进行编写、编译。一个功能完整的程序有多少个源程序文件,它就有多少个目标程序文件,链接程序就是将各个不同的目标程序文件按照程序的逻辑进行汇集组装。另外,使用 C 语言进行程序设计时,会引用一些系统预先定义好的标准函数或者操作系统的资源,因此,链接程序也需要将它们同时汇集组装,最后得到可执行程序。在 Windows 环境下,可执行程序一般为扩展名为 .exe 的文件,例如,test.exe、QQ.exe、word.exe 等。

通过本节的学习我们了解到,用 C 语言进行程序设计需要经过编辑、编译、链接后才能在计算机系统中独立运行,C 语言程序设计的过程如图 1.1 所示。目前有很多集成化开发环境,集编辑、编译、调试、链接以及运行于一体,大大提高了程序开发、调试、修改的效率,C 语言程序设计的集成开发环境我们在后续章节将会介绍。

图 1.1　C 语言程序设计过程

1.4　最简单的 C 语言程序

人们在用任何语言交流时,都必须遵循一定的语法规则,否则对方将无法理解。用 C 语言编写程序,也要按照 C 语言的语法格式来书写,为了说明 C 语言源程序结构的特点,先看以下几个程序。这几个程序由简到难,虽然有关内容还未介绍,但可从这些例子中了解到组成一个 C 语言源程序的基本部分和书写格式,对后面学习程序设计有很好的帮助作用。

1.4.1　最简单的 C 语言程序

【例 1-1】　在控制台输出一句话:"不忘初心,方得始终!"。

```
/* 这是我的第一个 C 语言程序哦 */
#include <stdio.h>                      /* 包含头文件 */
int main()                              /* 主函数 */
{
    printf("不忘初心,方得始终!\n");     /* 调用输出函数 */
    return 0;                           /* 返回系统 */
}                                       /* 程序结束 */
```

上例程序的功能是在控制台中显示"不忘初心,方得始终!"这句话,是一个结构单一的C语言小程序,下面我们逐条语句对其进行剖析。

(1)程序中以/*开始,以*/结束的内容是程序的注释说明部分,是方便程序设计者之间进行交流或者程序员所做的备忘录,是程序中非执行的语言要素,不编译。注释可以单独占据一行或多行,也可出现在一个语句的后面。

(2)程序中以#开头的是预编译命令,用于在源程序编译前的预处理工作。include 称为文件包含命令,扩展名为.h 的文件称为头文件,在 stdio.h 头文件中,C语言预先声明了有关输入输出函数以及用户需要的其他内容,其中包含了上述程序中用到的输出函数 printf。因此,例 1-1 程序要用#include〈stdio.h〉将 stdio.h 头文件中的内容插入到程序中来。

(3)main 是主函数,每一个 C语言源程序都必须有,且只能有一个主函数。main 是这个函数的名称,main 后的一对括号中的内容是该函数的参数,此程序的 main 函数没有参数,所以()中为空,关于函数参数的具体规定将在后续章节详细介绍。main 前面的 int 表示该函数是一个整数类型的函数,即表示该函数的值是一个整数。函数体由一对花括号{}括起来,可以说,C语言程序的编写过程,就是函数的编写和调用过程。

(4)printf 函数是一个由系统定义的标准函数,可在程序中直接调用,printf 函数的功能是按照()中的参数在终端输出相应的内容,\n 是输出换行符。C语言系统中定义了很多标准函数,就像一个个事先准备好的工具,用户直接调用即可发挥其功能。

上例程序的执行语句中,每条语句都是以";"结束,";"是 C语言中的语句分隔符。注意 C语言对中英文标点符号区分严格,除注释语句和原样输入输出语句外,C语言中所有的标点符号全部是英文标点符号。

通过对例 1-1 中的程序剖析,我们可以得出结构简单的 C语言程序的框架结构如下。

```
编译预处理部分
intmain()
{
    可执行语句部分;
    return 0;
}
```

1.4.2 结构相对完整的 C 语言程序

【例 1-2】 用 C语言编写程序,用户输入圆的半径,计算圆的面积与周长并输出。

```
#include "stdio.h"        /* 将 stdio.h 包含到本程序中来 */
#define PI 3.14159        /* 将 PI 定义为 3.14159 */
Int main()                /* 主函数名称及其类型 */
{
    int r;                /* r是定义的存放圆半径的变量 */
```

```
    double s,l;                    /* 变量s和l用来存放圆的面积和周长 */
    scanf("%d",&r);                /* 输入圆的半径 */
    s = PI * r * r;                /* 计算圆的面积 */
    l = 2 * PI * r;                /* 计算圆的周长 */
    printf("面积是:%f,周长是:%f \n",s, l);    /* 输出圆的面积与周长 */
    return 0;
}                                  /* 主函数结束 */
```

本例程序是计算圆面积与周长的程序,我们对其进行逐句分析,例 1-1 中已经讲解的部分就不再赘述。

(1)♯define 指令是宏定义指令。C 语言允许程序员在编写程序时将一些直接常量用符号来代替,这样的符号称为宏常量,在程序编译时由编译预处理程序根据♯define 中定义的宏常量与直接常量的对应关系将程序中所有的宏常量替换成直接常量。例 1-1 中的♯define PI 3.14159 就是用宏常量 PI 表示 3.14159,在对程序进行编译预处理时会将程序中所有 PI 都替换成 3.14159。C 语言中常量的概念将在后续章节进行介绍。

(2)本例中用了三个变量 r、s、l,分别用来存放圆的半径、面积和周长,变量名 r、s、l 只代表三个变量名字,用户可以在符合 C 语言命名规则前提下根据自己的喜好和习惯命名。圆的半径 r 我们定义为整型数,所以用 int 关键字来定义声明,圆的面积 s 和周长 l 是双精度浮点型,所以用 double 关键字来定义,变量的定义和使用将在后续章节说明。

(3)第 7 行 scanf("%d",&r) 为输入语句,scanf 函数和 printf 函数一样,是一个由系统定义的标准函数,用户直接调用即可,调用 scanf 函数,接受键盘上输入的数并存入变量 r 中。

(4)第 8 行和第 9 行程序是分别计算圆的面积和周长,并把计算的值分别送到变量 s 和变量 l 中。

(5)第 10 行是用 printf 函数输出变量 s 和变量 l 的值,即圆的面积和周长。程序结束。

从例 1-2 可以看出,相对完整的 C 语言程序的框架结构如下。

```
类型   函数名(参数列表)
{
    变量的声明部分;
    可执行语句部分;
}
```

1.4.3 C 语言源程序的特点

通过对例 1-1 和例 1-2 的学习,我们可以对 C 语言源程序的结构特点概括如下。
(1)一个 C 语言源程序可以由一个或多个源文件组成。
(2)每个源文件由一个或者多个函数构成,函数是基本的 C 语言程序单位。
(3)一个源程序不论由多少个文件组成,都有且只有一个 main 函数,即主函数。

(4)程序先从 main() 函数开始执行,最后结束于 main() 函数。

(5)源程序中可以有预处理命令,预处理命令通常应放在源文件或源程序的最前面。若程序需要调用标准库函数,在程序的开头部分必须用♯include 将相关的信息包含到程序中。

(6)每一个说明,每一个语句都必须以分号结尾。但预处理命令,函数头和花括号"}"之后不能加分号。

(7)标识符、关键字之间必须至少加一个空格以示间隔。若已有明显的间隔符(比如逗号),也可不再加空格来间隔。

1.4.4　C 语言程序编写风格

在编写 C 语言源程序时,在严格遵循其语法规则的前提下,编程人员也要从书写清晰、便于阅读、理解、维护的角度出发,养成良好的编程习惯。

(1)一个说明或一个语句尽量占一行,以便阅读和查找错误。

(2)变量命名时尽量做到"见名知意",防止随意乱起名,不易区分和使用。

(3)用 {} 括起来的部分,通常表示了程序的某一层次结构。{}一般与该结构语句的第一个字母对齐,并单独占一行。

(4)低一层次的语句或说明可比高一层次的语句或说明缩进若干格后书写。以便看起来更加清晰,增加程序的可读性。

(5)为了提高程序的可读性,编程时给程序加上注释。

本节从简单的 C 语言程序入手,得出一个 C 语言程序的基本框架,从中也接触到了 C 语言的一些语言元素及功能。要想编写 C 语言程序还必须通过后续章节的学习对其语言元素和主要功能有一个比较全面的认识和掌握。

1.5　运行 C 语言程序的步骤与方法

工欲善其事,必先利其器,如果将 C 语言程序的编辑、编译、链接和运行集成在同一个环境中,会大大提高程序开发和调试的效率,目前,这样的集成开发环境种类很多,C 语言常用的集成开发环境有 Microsoft Visual C++、Code∷Blocks、Dev-C++、Microsoft Visual Studio 等。其中 Code∷Blocks 是 Windows 操作系统下和 Linux 操作系统下很好的 C 语言程序开发平台,也是一款初学者非常容易掌握的 C 语言程序开发平台。因此本节重点介绍 Code∷Blocks 集成开发平台的使用。

1.5.1　Code∷Blocks 下载安装

登录 C 语言官方网站,下载带有编译器的 Code∷Blocks 版本进行安装,如图 1.2 所示。

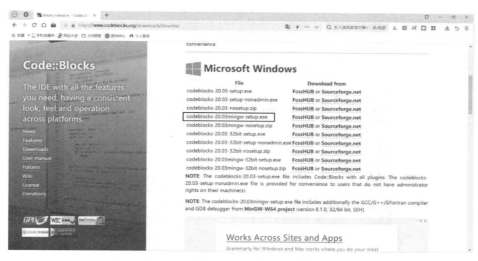

图 1.2　下载 Code::Blocks 安装文件

1.5.2　创建工程

启动 Code::Blocks 集成开发环境后，首先要创建工程，工程内包含了一个应用程序所需的各种源程序、资源文件和文档等全部文件的集合。Code::Blocks 内置了多种不同的工程类型可供选择，选择不同的工程类型，系统会提前做某些不同的准备以及初始化工作。"Console Application"是最简单的一种类型，调试 C 语言程序时，选择此种类型会比较方便。这里我们以 Code::Blocks 英文版为例，介绍如何创建工程，比如要建立一个名字为 test 的工程步骤如下。

①运行 Code::Blocks，在环境下用鼠标单击"File"菜单，出现"File"下拉菜单，然后选择 New 菜单下的"Projects…"，出现图 1.3 所示的界面。

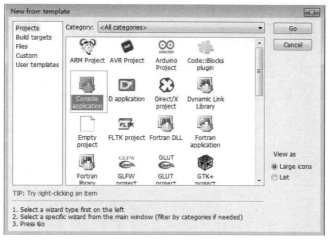

图 1.3　工程类型选择界面

②在 Projects 标签页右侧的工程类型选择界面中选中"Console application"（控制台程

序)项,单击"Go"按钮,弹出工程导航对话框,如图 1.4 所示。

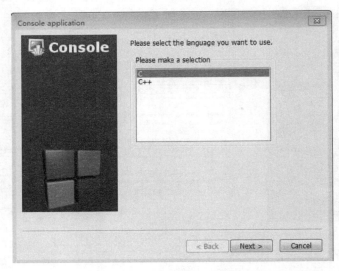

图 1.4　工程导航对话框

③选择编程语言"C",单击"Next"按钮,出现图 1.5 所示的界面,完善工程信息。

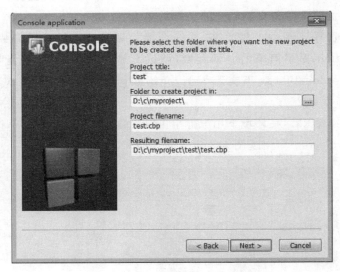

图 1.5　完善工程信息

④在"Project title"文本框中输入工程标题"test",选择工程保存路径,例如"D:\c\myproject\test\test.cbp"为工程文件名,完成后单击"Next"按钮,出现图 1.6 所示的界面。

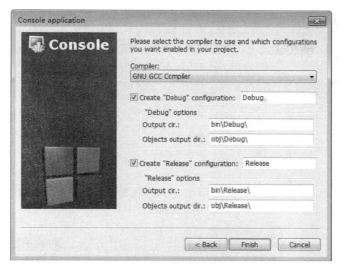

图 1.6　选择编译器

⑤单击"Finish"按钮,至此,一个名为 test 的工程文件建立完成。在窗口左侧的导航栏会出现工程名称"test",选择"Sources"目录下的"main.c"文件,出现图 1.7 所示的界面,右侧编辑窗口中便是一个最简单的 C 语言程序,我们可以在此程序基础上修改编写我们自己的 C 语言程序。

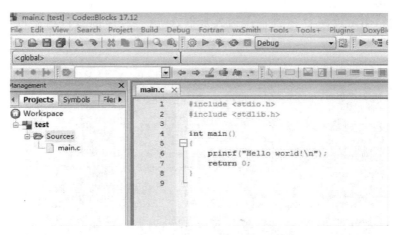

图 1.7　工程界面

1.5.3　运行程序

我们用 C 语言在编辑器中书写的扩展名为.c 的文件叫源程序,要想看到程序运行的结果,就需要运行源程序,编写好的程序在运行前需要编译和连接,在 Code∷Blocks 集成开发环境窗口上单击"Build"菜单中的"Build"命令和"Run"命令编译运行程序,或者单机工具栏上的相应按钮也可以。编译时如果出错,错误信息出现在界面下的输出窗口中。根据输出的错误提示信息,编程者可在编辑区继续修改程序,然后再次编译运行,如图 1.8 所示。

12 C 语言程序设计

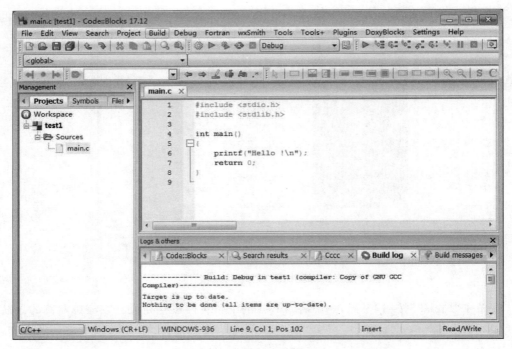

图 1.8　编译运行程序

程序正常运行后,会弹出一个黑色窗口,此窗口被称为控制台输入输出界面,如图 1.9 所示。在此窗口中可以向 C 语言程序输入数据,C 语言程序的运行结果也显示在这个窗口中。

图 1.9　运行程序结果

1.5.4　向工程中添加文件

一个工程有时候不仅仅只有一个 .c 文件,它包含了一个应用程序所需的各种源程序、资源文件和文档等,程序设计人员可根据需要随时向工程内添加所需的文件,可以通过单击"Project"菜单选择相应的操作,也可以在窗口左侧的导航栏中用鼠标右击工程文件名,在弹出的快捷菜单中选择相应的操作命令。

习 题

1. 什么是程序？什么是程序设计？
2. 什么是计算机语言？计算机语言可以分为几类？
3. 简述 C 语言程序设计的一般过程。
4. 选择题

(1) 所有 C 函数的结构都包括的三部分是(　　)。
　　A. 语句、花括号和函数体　　　B. 函数名、语句和函数体
　　C. 函数名、形式参数和函数体　D. 形式参数、语句和函数体

(2) C 语言程序由(　　)组成。
　　A. 子程序　　　B. 主程序和子程序　　　C. 函数　　　D. 过程

(3) 一个 C 语言程序的执行是从(　　)。
　　A. 本程序的 main 函数开始，到 main 函数结束
　　B. 本程序文件的第一个函数开始，到本程序文件的最后一个函数结束
　　C. 本程序文件的第一个函数开始，到本程序 main 函数结束
　　D. 本程序的 main 函数开始，到本程序文件的最后一个函数结束

(4) C 语言中主函数的个数是(　　)。
　　A. 1 个　　　B. 2 个　　　C. 3 个　　　D. 任意个

(5) 下列关于 C 语言注释的叙述中错误的是(　　)。
　　A. 以"/*"开头并以"*/"结尾的字符串为 C 语言的注释符
　　B. 注释可出现在程序中的任何位置，用来向用户提示或解释程序的意义
　　C. 程序编译时，不对注释进行任何处理
　　D. 程序编译时，需要对注释进行处理

5. 熟悉上机运行 C 语言程序的方法，上机运行本章例题 1-1 和 1-2。
6. 编写一个简单的 C 语言程序，输出以下信息：
　　＊＊＊＊＊＊＊＊＊＊＊＊＊＊＊＊＊＊＊＊＊＊
　　This is a　C　Programme
　　＊＊＊＊＊＊＊＊＊＊＊＊＊＊＊＊＊＊＊＊＊＊
7. 编写一个 C 语言程序，给 a、b 两个整数输入值，输出两个整数之差。

第 2 章 算法设计

程序设计要解决的核心问题:对数据的描述和对操作步骤的描述。对数据的描述是在程序中要指定数据的类型和数据的组织形式,即数据结构(data structure);对操作步骤的描述是对要解决的问题进行有效的描述并给出问题的求解方法,即算法(algorithm)。所以,经典的程序定义为

$$程序=数据结构+算法$$

但实际上,要想借助某种程序设计语言来解决问题,除了考虑数据结构和算法外,还需要考虑程序设计方法、设计技巧、开发工具以及面向的平台环境等因素,因此,本书将程序定义为

$$程序=数据结构+算法+设计方法+开发工具+环境平台$$

本书的目的是让读者掌握 C 语言的语法规则,掌握如何熟练使用 C 语言编写程序,进行编写程序的初步训练,因此,重点讲解的是 C 语言的语法规则,只介绍算法的初步知识。

2.1 什么是数据结构

数据是对客观事物的符号表示,是指能够输入、存储和被计算加工处理的对象。数据的类型既可以是数值类型的,也可以是非数值类型的;可以是单一类型的,也可以是复合类型的。数值类型可以是整数、实数等类型;非数值类型的包括字符类型、文本类型、图像类型、音频以及视频类型等。

数据元素是数据的基本单位,在计算机程序中通常是作为一个整体来进行考虑和处理的。例如,在进行一个圆的计算时,半径、周长、面积等都是简单的数据对象,每个对象只需要一个数据元素来表示。

在进行程序设计时,常见的是处理一批具有相同性质的数据元素,这种由一个或多个数据元素组成的复杂数据通常被称为数据对象,因此,数据对象是一个具有底层结构的实体,常常被作为一个整体来引用。例如,一个 $n\times n$ 的实数矩阵就是一个数据对象,这个数据对象由 n^2 个实数类型的数据元素构成。

描述事物对象的数据元素之间彼此不会是孤立的,他们之间总是存在着这样或那样的关系,这种元素之间的关系称为数据对象的数据结构。按照数据元素间关系的不同特征,通常有集合结构、线性结构、树形结构和网状结构等类型的基本数据结构。一个数据对象的结构具有两个要素:一个是数据元素的集合;另一个就是元素之间的关系。

上述介绍的数据结构是对数据对象的一种逻辑描述,描述的是数据元素之间的逻辑关

系,因此也称为逻辑结构。数据的逻辑结构是从实际问题中抽象出来的数学模型,并非数据在计算机中的实际表示。数据在计算机中的表示与存储称为数据的存储结构,也称物理结构。存储结构既要表示数据元素,又要表示元素之间的关系。数据的逻辑结构可以用两种方式在计算机中存储与表示,一种是用顺序存储方式,另一种是用链式存储方式。这两种存储方式分别称为顺序结构和链式结构。

顺序结构是把逻辑上相邻的数据元素存储在物理位置相邻的存储单元中。顺序结构用了物理存储空间位置自然相邻的关系来表示数据元素的逻辑关系,如图 2.1 所示。通常借助于程序设计语言中的数组来实现。

图 2.1　数据的顺序存储结构

链式结构对逻辑上相邻的元素并不要求其物理位置相邻,元素间的逻辑关系通过指针来指示,用指针指出与该数据元素有关的其他数据元素存放在何处,由此得到的存储结构称为链式存储结构。由于链式存储结构需要用指针来指示元素之间的关系,同顺序结构相比,它需要额外的存储空间来存储指针。链式存储结构通常借助于程序设计语言中的指针类型来实现,如图 2.2 所示。链式结构既能表示线性结构又能表示非线性结构。

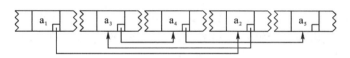

图 2.2　数据的链式存储结果

以上介绍的是最基本的数据结构,另外还有索引存储法以及散列法等。数据结构用来反映一个数据对象的内部结构,亦即一个数据对象由哪些元素构成,以什么方式构成。逻辑结构反映元素之间的逻辑关系,而物理结构反映数据元素在计算机内部的安排形式,这些都是程序设计需要解决的核心问题。

算法与数据结构是紧密相连的,在进行算法设计时必须确定相应的数据结构,数据结构选择的是否恰当,直接影响算法的效率。

2.2　什么是算法

做任何事情都有一定的方法和步骤,为解决一个问题而采取的方法和步骤,就称为算法。算法是对特定问题求解步骤的一种描述,能够对符合规范的输入在有限的时间内获得所要求的输出。在计算机程序设计中,算法的输入和输出都被编码成数字,因此算法对信息的处理实际上表现为对数据的某些运算,因此,也可以称算法描述了一个运算序列或数据处理过程,它强调问题求解的步骤和思想方法,而不是答案。如果一个算法有缺陷或不适用于某个问题,执行这个算法将不会解决这个问题。从本质上来说,算法体现了人类解决某类问题时的思维过程,描述了人类解决同类问题所依据的规则。

作为对特定问题求解步骤的描述，算法总是由许多具体的操作构成，虽然操作的内容千变万化，但是一些操作之间总是存在着内在的联系，这些联系控制着各操作步骤的执行顺序，使得按照书写顺序排列的操作步骤不一定在操作顺序上相邻。算法中各步骤的执行顺序问题称为算法的流程控制问题。其基本结构分为顺序、选择和循环等三种类型。

1. 顺序结构

所谓的顺序结构就是算法中一组操作步骤的执行顺序按照书写顺序依次进行，并且每一步骤只执行一次。

2. 选择结构

选择结构也称为分支结构。选择结构往往由若干组操作组成，根据某个条件的成立与否，选择其中的一组执行，这样每组操作就形成了一个分支。选择结构中每次只有一个分支被执行，其余分支不会被执行。分支结构中的每个分支也可以是算法的三种基本结构中的任意一种，即每个分支中除了有顺序结构外，还可以有进一步的分支结构，也可以有循环结构。

3. 循环结构

循环结构是指算法中的一组操作在一定条件下被反复多次执行。被反复执行的部分称为循环体。循环结构也需要判断条件，当条件满足时，算法进入循环体执行；当条件不满足时结束循环，执行循环结构之后的其他步骤。循环结构中循环条件的设定非常重要，设置不当，循环永不结束，就出现了死循环。与分支结构类似，循环体内可以是三种结构中的任意一种，既可以出现顺序结构、分支结构，也可进一步出现新循环结构。当循环体只执行一次时，可以将循环结构简化成顺序结构。

另外，还有一种称为递归的结构。这一结构我们将会在后续章节中进行讨论。

2.3 算法的特性

算法具有以下五个特性。

1. 有穷性

算法必须在执行有限步骤之后结束，没有时间限制的算法是没有任何意义的。

2. 确定性

算法的每一步必须有确切的含义，进而整个算法的功能才能是确定的。一个没有确切含义的操作步骤，会给算法带来不确定性。

3. 可行性

算法中执行的任何计算步骤都可以被分解为基本的可执行的操作步骤，能够用已知的方法来实现，即每个计算步骤都可以在有限时间内完成（也称之为有效性）。

4. 输入

一个算法有0个或多个输入，以刻画运算对象的初始情况，所谓0个输入是指算法本身定出了初始条件。

5. 输出

一个算法必须要有一个或多个输出,以刻画算法进行问题求解的结果。没有输出的算法是毫无意义的。

算法与程序既有联系又有区别,满足算法五个特征的程序肯定是算法,但是也有程序并不全部满足算法的五个特征。例如计算机的操作系统可以永远不停地运行,总是逗留在一个永不终止的循环中,等待有新的作业输入,那么操作系统中这段循环程序就不满足算法的有穷性。

2.4 简单的算法举例

利用计算机求解问题的过程基本上是在模拟人类的解题过程,这一过程涉及人的一般思维活动,人对数据的组织过程以及对数据的处理过程。因此,在介绍如何运用计算机求解问题之前,有必要了解人类是如何解决问题的,重点是解决问题的思维过程。

人们在认识客观世界时,其思维方式总是遵循着从特殊到一般的变化,从形象到抽象的跃升。例如儿童能够计算出 $2+3=5$,是基于头脑中的 2 个玩具和 3 个玩具等实物形象相加而得出结论的。这个过程是从一个个的特例经过抽象得出一般规律的思维创造,通常人们是无法不经过这种思维直接得到规律的。这种思维方式对程序设计而言具有深远的意义,它给出的是一类问题的通用解决办法。

下面将通过一些例子进一步了解算法。

【例 2 - 1】 找出 5 个数中的最大数。

我们假定 5 个数分别是 a_1、a_2、a_3、a_4、a_5,假设用 a 来表示在问题求解过程中找到的最大数。下面用 5 个步骤来求解最大值。

步骤 1 令最大值 a 等于 a_1。

步骤 2 如果 $a_2 > a$,令最大数 a 等于 a_2。

步骤 3 如果 $a_3 > a$,令最大数 a 等于 a_3。

步骤 4 如果 $a_4 > a$,令最大数 a 等于 a_4。

步骤 5 如果 $a_5 > a$,令最大数 a 等于 a_5。

上述五步便给出了从任意 5 个数值中找出最大值的一般解法。

【例 2 - 2】 求 $1 \times 2 \times 3 \times 4 \times 5$。

最原始方法:

步骤 1 先求 1×2,得到结果 2。

步骤 2 将步骤 1 得到的乘积 2 乘以 3,得到结果 6。

步骤 3 将 6 再乘以 4,得 24。

步骤 4 将 24 再乘以 5,得 120。

解决同一个问题往往有多种方法,上面的算法虽然正确,但太繁琐,改进后的算法如下:

S1 使 t=1

S2 使 i=2

S3 使 t×i,乘积仍然放在变量 t 中,可表示为 t×i→t

S4 使 i 的值+1,即 i+1→i

S5 如果 i≤5,返回重新执行步骤 S3 以及其后的 S4 和 S5;否则,算法结束。

如果计算 100!只需将 S5:若 i≤5 改成 i≤100 即可。

如果改求 1×3×5×7×9×11,算法也只需做很少的改动:

S1 1→t

S2 3→i

S3 t×i→t

S4 i+2→t

S5 若 i≤11,返回 S3,否则,结束。

该算法不仅正确,而且是计算机较好的算法,因为计算机是高速运算的自动机器,实现循环轻而易举。

思考 若将 S5 写成,S5 若 i<11,返回 S3;否则,结束。计算结果会有什么不同。

【例 2-3】 有 50 个学生,要求将他们之中成绩在 80 分以上者打印出来。

如果,n 表示学生学号,ni 表示第 i 个学生学号;g 表示学生成绩,gi 表示第 i 个学生成绩;则算法可表示如下:

S1 1→i

S2 如果 gi≥80,则打印 ni 和 gi,否则不打印

S3 i+1→i

S4 若 i≤50,返回 S2,否则,结束。

【例 2-4】 判定 2000—2500 年中的每一年是否为闰年,将结果输出。

闰年的条件:

①能被 4 整除,但不能被 100 整除的年份;

②能被 100 整除,又能被 400 整除的年份;

设 y 为被检测的年份,则算法可表示如下

S1 2000→y

S2 若 y 不能被 4 整除,则输出 y"不是闰年",然后转到 S6

S3 若 y 能被 4 整除,不能被 100 整除,则输出 y"是闰年",然后转到 S6

S4 若 y 能被 100 整除,又能被 400 整除,输出 y"是闰年"否则输出 y"不是闰年",然后转到 S6

S5 输出 y"不是闰年"

S6 y+1→y

S7 当 y≤2500 时,返回 S2 继续执行,否则,结束。

【例 2-5】 求 $1-\dfrac{1}{2}+\dfrac{1}{3}-\dfrac{1}{4}+\cdots+\dfrac{1}{99}-\dfrac{1}{100}$。

算法可表示如下

S1　sigh=1
S2　sum=1
S3　deno=2
S4　sigh=(-1)×sigh
S5　term= sigh×(1/deno)
S6　term=sum+term
S7　deno= deno +1
S8　若 deno≤100,返回 S4;否则,结束。

【例 2-6】 对一个大于或等于 3 的正整数,判断它是不是一个素数。
算法可表示如下
S1　输入 n 的值
S2　i=2
S3　n 被 i 除,得余数 r
S4　如果 r=0,表示 n 能被 i 整除,则打印 n"不是素数",算法结束;否则执行 S5
S5　i+1→i
S6　如果 i≤n-1,返回 S3;否则打印 n"是素数";然后算法结束。
改进:
S6　如果 i≤$\sqrt{n}$,返回 S3;否则打印 n"是素数";然后算法结束。

从上边一些例子我们可以看出,算法就是把解决问题的方法、思路和步骤一步一步描述出来,编程语言的求解过程就是模拟人类的解题过程。解决相同的问题,往往会有多种思路和方法,选择好的算法,不但程序简洁,运算速度也会大大提升,而且还能节省系统资源。这就像我们平时处理生活中的问题一样,遇事三思,选择合适的解决方法,往往会事半功倍。

2.5　算法的表示

在构思和设计了一个算法之后,必须清楚准确地将所设计的求解步骤记录下来,即描述算法。算法可以用不同的方法来描述,描述算法的方法有多种,常用的有自然语言、流程图、伪代码和 PAD 图等,其中最普遍的是流程图。

2.5.1　流程图

流程图法是采用规格化的图形符号结合自然语言以及数学表达式进行算法描述。其特点是简明直观,便于理解,与程序设计语言无关,同时又很容易细化成具体的程序。图 2.3 给出了流程图中一些常见的图框符号。

图 2.3　流程图元素

起止框:表示程序的开始或结束。作为起始框时,它没有入口,只有一个出口;作为终止框时,它没有出口,只有一个入口。

数据框:表示数据的输入或输出。它有一个入口和出口。

处理框:表示数据运算及其处理的图框。它只有一个入口和出口。

判断框:对给定的条件进行判断,根据条件成立与否决定如何执行程序的后续操作。它有一个入口,两个二选一的出口。

流程线:表示操作流程的去向,一般用带箭头的线段或者折线来表示。

注释框:是为对算法的某些地方作必要说明而引进的,以帮助阅读算法或程序设计的人员理解流程图的作用。它是流程图中的可选元素,并非必备元素。

三种基本结构的流程图如下。

1. 顺序结构

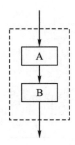

2. 选择结构

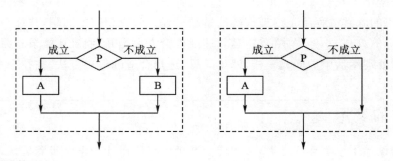

3. 循环结构

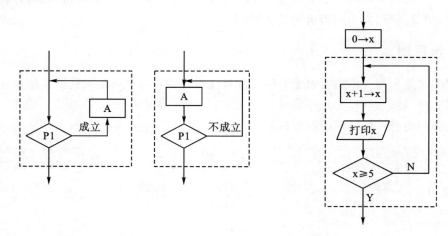

2.5.2 用 N-S 流程图表示算法

1973 年美国学者提出了一种新型流程图:N-S 流程图。

1. 顺序结构

2. 选择结构

3. 循环结构

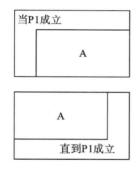
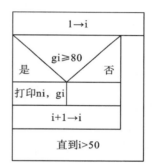

2.5.3 伪代码

伪代码法是在程序设计语言的基础上,简化并放宽了其严格的语法规则,保留其主要的逻辑表达结构,并结合了自然语言和一些数学的表达方式,形成的类似于程序设计语言的描述方式。采用这种方式描述的算法很容易细化为具体的程序,伪代码比流程图更接近程序。

计算机科学领域对伪代码没有形成共识,只是要求以能够让懂得程序设计语言知识的人都能很好地理解为原则,因而伪代码法没有一个统一的标准。本书中的伪代码采用的是 C 语言的流程控制语句与赋值语句并结合自然语言与数学语言的一种综合描述方法,下面先将本书中用到的伪代码的一些具体事项作以约定。

(1)条件选择结构采用 if-else 描述,循环结构采用 for、while、do-while 来描述。

(2)表达式赋值采用 C 语言的赋值号 = ,多重赋值 a = b = c = e 是将表达式 e 的值赋给 a、b、c 三个变量。

(3)比较运算采用符号"<"表示小于,"< ="表示小于等于,">"表示大于," = >"表示大于等于,"=="表示等于,"≠"表示不等于。

(4)逻辑运算采用"AND"表示与运算,"OR"表示或运算,"NOT"表示否定。

(5)有些无法形式化的描述采用汉语来描述。

下面是 2.4 节中查找最大值算法按照上述约定的伪代码表示。

给 a1,a2,a3,a4,a5 赋值
a = a1;i = 2;
while(i<=5)
{
    if(ai=>a) a = ai;
    i 的值增加 1;
}
输出最大值 a;

算法的描述是为了便于沟通和交流,便于让程序阅读者快速了解编程者的算法思想,因此,对一个算法采用哪种方法来描述,要详细到什么程度,完全取决于交流对象。例如,如果你是和一个编程高手交流,只需用语言描述"找出五个数中最大数"就可以了;但如果你是和一个新手交流,那么就要给出"找出五个数中最大数"算法流程和步骤;如果你是和计算机交流,想让计算机直接执行,那就必须用程序设计语言对算法进行详细描述了,即编写程序。

习 题

1. 理解下面名词及其含义:
   (1)数据对象、数据结构;
   (2)逻辑结构、物理结构。
2. 什么是算法?算法具有哪些基本特征?
3. 简述算法与程序的区别与联系。
4. 算法有哪几种基本结构?试述每种基本结构的特点。
5. 用流程图表示第 1 章中例 1-1、例 1-2 的算法。
6. 画出求 1+2+3+4+…+100 的流程图。

第 3 章　C 语言中的运算符和表达式

程序主要由各种语句构成,而语句又由各种基本元素构成。任何一种程序设计语言都要规定一套语法规则和按照语法规则构成的元素。C 程序的基本元素包括标识符、常量、变量、运算符等,程序中对数据的处理主要体现在对表达式的求值运算中。

表达式由运算符和操作对象构成,每个表达式都会产生唯一的值。由于 C 语言的运算符非常丰富,因此可以构成灵活多样的表达式,合理有效地运用这些表达式,不仅能够使程序代码更加简洁高效,而且可以实现某些其他高级语言中难以实现的功能。

3.1　标识符

在 C 语言中,对程序中使用的符号常量、变量、数组和函数等,都需要进行命名以示区分,我们将这种命名称为标识符。C 语言中规定,标识符的命名只能由字母、数字和下划线 3 种字符组成,并且第 1 个字符不能是数字。C 语言中的标识符主要包括以下 3 种。

1. 关键字

所谓的关键字,也称为保留字,它是一组具有特定含义的标识符,不允许用户把它们另作他用,这些关键字主要是由一些小写字母和下划线构成的字符序列。C89 标准中规定了 32 个关键字,主要包含了

(1) 用于表示数据类型的关键字：void、char、short、long、signed、unsigned、int、float、double、struct、union、enum。

(2) 用于实现流程控制的关键字：if、else、switch、case、default、do、while、for、continue、break、goto、return。

(3) 用于表示存储类别的关键字：auto、register、static、extend。

(4) 其他关键字：const、volatile、sizeof、typedef。

在后续的 C99 标准中又新增了 5 个关键字。

2. 预定义标识符

除了上述关键字,C 语言中还有一类具有特殊含义的标识符,即预定义标识符,例如库函数名和编译预处理命令,这类标识符一般也不能另作他用。

3. 用户自定义标识符

用户自定义标识符是用户根据程序需要,自行定义的一类标识符,可用于标识符号常量、变量、数组和用户自定义函数等。首先,在定义时尽量选取有含义的英文单词(或其缩写

形式）作标识符，如 sum 表示和，max 表示最大值，min 表示最小值等，这样可以有效提高程序的可读性。其次，要注意 C 语言区分大小写字母，因此 sum 和 SUM 表示的是两个不同的变量名，一般情况下，在 C 语言中约定，符号常量使用大写字母表示，变量使用小写字母表示。

如 sum、max、_ab、_AB、int、define 都是合法的标识符，其中前四个标识符属于用户自定义标识符，int 属于关键字，define 属于预定义标识符。而 1_max、a#b、3&b 都属于非法的标识符。

3.2 数据类型

要想让计算机能够通过程序来完成某一特定任务，首先要解决的就是数据的存储问题，包括数据的存储编码格式，以及存储二进制数位。C 语言提供了多种数据类型，用以适应不同情况的需求。数据类型不同，其所表达数据的范围、精度和所占据的存储空间均不相同。

C 语言中可以使用的数据类型如图 3.1 所示。这些数据类型主要有三类：基本类型、构造类型和指针类型。其中基本类型是 C 语言预定义的数据类型，包括整型、浮点型、字符型和布尔型，每种基本类型都用对应关键字来表示；构造类型是由基本类型导出的数据类型，包括数组类型、结构体类型和共用体类型；指针是一种特殊的数据类型，通过指针可以获得变量的地址并进行操作。

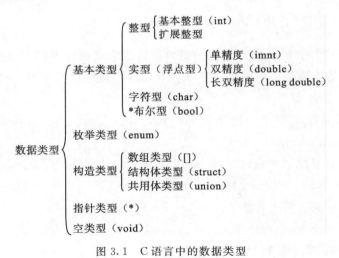

图 3.1　C 语言中的数据类型

3.2.1 整型数据

整数类型的数据即整型数据，它是不含小数部分的数值，数值可以有三种表示方法：原码、反码和补码，但为了方便数据在计算机内部的运算，一般以补码表示数值。整型数据除了常用的基本整型(int)，还有扩展整型，用以适应不同情况的需求。因为不同整数类型采用不同位数的编码方式，所以占用的字节数不同，同时，数值的表示范围不同，如表 3.1 所示。

表 3.1 整型数据

类型名称	类型标识符	字节数	取值范围
基本整型	[signed] int	2	$-2^{15} \sim 2^{15}-1(-32768 \sim +32767)$
		4	$-2^{31} \sim 2^{31}-1$
无符号基本整型	unsigned int	2	$0 \sim 2^{16}-1(0 \sim 65535)$
		4	$0 \sim 2^{32}-1$
短整型	[signed] short [int]	2	$-2^{15} \sim 2^{15}-1$
无符号短整型	unsigned short [int]	2	$0 \sim 2^{16}-1$
长整型	[signed] long [int]	4	$-2^{31} \sim 2^{31}-1$
无符号长整型	unsigned long [int]	4	$0 \sim 2^{32}-1$
双长整型	[signed] long long [int]	8	$-2^{63} \sim 2^{63}-1$
无符号双长整型	unsigned long long [int]	8	$0 \sim 2^{64}-1$

如果给整型变量分配 2 字节(16 位二进制数),其中最高位为符号位,其余 15 位表示数值,正数的原码、反码和补码都相等,所以+1 的补码如图 3.2 所示,—1 的补码则要先求原码,再求反码(符号位不变,其余位按位取反),最后求补码(在反码的末位加 1)。所以—1 的补码如图 3.3 所示。

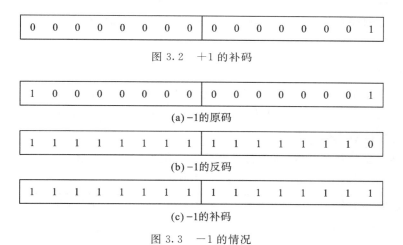

图 3.2 +1 的补码

(a) -1 的原码

(b) -1 的反码

(c) -1 的补码

图 3.3 -1 的情况

3.2.2 实型(浮点型)数据

实型数据是用来表示带有小数点的实数的。在 C 语言中,实数是以规范化的指数形式存储,如 3.14159 可以表示成 3.14159×10^0, 0.314159×10^1, 0.0314159×10^2, 31.4159×10^{-1}, 314.159×10^{-2} 等,它们表示的都是同一个值,这里的小数点的位置是可以浮动的,所以实型数据也叫浮点型数据,其中把小数点前的数字为 0,小数点后第 1 位数字不为 0 的表示形式称为规范化的指数形式,如 0.314159×10^1 就是 3.14159 的规范化指数形式。

浮点型数据的存储形式如图 3.4 所示,系统把浮点数按照规范化的指数形式,将小数部分和指数部分分别进行存放。

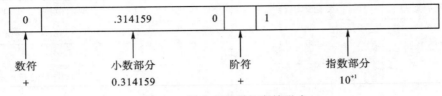

图 3.4 浮点型数据的存储形式

浮点型数据类型包括 float(单精度浮点)型、double(双精度浮点)型和 long double(长双精度浮点)型。

1. float 型

编译系统为每一个 float 型变量分配 4 个字节的存储单元,其值都以规范化的指数形式存放在存储单元中。在 4 个字节中,C 标准并无具体规定究竟有多少位来表示小数部分,有多少位来表示指数部分,又由于用二进制形式表示一个实数时,因为存储单元的长度是有限的,所以不可能得到完全精度的值,只能存储有限精度的值。小数部分占位越多,则数值的有效数字越多,精度也就越高;反之,指数部分占位越多,则能表示的数值范围就越大。float 型数据的有效位数是 6 位,数值范围是 $-3.4 \times 10^{38} \sim 3.4 \times 10^{38}$。

2. double 型

为了扩大能够表示的数值范围,double 型采用 8 字节存储,有 15 位有效位数,数值范围是 $-1.7 \times 10^{308} \sim 1.7 \times 10^{308}$。

3. long double 型

不同的编译系统对 long double 型的处理方式有所不同,Turbo C 中为 long double 型分配 16 个字节,Visual C++ 6.0 则为 long double 分配 8 个字节,这就需要读者在使用不同的编译系统时要注意它们的差别。

不同实型数据的存储长度、有效位数和表示范围如表 3.2 所示。

表 3.2 实型数据

类型名称(关键字)	字节数	有效数字	取值范围(绝对值)
单精度浮点型(float)	4	6	0 以及 $1.2 \times 10^{-38} \sim 3.4 \times 10^{38}$
双精度浮点型(double)	8	15	0 以及 $2.3 \times 10^{-308} \sim 1.7 \times 10^{308}$
长双精度浮点型(long double)	8	15	0 以及 $2.3 \times 10^{-308} \sim 3.4 \times 10^{308}$
	16	19	0 以及 $3.4 \times 10^{-4932} \sim 1.1 \times 10^{4932}$

3.3 常量和变量

C 语言中的数据在程序中的表现形式可分为常量和变量。

3.3.1 常量

常量是指在程序运行过程中,其数值始终保持不变的量。常量通常是以数学中常数的形式出现的数据,常量可以有不同的类型,可分为直接常量(字面常量)和符号常量,如图3.5所示。

$$
\text{常量}\begin{cases} \text{直接常量}\begin{cases} \text{数值常量}\begin{cases} \text{整型常量} \\ \text{实型常量} \end{cases} \\ \text{字符型常量}\begin{cases} \text{字符常量} \\ \text{字符串常量} \end{cases} \end{cases} \\ \text{符号常量(\#define)} \end{cases}
$$

图3.5 常量

1. 整型常量

整型常量即数学中的整数,只要其值在整型数据的取值范围之内,都是合法的整型常量。C语言中的整型常量有3种表示方式,分别是十进制整型、八进制整型和十六进制整型,其表示形式如表3.3所示。

表3.3 整型常量的三种表示形式

进制	表示形式	举例
十进制	必须是1~9之中的一个数开头	65
八进制	以数字0开头	0101
十六进制	以0x或0X开头	0x41或0X41

整型常量的类型也可根据整数后的字母后缀来判断,后缀 l 或 L 表示长整型(long)常量,如-123l、0123l、-0x2al;后缀 u 或 U 表示无符号整型(unsigned)常量,如12u、0123u、0x2au;后缀为 lu 或 LU 表示无符号长整型(unsigned long)常量,如12lu、0123lu。

2. 实型常量

实型常量即数学中的实数,实型常量都是双精度类型。C语言中的实型常量有十进制小数形式和指数形式两种表示形式。

(1)十进制小数形式 由正号、负号、数字和小数点组成,并且小数点的前、后至少一边有数字。如-3.14、.56、12.。

注意 如果一个实数没有小数位,也必须在数的末尾加小数点,或将小数点后的小数部分写为0,否则将会按照整型常量处理。如12.或12.0就是实型常量。

(2)指数形式 由于在计算机输入或输出时无法表示上标或下标,所以规定使用字母 e 或 E 代表以10为底的指数,字母 e 或 E 之前必须有数字,字母 e 或 E 之后必须为整数。如12.3E3(表示12.3×10^3)和-345.789E-5(表示-345.789×10^{-5}),都是正确的指数表示方式,E4 和 1.2E2.5 就是错误的表示,因为 E4 的 E 前面没有数字,1.2E2.5 的 E 之后是小数。

3. 字符型常量

(1)字符常量 字符常量是用一对单引号括起来的单个字符(单引号是定界符,它并不是字符常量的一部分),是以单个字符为一个数据对象的常量,在计算机内部是按字符的 ASCII 码进行存储和处理的。C 语言语法规定,字符常量有以下两种表示形式:

①普通字符。用一对单引号界定的字符,如'a','A','0','#','*'。

②转义字符。C 语言还允许使用一种特殊形式的字符常量,它是用单引号界定的以'\'开始的字符序列。例如,在前面的程序中的 printf 函数里使用的'\n',它表示回车换行。这是一种无法在屏幕上显示的控制字符,在程序中也无法用普通字符来表示。在 C 语言中以'\'开头的常用转义字符及其含义如表 3.4 所示。

表 3.4 转义字符及其含义

字符	含义
\n	回车换行
\r	回车
\t	水平制表符
\v	垂直制表符
\f	走纸换页
\\	反斜杠
\'	单引号
\"	双引号
\ddd	1～3 位八进制整数所表示的字符
\xhh	1～2 位十六进制整数所表示的字符

利用表 3.4 最后两行的方法可以表示 ASCII 码表中的任意一个字符,包括可显示字符和控制字符,例如:'\101'和'\x41'都可以代表'A','\033'和'\x1B'都可以代表'Esc'。

(2)字符串常量 字符串常量是用一对双引号括起来的若干字符(双引号是定界符,它并不是字符串常量的一部分),是以一个字符序列作为一个数据对象。例如,"a","123"。

注意 'a'和"a"是不同的,前者是字符常量,后者是字符串常量。长度为 n 的字符串,在计算机存储中占用 n+1 个字节,分别用于存放各字符的编码,最后一个字节是 NULL 字符(空字符,该字符的 ASCII 码值为 0,为了方便书写,在 C 程序中用'\0'来表示该字符)。也就是说,任何一个字符串在计算机内,都是以'\0'结尾的。所以,字符常量和字符串常量在表示形式和存储形态上是不同的,字符常量'A'可以赋给字符型变量,而字符串"A"只能赋给字符型数组。

4. 符号常量

在程序编写过程中,往往为了使用方便,可以用一个标识符来表示一个常量,这个标识符就称为符号常量。符号常量不占用存储单元,只是一个临时的符号,为了和变量名进行区分,习惯上符号常量用大写字母表示。符号常量的定义形式为

#define 标识符 常量

使用符号常量既可增强程序的可读性,又可增加程序的可维护性,能够做到"一改全

改"。例如,在进行圆的相关运算时,常常需要用到圆周率,为了方便代码书写,就可以定义一个标识符 PI 来表示圆周率,如♯define PI 3.14159,这样在程序中使用圆周率的地方,都可以用符号常量 PI 表示,在计算时,就可以替换成对应的常量 3.14159。

【例 3-1】 求圆的周长和面积。

```
#include <stdio.h>
#define PI 3.14159
int main()
{
    int r = 3;
    float l,s;
    l = 2 * PI * r;
    s = PI * r * r;
    printf("PI = %f,l = %f,s = %f ? \n",PI,l,s);
    return 0;
}
```

程序运行结果如下:

```
PI = 3.141590,l = 18.849541,s = 28.274309
```

并不是程序中所有的 PI 都替换成对应的常量,这里的输出语句 printf("PI = %f,l = %f,s = %f \n",PI,l,s);中出现了两个 PI,其中第一个 PI 是 printf 函数中格式控制字符串中的普通字符,所以要原样输出 PI;而第二个 PI 则表示符号常量,它就需要替换为 3.14159。

3.3.2 变 量

变量是程序中处理的基本数据对象,它是以某个用户自定义标识符为名字,一个变量代表一个存储单元,存储单元中的数据可以多次取出,也可写入新的数据,一旦有新的数据存入,则原来的数据就被覆盖掉,所以变量的值在程序运行的过程中,随时都可以发生变化。

程序中使用到的相关变量,必须先定义,后使用。变量定义主要是给出变量的名称和确定变量的数据类型,只有定义了的变量,程序编译时,系统才会给变量分配相应大小的存储单元。

1. 变量的定义

变量定义的一般形式为:

类型标识符 变量名1,变量名2,……,变量名n;

注意 ①变量名必须是一个合法的 C 语言标识符,尽量遵循"见名知义"的原则。
②数据类型的选择应根据变量的数学含义及其值的大小范围来确定。

例如

```
int a,b,sum;        //定义 3 个整型变量 a,b,sum
char c1,c2;         //定义 2 个字符型变量 c1,c2
```

```
float x,y;              //定义2个实型变量x,y
```

2. 变量的初始化

如果希望系统为变量分配存储单元的同时,让该变量具有一个明确的初值,则可以在定义变量的同时对其进行初始化。变量使用"="赋初值,需要注意等号右边的数据类型要与等号左边的变量类型一致。例如

```
int a = 3,b = 3,c = 1;      //定义3个整型变量a,b,c,其初值分别是3,3,1
char c1 = ´A´,c2 = ´B´;     //定义2个字符型变量c1,c2,其初值分别是´A´和´B´
float x = 1.2;              //定义1个实型变量x,其初值是1.2
```

注意 对变量进行初始化时,即使多个变量的值相同,也不能在定义时采用连等的方式初始化,必须逐一赋值。如 int a = b = 3;,就是错误的初始化,但可以定义完变量后,再通过连等的方式赋值,如 int a,b,c;a = b = 3;。

3.4 运算符和表达式

运算符是一种向编译程序说明某种特定操作的符号。C语言的运算符种类丰富,功能强大。主要有算术运算符、关系运算符与逻辑运算符、位运算符等,除此之外,还有一些用于完成特殊任务的运算符,如赋值运算符、条件运算符和逗号运算符等。

C语言中的运算符按运算对象(操作数)个数可分为单目运算符、双目运算符和三目运算符,按照运算功能则可大致划分为如下几类。

(1)算术运算符:+、-、*、/、%
(2)关系运算符:>、>=、<、<=、==、!=
(3)逻辑运算符:!、&&、||
(4)位运算符:<<、>>、~、|、^、&
(5)赋值运算符:=、+=、-=、*=、/=、%=、&=、^=、|=、<<=、>>=
(6)条件运算符:?:
(7)逗号运算符:,
(8)求字节运算符:sizeof
(9)下标运算符:[ ]
(10)指针运算符:*、&
(11)分量运算符:.、->
(12)其他运算符:( )等

表达式就是用运算符将操作对象(操作数)连接起来的符合C语法规定的式子。其中,常量、变量和函数是最简单的表达式。

本节主要介绍算术运算符、条件运算符和赋值运算符等几种常用的运算符,以及由它们所构成的表达式。

3.4.1 算术运算符和算术表达式

(1) C语言中常用的算术运算符都是双目运算符,一共有 5 个,分别是+(加法运算符)、-(减法运算符)、*(乘法运算符)、/(除法运算符)、%(模运算符)。

注意

① 在除运算中,如果两个操作数都是整型,则为整除,计算结果就是整型;如果有一个操作数是实型,则计算结果为实型。如

1/2 的计算结果是 0

1.0/2、1./2、1/2.0、1/2. 的计算结果都是 0.5

② C语言规定,模运算符的两个操作数必须都是整型,计算结果也是整型,其符号与运算符左侧的操作数一致。如

4%3 的计算结果是 1

-4%3 的计算结果是-1

4%-3 的计算结果是 1

-4%-3 的计算结果是-1

(2) 自增、自减运算符。C语言中的自增运算符"++"和自减运算符"--"都是单目运算符,只能对单个变量进行运算,其作用是变量的值增 1 或减 1。它们有两种使用方式,一种是运算符在前变量在后,另一种是变量在前运算符在后。下面以自增为例进行说明,如

++i   先使 i 的值增 1(i=i+1),再使用 i 的值

i++   先使用 i 的值,再使 i 的值增 1(i=i+1)

注意

① 不管自增(自减)运算符是在变量的前面,还是后面,其结果都是使变量的值增 1(减 1)如若 i=3,则不管是执行 ++i 还是执行 i++,变量 i 的值都会变成 4。

② 若用一个变量(j)表示表达式的值,则表达式 j=++i 和 j=i++ 的值是不同的,如图 3.6 所示。

图 3.6 自增运算

【例 3-2】 分析以下程序的运行结果。

```
#include <stdio.h>
int main()
{
    int i=3,j,k,m;
    j= ++i;           //先使 i 的值增 1,i 变为 4,再将 i 的值 4 赋给 j
```

```
        i ++ ;                //使i的值增1,i变为5
        k = i ++ ;            //先将i的值5赋给k,再使i的值增1,i变为6
        m = i ++ ;            //先将i的值6赋给m,再使i的值增1,i变为7
        printf("%d,%d,%d,%d\n",i,j,k,m);
        return 0;
}
```

程序运行结果如下:

```
7,4,5,6
```

注意

①自增(++)和自减(--)运算符只能用于变量,而不能用于常量或表达式。如3++,++(a+b)都是不合法的。因为3是常量,而常量的值是不能改变的。程序运行时给变量a、b分配相应的存储单元,而算术表达式a+b是没有对应的存储单元的,自增后得到的新值没有地方存放。

②自增(++)和自减(--)运算符是单目运算符,具有"右结合性",如i=3,则表达式-i++的值为-3,i的值变为4。这里的运算符"-"和"++"都是单目运算符,所以优先级相同,又都是右结合的因此表达式-i++相当于-(i++)。

③如果有表达式i+++j,那么是理解为(i++)+j,还是理解为i+(++j)呢?C语言编译器在遇到符号时,总是一直将相邻的下一个操作符纳入当前解释的表达式中,除非新加入的操作符会使原本成立的表达式变成非法结果,所以在读取i之后会读取第一个加号,此时一个加号是合法的,所以会继续读取下一个加号,之后判断发现两个加号也是合法的,所以继续读取第三个加号,此时发现三个加号的操作符是不合法的,于是不读取第三个加号,将i与前两个加号结合生成了i++的运算,第三个加号和后面的j则参与普通的加法运算。为了避免产生二义性,可以在表达式中适当加上括号,如(i++)+j。

3.4.2 赋值运算符和赋值表达式

C语言将赋值作为一种运算,赋值运算符包括简单赋值运算符和复合赋值运算符两种。

1. 简单赋值运算符和表达式

简单赋值运算符"="的左边必须是变量,其作用是将等号右边表达式的值赋给等号左边的变量,赋值运算的优先级仅比逗号运算符的优先级高,且具有"右结合性"。

赋值表达式的一般形式为

〈变量〉〈赋值运算符〉〈表达式〉

例如

```
        a = 3                 //将整型常量3赋给变量i
        i = j = 0             //从右向左,将整型常量0赋给变量j,再将j的值0赋给变量i
        x = 3 * a + 5 * x     //将表达式3*a+5*x的值赋x
```

2. 复合赋值运算符和表达式

在赋值运算符"="之前加上其他运算符,就构成了复合赋值运算符。复合赋值运算符又分为复合算术赋值运算符和复合位赋值运算符,在"="前加算术运算符就构成了复合算术赋值运算符,如+=、-=、*=、/=、%=;在"="前加位运算符就构成了复合位赋值运算符,如<<=、>>=、&=、^=、|=。

复合赋值表达式的一般形式为

〈变量〉〈复合赋值运算符〉〈表达式〉

例如

a+=10   等价于 a=a+10
b*=a+2   等价于 b=b*(a+2)
c/=b-3   等价于 c=c/(b-3)
d%=5   等价于 d=d%5

3.4.3 条件运算符和条件表达式

条件运算符是C语言中唯一的一个三目运算符,它由两个符号"?"和":"组成,并且是具有"右结合性"的运算符。

条件表达式的一般形式为

〈表达式1〉?〈表达式2〉:〈表达式3〉

条件表达式的运算过程:先计算表达式1的值,如果值为真(非0值),则计算表达式2的值,并作为整个条件表达式的值;如果表达式1的值为假(0值),则计算表达式3的值,并作为整个条件表达式的值。

例如

y=x>0? 1:-1   //变量y的值取决于x的值,如果x>0为真,则 y=1,否则 y=-1
max=a>b? a:b   //将变量a,b中较大的一个赋给max
c=a>b? c:c>d? b:d

条件表达式可以嵌套,而由于条件表达式具有"右结合性",所以从右向左进行运算,因此上面这个表达式可以等价为c=a>b? c:(c>d? b:d),如果a=5,b=10,c=15,d=20,则整个表达式的值为20,变量c的值为20。

3.4.4 逗号运算符和逗号表达式

C语言中的逗号也是一种运算符,用逗号将两个表达式连接起来就构成了逗号表达式,它是C语言中优先级最低的运算符。

逗号表达式的一般形式为

表达式1,表达式2,……,表达式n

逗号表达式的运算过程:从左向右,先计算表达式1的值,再计算表达式2的值,依次类推,最后计算表达式n的值,整个逗号表达式的值等于表达式n的值。

例如

  a=b=3,6*a //这是一个逗号表达式,表达式的值为18,a=3,b=3

  a=(b=3,6*a) //这是一个赋值表达式,表达式的值为18,a=18,b=3

  一个逗号表达式也可以与另一个逗号表达式组成一个新的逗号表达式。如 a=b=3,a*3,(a=a+b,a%b),从左向右,先计算表达式1(a=b=3)的值等于3,再计算表达式2(a*3)的值等于9(这里变量a的值仍然是3),最后计算表达式3(a=a+b,a%b),这里的表达式3又是一个逗号表达式,所以先计算表达式1(a=a+b)的值等于6(这里变量a的值变为6),再计算表达式2(a%b)的值等于0,所以整个逗号表达式的值为0,变量a为6,变量b为3。

  在许多情况下,使用逗号表达式的目的并不是想得到整个表达式的值,而是利用逗号表达式的运算规则,得到各个表达式的值。

  注意 并不是任何地方出现的逗号都是逗号运算符,如 printf("%d,%d,%d",a,b,c);,这里出现的逗号都是分隔符,用来输出三个变量a,b,c的值,而 printf("%d,%d,%d",(a,b,c),b,c);,这里的输出列表中用到了逗号表达式,用来输出三个变量c,b,c的值。

3.4.5 求字节运算符 sizeof

  sizeof 既是一个运算符,也是一个关键字,它是一个判断操作对象所占用字节数的运算符,其操作对象可以是类型标识符,也可以是变量名。它有两种表达形式:

  sizeof(类型标识符)

  sizeof（变量名）

例如:设有 char c;int a;,则

  sizeof(c) //表达式的值为1

  sizeof(a) //表达式的值为2或4

  sizeof(double) //表达式的值为8

3.4.6 位运算符和位运算表达式

  由于C语言是介于高级语言和汇编语言之间的一种计算机语言,是为开发系统软件而设计的,可以直接对地址进行运算,所以,C语言提供了位运算的功能。

  所谓的位运算,就是将两个操作数进行二进制位运算,C语言提供的位运算符如表3.5所示。

表 3.5 位运算符

名称		运算符
逻辑运算符	按位"与"	&
	按位"或"	|
	按位"取反"	~
	按位"异或"	^
移位运算符	左移	<<
	右移	>>

在使用位运算符时,需要注意以下几点:
(1)位运算符中除了"~"是单目运算符,其他都是双目运算符;
(2)位运算表达式中的操作对象只能是整型或字符型数据;
(3)对操作数进行移位运算时,不改变原操作数的值。

例如

~3:由于3的补码是00000011,表达式~3就是将3的补码的每一位二进制数进行取反,所以表达式的值为11111100,再将其转换成有符号的十进制整数,即为-4,因此,表达式~3的值为-4。

3&10:由于3的补码是00000011,10的补码是00001010,按位与后,表达式的值是00000010,即为2。

3|10:按位或后,表达式的值是00001011,即为11。

3^10:按位异或后,表达式的值是00001001,即为9。

3<<2:将3的二进制补码00000011左移两位,高位舍弃两位,低位补两个0,得到00001100,所以表达式3<<2的值为12。

10>>2:将10的二进制补码00001010右移两位,高位补两个0(对无符号数和有符号数中的整数补0,对有符号的负数补1),低位舍弃两位,得到00000010,所以表达式10>>2的值为2。

对于左移、右移运算符,第二个(运算符右侧)操作数只能是正整数,并且不能超过计算机的二进制位数(即字长)。在数据的可表示范围内,一般左移n位相当于乘以2^n,右移n位相当于除以2^n。

3.5 数据类型转换

在C语言中,整型、实型和字符型数据可以进行混合运算,字符型数据可以与整型数据通用,如表达式$100+'A'+1.24-2*'0'$,在进行运算时,不同类型的数据要先转换成同一类型,然后再进行运算。

C语言中的数据类型转换可以分为三种方式:自动转换、赋值转换和强制转换。

1. 自动转换

自动转换,就是在编译程序时由编译器按照一定的规则自动完成,在进行混合运算时,不同类型的数据先要转换成同一类型,然后进行运算。自动转换的规则是按照数据长度增加的方向进行,以确保精度不降低,如图3.7所示。

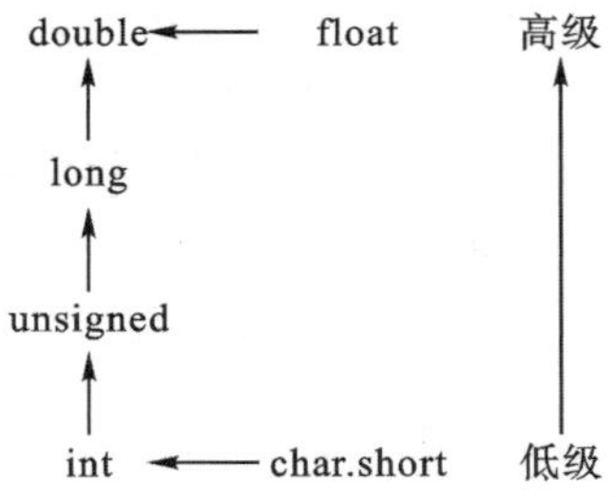

所以计算表达式$100+'A'+1.25+2*'0'$时:

(1)将字符常量$'A'$转换成int型(65),再计算出$100+65$的结果为165(int型)。

图3.7 数据类型转换规则

(2)将165转换为double型,计算出$165.0+1.25$的结果为166.25(double型)。

(3) 将字符常量'0'转换成 int 型(48),再计算出 2 * '0'的结果为 96(int 型)。

(4) 将 96 转换为 double 型,计算出 166.25+96.0 的结果为 262.25(double 型)。

2. 赋值转换

如果赋值运算符两侧的数据类型不一致,则在赋值过程中需要进行类型转换。转换的基本原则如下。

(1) 将浮点数(包括单、双精度)赋给整型变量时,先对浮点数取整,即舍去小数位数部分,然后再赋给整型变量。如果有 int a;a=3.14;,则 a 的值是 3。

(2) 将整型数据赋给浮点型变量时,数值不变,但以浮点数形式存放在变量中。如将 2 赋给 float 型变量 x 时,先将 2 转换成单精度实数 2.0,再存储在 x 中;将 3 赋给 double 型变量 y 时,先将 3 转换成双精度实数 3.0,再存储在 y 中。

(3) 将 double 型数据赋给 float 型变量时,先将 double 型转换为 float 型,截取 6~7 位有效位数,存储到 float 型变量的 4 个字节中。但应注意不能超出 float 型数据的数值范围。

例如

float x; double y = 1234.56789e100

x = y;

结果会出现溢出的错误。

若将 float 型数据赋给 double 型变量时,数值不变,将有效位数扩展到 16 位,在内存中以 8 字节存储。

(4) 将 char 型数据赋给 int 型变量时,由于字符占 1 字节,而整型变量占 2 字节或 4 字节,采用"扩展符号位"的方式,即将字符数据(1 字节)放到整型变量的低字节中,然后用字符数据的最高位补足整型变量的高字节,这样可以使数值保持不变。

(5) 将整型数据赋给 char 型变量时,采用"截取低 8 位"的方式,把截取的二进制位存放在字符变量所占的 1 字节中。

要避免将占字节多的数据向占字节少的变量赋值,因为赋值后数值可能会产生错误,如果一定要进行赋值,应当保证赋值后数值不会发生变化,即所赋的值应该在变量的数值允许范围之内。由于 C 语言使用灵活,在不同类型数据之间赋值时,往往数据会发生变化,但这又不属于语法错误,编译系统不会提示出错,所以在使用时,要求编程员要特别留意。

3. 强制转换

C 语言允许强制类型转换,即将一个表达式强制转换为所需要的数据类型,强制转换的一般形式为

(类型名)〈表达式〉

例如

(int)x + y   //先将变量 x 强制转换为 int 型后再与 y 相加

(int)(x + y)   //将表达式 x+y 的结果强制转换为 int 型

(double)3/2   //先将 3 强制转换为 double 型后再除以 2,表达式的值为 1.5

(double)(3/2)   //将 3/2 的结果 1 强制转换为 double 型,表达式的值为 0.5

注意　无论是强制转换还是自动转换,都只是为了本次运算需要而对变量的数据类型进行的一次临时性转换,并不会改变数据声明时对该变量定义的类型。

【例 3-3】 分析以下程序的运行结果。

```
#include <stdio.h>
int main()
{
    int a,b;
    float x = 0.85,y = 1.2;
    a = x;
    b = (int)(x + y);
    printf("a = %d,b = %d,x = %f,y = %f\n",a,b,x,y);
    return 0;
}
```

程序运行结果如下:

```
a = 0,b = 2,x = 0.850000,y = 1.200000
```

从程序的运行结果可以看出,x 通过赋值转换,将 0 赋给 int 型变量 a,x 仍为 float 型,并保持原值 0.85 不变,x+y 的结果 2.05 通过强制转换为整型,将结果 2 赋给 int 型变量 b,x 和 y 仍为 float 型,其值保持不变。

习　题

一、选择题

1. 以下选项中,合法的一组 C 语言数值常量是(　　)。
   A. 12.　　　　0xa23　　　　4.5e0
   B. 028　　　　.5e-3　　　　-0xf
   C. 177　　　　4e1.5　　　　0abc
   D. 0x8A　　　10,000　　　3.e5
2. 以下选项中不合法的标识符是(　　)。
   A. &a　　　B. FOR　　　C. print　　　D. _00
3. 在 C 程序中可以用作用户自定义标识符的一组是(　　)。
   A. as_b3　　　_123　　　　If
   B. For　　　　-abc　　　　case
   C. 2c　　　　 DO　　　　 SIG

D. void　　　define　　　WORD

4. 有以下程序：

```
#include <stdio.h>
int main()
{
    int s,t,A=10;
    double B=6;
    s=sizeof(A);t=sizeof(B);
    printf("%d,%d\n",s,t);
    return 0;
}
```

运行后的输出结果是(　　)。

A. 10,6　　　　B. 4,4　　　　C. 2,4　　　　D. 4,8

5. 下面不属于C语言关键字的是(　　)。

A. int　　　　B. case　　　　C. long　　　　D. keyword

6. C语言中用(　　)表示逻辑值为"真"。

A. FALSE　　　B. F　　　　C. 非零值　　　D. 整数0

7. 若有 int a; float b; char c; double d;，则表达式 1.3*a+2*b*c+d*(int)2.6 值的类型为(　　)。

A. double　　　B. char　　　　C. float　　　　D. int

8. 表达式 (int)((double)9/2)-9%2 的值是(　　)。

A. 0　　　　B. 3　　　　C. 4　　　　D. 5

9. 表达式 $\dfrac{ab}{cd}$ 在C语言中的正确表示是(　　)。

A. a*b/c*d　　　B. a/c/d/b　　　C. a*b/c/d　　　D. a/d*b*c

10. 在C语言中，要求操作数必须是整型的运算符是(　　)。

A. /　　　　B. ++　　　　C. !=　　　　D. %

11. 若整型变量x的值为8，则下列表达式中值为1的表达式是(　　)。

A. x+=x-=x　　　B. x%=x-1　　　C. x%=x%=3　　　D. x/=x+x

12. 若有定义 double a=22;int i=0,k=18;，则不符合C语言规定的赋值表达式是(　　)。

A. i=(a+k)<=(i+k)　　B. i=a%11　　C. a=a+,i++　　D. i=!a

13. 若 w=1,x=2,y=3,z=4，则条件表达式"w>x?w:y<z?y:z"的值是(　　)。

A. 1　　　　B. 2　　　　C. 3　　　　D. 4

14. 有以下程序段：

```
int s,t,A=10;
double B=6;
s=sizeof(A);t=sizeof(B);
```

printf("%d,%d\n",s,t);

  程序运行后的输出结果是（　　）。

  A. 10,6　　　　　　B. 4,8　　　　　　C. 2,4　　　　　　D. 4,4

15. 以下程序段的输出结果是（　　）。

  int x = 12,y = 012;

  printf("%d %d\n",x-- , --y);

  A. 12　9　　　　　B. 11　11　　　　C. 11　12　　　　D. 12　11

16. 有以下程序段,执行后的输出结果是（　　）。

  int x = 10,y = 0x10;

  printf("%d,%d\n", ++ x, ++ y);

  A. 11,11　　　　　B. 11,13　　　　　C. 11,15　　　　　D. 11,17

17. 已知字符 0 的 ASCII 码值 48,执行语句 c1='0'+3-1;c2='0'+'3'-'2';后 c1 和 c2 的值为（　　）。

  A. 48,49　　　　　B. 49,50　　　　　C. 49,48　　　　　D. 50,49

18. 以下一组运算符中,优先级最高的是（　　）。

  A. <=　　　　　　B. ==　　　　　　C. %　　　　　　　D. &&

二、填空题

1. 有定义 int x,y,z,m＝5,n＝5;,则执行下面语句后的 z 值是 ＿＿＿＿。

  x = (--m == n++)? --m : ++n;

  z = m;

2. 若有定义 int i,a;,则执行语句 i＝(a＝2*3,a*5),a＋6;后,变量 a 的值是 ＿＿＿＿。

3. 表达式 17%4/8 的值为 ＿＿＿＿。

4. 若执行以下程序段,其输出结果是 ＿＿＿＿。

  int a = 0;

  a = 3 * 5,a * 4;

  printf("%d", a);

5. 若有定义语句 int a＝2;,则表达式 a＋＝a－＝a*＝a 运算后,a 的值是 ＿＿＿＿。

6. 下面程序段的输出结果是 ＿＿＿＿。

  int i,j,m,n;

  i = 2;j = 3;

  m = ++i;

  n = j ++ ;

  printf("%d,%d,%d,%d",i,j,m,n);

第 4 章　顺序结构程序设计

结构化程序设计(structured programming)的概念最早由迪杰斯特拉(Dijikstra)在1965年提出,其强调程序设计的风格和程序结构的规范化,基本思想是采用"自顶向下,逐步求精"的程序设计方法,是影响程序设计成败以及程序设计质量的重要因素之一,成为软件发展的一个重要里程碑。

结构化程序设计包含三种基本的程序流程控制结构,即顺序结构、选择结构和循环结构,仅有这三种基本结构组成的程序称为结构化程序,C语言就是一种典型的结构化程序设计语言。流程控制是"单入口"和"单出口",每种控制结构可用一个入口和一个出口的流程图表示。顺序结构程序执行流程如图4.1所示,语句按书写顺序执行,由入口a进入,先执行S1语句,再执行S2语句,由出口b退出后结束。

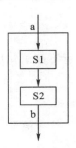

图 4.1　顺序结构执行流程

顺序结构是最基本、最简单的结构,是一种线性结构。顺序结构的程序又称简单程序,其包含的语句按照顺序执行,无分支、无转移、无循环,只要按照解决问题的顺序写出相应的语句,它的执行顺序是自上而下,依次执行,不会引起程序步骤的跳转,每条语句都将被执行。

在C语言中,无论是运算操作还是流程控制,都是由相应的语句完成的,本章将介绍C语言的语句和顺序结构程序所必需的内容。学习本章的内容,需要遵守规矩,脚踏实地,一步一个脚印,这样既能顺其道而行之又能明白规则守得方圆,同时在学习过程中逐步养成认真专注的工匠精神和追求卓越的创新意识。

4.1　C语言语句概述

上一章介绍了常量、变量、运算符、表达式等,学习了相关的数据运算和操作,它们都是构成C语言程序的基本要素。本节主要介绍简单语句、表达式语句(包括赋值语句和函数调用语句)和复合语句的相关内容。

4.1.1 简单语句

C语言的语句用来向计算机系统发出操作指令,每条语句都完成一定的操作任务。一条语句的末尾必须出现分号,分号是C语言的语句不可缺少的一部分。

C语言的简单语句共分三类:流程控制语句、表达式语句和空语句。

1. 流程控制语句

流程控制语句,主要用于完成程序的执行流程,以实现程序的各种结构方式,由特定的语句定义符构成。C语言有9种控制语句,它们的形式是

(1) if() 或 if()~ else   条件判断语句
(2) for() ~   循环执行语句
(3) while() ~   循环执行语句
(4) do~while()   循环执行语句
(5) continue   结束本次循环语句
(6) break   中止执行 switch 或循环语句
(7) switch   多分支选择语句
(8) return   从函数返回语句
(9) goto   转向语句,在结构化的程序中基本不用 goto 语句

在上边的9种语句表示形式中:()表示括号中是一个"判别条件",~表示内嵌的语句。

2. 表达式语句

由表达式组成的语句称为表达式语句。从C语法规定来讲,在任意表达式的最后加分号构成一个表达式语句。表达式构成语句是C语言的一个重要特色。

一般形式为   表达式;

其中分号是C语言语句的结束标志。

例如

m ++ ;   /* 语句的功能是变量m的值增加1 */
x = 1;   /* 语句的功能是变量x赋值为1 */
x * sin(0.75);   /* 语句的功能是计算表达式的值,但计算结果不能保留,无实际意义 */

上述三条语句都是符合C语言语法规定的表达式语句。从功能上来讲,m ++ ;和 x=1;是有意义的表达式语句,实现了变量m和x值的改变,而 x * sin(0.75);语句完成了变量 x 和 sin(0.75)函数值的乘积,但其结果没有保存。

以下着重讨论两类应用广泛的表达式语句:赋值语句和函数调用语句。

(1) 赋值语句。C语言中应用最普遍、最典型的表达式语句是由一个赋值表达式加一个分号构成的赋值语句。

一般形式为   变量名=表达式;

赋值语句的作用是通过计算赋值号"="右边表达式的值,然后把计算结果赋值给左边的变量名,从而改变变量的值。

例如

m=3*x+6;　　　/* 先计算 3*x+6 的结果,然后将计算的值存放入变量 m 中 */
b=20;　　　　　/* 是赋值语句,将 20 存放入变量 b 中 */

赋值号"="左边只能是变量,不能是常量或表达式,例如 x+y=3;是不正确的赋值语句。若赋值号"="左右两边都为变量,例如,赋值语句 a=b;和 b=a;表示是两个结果不同的赋值语句。

赋值语句通常用在两个重要应用场景:累加和计数。

累加

一般语句形式举例:sum=sum+x;

例如　sum=sum+x;表示取变量 sum 和 x 的值相加后再赋值给右值 sum,右边的变量 sum 中存放的是旧值,左边 sum 获得的是计算后的新值,此语句也可以理解为 sum 新值=sum 旧值+x;若 sum 和 x 的初值为 100 和 5,执行该语句后,sum 的值为 105。此语句与循环结构语句结合使用,不断改变 x 的值,可实现累加的功能。

计数

一般语句形式举例:n=n+1;

例如,n=n+1;表示取变量 n 的值加 1 后再赋值给右值 n,右边的变量 n 中存放的是旧值,左边 n 获得的是计算后的新值。若 n 的初值为 5,执行 n=n+1;语句后,n 的值为 6。与循环结构语句结合使用,每次增加 1,可实现计数的功能。

(2)函数调用语句。函数调用语句由函数名、实际参数加上分号组成,其作用是完成特定的功能。

函数调用语句的一般形式:函数名(实参列表);

例如,y=2*abs(x);

这是对 C 语言标准库函数 abs 的调用,括号中参数只有一个 x,计算整数 x 的绝对值后乘 2 赋值给变量 y。调用函数 abs(x)是为了得到函数的结果,即函数的返回值。

printf("This is a C program example!");

这是调用 C 语言标准库函数 printf,括号中的实参为一个字符串常量,此函数调用语句不是为得到函数返回值,而只是为了完成显示任务。调用 printf 函数后在屏幕上输出一串字符 This is a C program example!。

C 语言函数是实现独立功能模块的基本结构,包括标准库函数和用户自定义函数,都是通过函数调用语句来引用函数,实现相应的程序功能。此处仅涉及库函数的调用,用户自定义函数在后续的章节中介绍。

C 语言有丰富的标准库函数,程序中调用标准库函数,需要在程序文件中添加相应的头文件,正确书写函数的名称、参数的个数和类型等。对于不同类型的库函数,其头文件不同。

如 sin(x)、cos(x)、exp(x)(求 ex)、abs(x)(求 x 的绝对值)等均为常用的数学函数,程

序中调用数学函数要包含头文件 math.h,包含头文件的关键字为 include,可采用以下两种写法。

♯include〈math.h〉

♯include "math.h"

♯include 是编译预处理命令,它的作用是将某个已经存在的头文件包含到源程序文件中,从而能调用相应头文件中的库函数。关于头文件和其包含的库函数及其格式可查看附件资料。调用 printf() 和 scanf() 库函数,要包含头文件 stdio.h。

(3)空语句。空语句的一般形式为　　；

空语句是程序中只有一个分号的语句。因为";"是 C 语句的唯一标识。从形式上看,空语句只有分号,无具体内容,什么也不做。实际上空语句时常用来充当占位,后续可补充不同的语句,或在循环结构中用于延时。

4.1.2　复合语句

如果多条语句的目的是解决一个独立的问题,这些语句可以构成一个相对独立的个体,这就是复合语句。它使用一对大括号把两条或两条以上的语句和声明组合到一起,形成单条语句。

```
{
语句 1；
语句 2；
；
；
语句 n；
}
```

形式上看,一对大括号中含有多条语句,但是在功能上是作为一条语句来处理,称为复合语句。复合语句可以出现在任何操作语句可以出现的地方,整体作为一条语句来处理和使用。

例如下面的复合语句

```
{ z = x + y;
  t = z/100;
  print("%f",t);
}
```

复合语句中包含若干个 C 语句,也可能包含非顺序语句,但作为一个整体,它仍然属于顺序语句。复合语句中最后一条语句的分号不能忽略,复合语句结束的"}"之后,不需要再加分号。

4.2 C语言中的格式输入输出函数

所谓输入输出是以计算机主机为主体而言的。从计算机向外部输出设备(如显示器、打印机、磁盘等)输出数据称为"输出",从外部通过输入设备(如键盘、磁盘等)输入数据称为"输入"。数据的输入输出是一个程序具有的基本功能,数据处理是程序的主要目的,其中要处理数据的获取或输入有很多种方式,例如从磁盘文件中读取数据、从数据库中读取数据、从网页中抓取数据等,而最基本的数据输入方式是从键盘输入数据。数据输出是将程序的处理结果通过输出设备(显示器、打印机、磁盘等)反馈给用户。

C语言本身不提供数据输入/输出语句,输入输出功能的实现由C语言的标准输入输出(I/O)库函数提供。例如,printf()函数和scanf()函数。不能将它们误认为是C语言提供的"输入输出语句"。C语言输入输出库函数中有用于键盘输入和显示器输出的输入输出库函数、磁盘文件读写的输入输出库函数、硬件端口操作的输入输出库函数等。输入输出函数是用户和计算机交互的接口。

本节主要介绍用于键盘输入和显示器输出的标准库函数,主要包括格式输入函数、输出函数scanf()和printf(),字符输入函数、输出函数getchar()和putchar()。使用输入输出库函数,要用#include〈stdio.h〉命令。

4.2.1 格式输出函数printf()

输出函数printf()的功能是按用户指定的格式,将程序运行的结果输出到标准输出设备显示器上。printf()函数功能强大,用法很灵活。

printf()函数调用的一般形式:

printf("格式控制字符串",输出项列表);

"格式控制字符串"是用英文双引号界定的一个字符串,一般包含三类字符:普通字符、转义字符和以%开头的格式字符。它的作用是按指定的格式输出数据,控制输出项的格式和输出一些提示信息。printf()函数能够输出固定不变的内容,也可以输出变量的值。

而输出项列表则是0个、1个或多个需要输出的数据,可以是常量、变量、表达式或函数返回值等,每个输出项用逗号分隔。

1. 格式控制字符串

(1)普通字符:照原样输出的字符和文字,常用于输出提示信息。

例如　printf("Hello!,你好!");

输出　Hello!,你好!

例如　printf("Please input your password:");

输出　Please input your password:

(2)转义字符:是一种以"\"开头的字符。例如"\n"表示换行,使得文本在不同行显示。反斜杠后面常跟一个字符或一个八进制数或十六进制数表示,其后的字符已不同于字符原有的意义,反斜杠与其后面的字符一起构成一个特定的字符,转变成另外的含义,故称转义字符。转义字符及其含义见表 4.1。

表 4.1　转义字符及含义

转义字符	含义	ASCII 码值（十进制）
\a	响铃(BEL)	007
\b	退格(BS)，将当前位置移到前一列	008
\f	换页(FF)，将当前位置移到下页开头	012
\n	换行(LF)，将当前位置移到下一行开头	010
\r	回车(CR)，将当前位置移到本行开头	013
\t	水平制表(HT)（跳到下一个 TAB 位置）	009
\v	垂直制表(VT)	011
\\	代表一个反斜线字符"\"	092
\?	问号字符	063
\'	代表一个单引号(撇号)字符	039
\"	代表一个双引号字符	034
\0	空字符(NULL)	000
\ddd	1 到 3 位八进制数所代表的任意字符	三位八进制
\xhh	1 到 2 位十六进制所代表的任意字符	二位十六进制

例如　输出函数中插入\n，换行显示文本

printf("Hello\nWorld");

输出
Hello
World

例如　输出函数中插入一个制表符\t，对齐文本。

printf("Name:\tJohn\nAge:\t25");

输出
Name:　John
Age:　　25

(3)格式字符：由"%"和紧跟其后的"格式字符"组成，它的作用是将输出项的数据以指定格式输出，不同类型的数据有不同的格式字符。

例如　printf("The number is %d\n", num);

在上面的代码中，使用 printf()函数将整型变量 num 的值插入到字符串中，并输出到屏幕上。其中%d 是一个占位符，表示将会输出一个整数。printf()函数会将占位符%d 替换为实际的变量 num 的值，然后输出结果到屏幕上。

格式字符的一般形式为

%[flags][width][.prec][F][N][h][l]type

type 表示输出项数据的类型,其中[flags][width][.prec][F][N][h][l]为 type 类型的修饰符,"[ ]"表示该项为可选项,即可有可无,不是必需的。例如格式字符为%d、%f、%c 等表示控制输出十进制整型数、小数形式单精度或双精度实数以及一个字符。

type 类型格式字符和含义如表 4.2 所示。

表 4.2 输出函数 printf()格式字符及含义

格式字符	含 义
d 或 i	以有符号的十进制整数形式输出整数(正数不输出符号),长整型%ld
o	以无符号的八进制整数形式输出整数(不带前导 0)
x 或 X	以无符号的十六进制整数形式输出整数(不带前导 0x)
u	以无符号的十进制整数形式输出整数
c	以字符形式输出,输出一个字符
s	以字符串形式输出,输出一个字符串,遇到'\0'终止
f	以小数形式输出单精度或双精度实数,也可用%lf 输出双精度实数
e 或 E	以指数形式输出单精度或双精度实数
g 或 G	系统自动选择使用%f 还是%e 输出,保证输出宽度最小
%	输出一个%

注意 输出%要写%%。

type 类型的修饰符[flags][width][.prec][F][N][h][l]说明如下:

[flags]为标志字符,常用的标志字符有"-""+"" "等。其中"-"表示左对齐输出,默认为右对齐输出;"+"表示正数输出正号(+),负数输出负号(-);" "空格表示正数输出空格代替加号(+),负数输出负号(-)。

width 为可选择的宽度指示符,是对输出宽度的控制,用于指定输出数据的最小宽度,即所占的列数,包含正负号及小数点的位置。

例如

printf("%8d\n",num); /*输出数据所占列数为 8 列*/

[.prec]为可选的精度指示符。

prec 为精度格式符,是对输出精度的控制,以"."开头,后跟十进制整数。如果输出数字,则表示小数的位数,不足补数字 0,多则舍入处理;对于字符串,表示最多输出的字符个数,不足补空格,多则丢弃。

例如　　printf("%8.2f\n",3.14159);

　　　　printf("%8.5f\n",3.14159);

输出　　□□□□3.14

　　　　□3.14159

[F][N][h][l]为可选的输出长度修饰符,F 表示输出远指针存放的地址;N 表示近指针存放的地址;h 表示短整型数据的值;l 表示输出长整型或双精度数据的值。输出函数 printf()常用修饰符及含义见表 4.3。

表 4.3 输出函数 printf()常用修饰符及含义

修饰符	含义
L 或 l	在格式符 d、o、x、X、u 的前面,指定输出精度为 long 型; 在 e、f、g 前,指定输出精度为 double 类型
m	输出数据占 m 列宽度,数据长度小于 m,左补空格;否则按实际输出
.n	对应浮点数(单精度和双精度),指定小数点后位数(四舍五入);对应字符串,n 表示截取的字符个数
—	输出的数字或字符在域内左对齐(缺省右对齐)
+	指定在有符号数的正数前显示正号(+)
0	输出数据时指定左面不使用的空位置自动补 0,不是空格
#	在八进制和十六进制数据前显示前导 0、0x 和 0X

2. 输出项列表

输出项列表是一个或多个要输出的数据,可以是表达式(如常量、变量、表达式或函数返回值等)。输出的数据的类型可以是整型、实型、字符或字符串,每个输出项用逗号分隔,依次与格式字符占位符类型相匹配。

例如

printf("a = %d,b = %f,c = %c\n",a,b,c);

上例语句中的%d、%f、%c 为格式字符占位符,a,b,c 为输出项,按照格式字符占位符和输出项从左到右的次序对应匹配。即%d 控制变量 a 以十进制整数输出,%f 控制变量 b 以十进制小数输出,%c 控制变量 c 以字符输出,\n 控制光标在输出数据行的下一行(即换行)。printf()函数中双引号内除了输出格式控制符%d、%f、%c 和转义字符\n 外,其余所有的普通字符全部都原样输出。

现就常见的格式字符及常用修饰符的使用举例说明。

(1)d、o、x、X、u 格式符,控制输出整型数据格式符。

d 格式符:以有符号十进制整数形式输出整数。

%d,按整数数据的实际宽度输出,且右对齐。

%md,m 为指定的输出数据占位宽度,如果数据的位数小于 m,则右对齐显示,左端补空格,若大于 m,则按实际位数输出。

%-md 与%md 基本相同,只是使输出的数值向左端对齐,右端补空格。

以下示例程序代码中,为了更清楚比较格式符的输出效果,printf()函数输出项列表多为一项。

例如

4-2-1 程序代码:
```c
#include <stdio.h>
#include <stdlib.h>
int main()
{   int a = 15;
    printf("a = %d\n",a);    /* %d 十进制整数的实际宽度输出,且右对齐 */
    printf("a = %4d\n",a);   /* %4d 输出数据占位宽度为 4 列,不足左端补空格 */
    printf("a = %04d\n",a);  /* %04d 输出数据占位宽度为 4 列,不足左端补 0 */
    printf("a = %-4d\n",a);  /* %-4d 左对齐输出,数据占位宽度为 4 列 */
    return 0;
}
```

程序运行结果:

```
a = 15
a =   15
a = 0015
a = 15
```

%ld 或 %Ld 长整型数据输出。

例如

long a = 1234567890;

printf(" %ld, %13ld",a,a);

输出结果为　1234567890,□□□1234567890

因此,对于长整型数据可以用 %ld 或 %Ld 格式输出,也可以指定数据的宽度。

①o 格式符。%o 以八进制形式输出整数,即将计算机内存单元中的各二进制位的值按八进制形式输出,包括符号位,因此输出的数值不带符号。

例如

int a = 255;

printf(" %o",a);

输出结果为　377

②x 格式符。%x 表示以十六进制形式输出整数,即将计算机内存单元中的各二进制位的值按十六进制形式输出,同理,输出的数值不带符号。

例如

int a = 255;

printf(" %x",a);

输出结果为　ff

%x、%X 和 %#x、%#X 以十六进制形式输出整数,其中 %x 和 %X 输出的是十六进制的小写和大写数字符号,%#x 和 %#X 增加前导符号 0x 或 0X 明确表示是十六进制数据。

例如

printf(" %X\n",a);   //%X 输出大写的十六进制数字符号

printf(" %#x\n",a);//%#x 输出带前导 0x 的十六进制数

printf(" %#X\n",a);//%#X 输出带前导 0X 的十六进制数

输出结果为

　FF

　0xff

　0XFF

从输出结果可以看出:如果是小写的 x,输出的十六进制字母数字符号就是小写;如果是大写的 X,输出的字母数字符号是大写;如果加一个 #,就以标准的十六进制形式输出。

③u 格式符。%u 表示按无符号的十进制整数形式输出一个整数。

一个有符号整数(int 型)也可以用 %u 格式输出;反之,一个 unsigned 型数据可以用 %d 格式输出,同样也可以用 %o 或 %x 格式输出。

4-2-2 程序代码:

```
#include <stdio.h>
#include <stdlib.h>
int main()
{ unsigned int a = 255;     //定义 a 为无符号整型变量
  int b = -1;               //定义 b 为有符号整型变量
  printf("a = %d, %o, %x, %u\n",a,a,a,a);
  /*将变量 a 的值,分别以十进制、八进制、十六进制和无符号数的形式输出*/
  printf("b = %d, %o, %x, %u\n",b,b,b,b);
  /*控制变量 b 分别以十进制、八进制、十六进制和无符号数的形式输出*/
  return 0;
}
```

程序运行结果:

　　a = 255,377,ff,255

　　b = -1,37777777777,ffffffff,4294967295

分析　整数在计算机中以补码形式存储,-1 的补码为 4 个字节共 32 个 1 组成的二进制数,按 %d 格式输出是 -1,按 %u 无符号数输出是 4294967295。

请同学们结合数据在计算机中的表示形式,理解 b = -1 时,以 %u 输出的值为什么是 4294967295?

(2) f、e、E、g、G 格式符,控制输出实型数据格式符。

① f 格式符。%f 控制以小数形式输出实数(包括单精度、双精度)。实数的整数部分按实际位数输出,小数部分默认输出 6 位小数。

对于单精度数,使用%f 格式符输出时,仅前 7 位是有效数字,小数默认 6 位。

例如

4-2-3 程序代码:
```
#include <stdio.h>
#include <stdlib.h>
int main()
{ float a = 111111.111;
  float b = 222222.222;
  printf("a = %f\nb = %f\n",a,b);
  return 0;
}
```

程序运行结果:

```
a = 111111.109375
b = 222222.218750
```

显然,只有前 7 位数字是有效数字,超过 7 位的数字是无意义的值,千万不要以为凡是打印出来的数字都是准确的。

对于双精度数,使用%f 格式符输出时,前 16 位是有效数字,小数默认 6 位。

例如

4-2-4 程序代码:
```
#include <stdio.h>
#include <stdlib.h>
int main()
{ double a = 1111111111111.111111111;
  double b = 2222222222222.222222222;
  printf("%f\n",a+b);
  return 0;
}
```

程序运行结果:

```
3333333333333.333000
```

可以看到,运行结果的最后 3 位小数,超过了 16 位,是不准确无意义的值。

%m.nf。%m.nf 格式表示输出实数共占 m 位,包括符号位和小数点。n 代表小数位数,如果小数位数大于 n,截取并四舍五入;如果小于 n,则右边补 0。如果整个数值长度小于 m,右对齐,左边补空格。如果大于 m,按实际数据输出。也可以仅指定小数位数%.nf,要求浮点数的输出保留××位小数(或是精确到小数点后××位)时就用这个格式输出。

例如

4-2-5 程序代码:

```
#include <stdio.h>
#include <stdlib.h>
int main()
{ float a = 123.456;
    printf("%f\n",a);        /*%f 输出 a 的小数形式,7 位有效数字,保留 6 位小数*/
    printf("%10f\n",a);      /*%10f 输出 a 的小数形式,共占 10 位*/
    printf("%10.2f\n",a);    /*%10.2f 输出 a 的小数形式,共占 10 位,保留 2 位小数*/
    printf("%.2f\n",a);      /*%.2f 输出 a 的小数形式,保留 2 位小数*/
    printf("%-10.2f\n",a);   /*%-10.2f 左对齐输出实数 a,共占 10 位,保留 2 位小数*/
    return 0;
}
```

程序运行结果:

```
123.456001
123.456001
    123.46
123.46
123.46
```

②e 和 E 格式符,以指数形式输出实数。

%e 和%E 以指数形式输出实数。不指定输出数据所占的宽度和数字部分小数位数,标准输出宽度占 13 列。分别为,由系统自动指定给出 6 位小数,整数部分按规范化指数形式(即小数点前必须有且只有 1 位非零数字),因此整数部分数字占 1 位,小数点占 1 位。指数部分共占 5 位(如 e+002),即 e 或 E 占 1 位,指数正(负)占 1 位,指数数据占 3 位。%e 和%E 格式输出的实数值各占 13 列宽度。

例如

```
float a = 123.456;
printf("%e    %E\n",a,a);
```

输出 1.234560e+002   1.234560E+002

%e 和%E 的区别是指数形式输出实数时大小写 e 和 E,输出的结果 1.234560e+002,1.234560E+002 各 13 列,因此,%e 和%E 格式输出的实数值各占 13 列的宽度。

%m.ne 和%m.nE 格式字符。控制输出实数至少占 m 位,n 为尾数部分的小数位数,不足在左端补空格,多出则按实际输出。

例如

float a = 123.456;
printf("%10.9e %10.3E\n",a,a);

输出 1.234560013e+002 1.235E+002

③g 和 G 格式符。%g 和%G 用来控制输出实数。

系统自动选择小数或指数形式输出,即自动选择%f 格式或%e 格式,原则是输出占位宽度比较少的形式,且不输出无意义的零。

例如

4-2-6 程序代码:

```
#include <stdio.h>
#include <stdlib.h>
int main()
{ float a = 123.456;
   printf("%f\n",a);    /* %f 输出实数 a 的小数形式,共占 10 位,保留 6 位小数 */
   printf("%e\n",a);    /* %e 以指数形式输出实数 a,共占 13 列 */
   printf("%E\n",a);    /* %E 以指数形式输出实数 a,共占 13 列 */
   printf("%g\n",a);    /* %g 自动从%f 和%e 中选择占位数少的格式输出 */
   return 0;
}
```

程序运行结果:

```
123.456001
1.234560e+002
1.234560E+002
123.456
```

用%f 格式输出默认占 10 列,用%e 格式输出占 13 列,用%g 格式时,自动从上面两种格式中选择占位短的,此例中%f 格式较短,故占 10 列,且按%f 格式用小数形式输出,最后 3 个小数位"001"为无意义的 0 值,因此,输出 123.456,然后右侧补 3 个空格。通常情况下,程序中总是需要确定数据以何种格式输出,%g 和%G 格式用得较少。

(3)c,s 格式符,控制输出一个字符和字符串。

①c 格式符。%c 控制输出对象以一个字符输出,输出对象通常为字符型数据。

例如

char ch = 'a';
printf("%c",ch);

输出结果为　　a

字符变量 ch 的值为字符"a","%c"格式占位符控制输出一个字符,即变量 ch 的值,输出结果为"a"。

%mc 格式,控制输出一个字符,m 指定输出宽度,左端补空格。

例如

printf("%3c",ch)

输出　　　□□a

ch 变量输出占 3 列,前两列补空格。若不指定宽度,输出字符自动占一个字符的位置。

C 语言中,一个字符型数据在计算机内存中用一个字节存储它的 ASCII 码,它既可以按字符形式输出,也可以按整数形式输出。按字符的形式输出时,系统自动将存储的 ASCII 码,转换成相应的字符后输出。按整数形式输出时,直接输出它的 ASCII 码。

例如

4-2-7 程序代码:

```
#include <stdio.h>
#include <stdlib.h>
int main()
{ char ch = 'a';      /*定义字符型变量ch,初始化为字符'a'*/
  int i = 97;         /*定义整型变量i,初始化为97*/
  printf("%c,%d\n",ch,ch);
  /*%c和%d格式输出变量ch的字符和字符对应的十进制ASCII码整数*/
  printf("%c,%d\n",i,i);
  /*%c和%d格式输出变量i的ASCII码对应的字符和整数*/
  return 0;
}
```

程序运行结果:

```
a,97
a,97
```

整数 97 是字符"a"的十进制 ASCII 码值,在计算机中存储的有效值为 8 位二进制数,对于计算机而言,能识别的只有二进制,对于用户而言,这样的二进制表示整数 97,还是字符"a",可以选择利用 printf()函数的格式控制字符"%c"或"%d"呈现出来。格式控制中"%c"就是将其以字符形式输出,而直接改成"%d"就可以将其转换为整型数。字符 ASCII 码通过控制其输出格式来输出不同的类型。

一个整数,只要它的值在 ASCII 码范围内,可以用字符形式输出。相反,一个字符也可以用整数形式输出。

②s 格式符。%s 控制输出对象以字符串输出,按字符串的实际长度输出。

例如　printf("%s","中华人民共和国");

输出　中华人民共和国

%ms 设置输出的字符串占 m 位宽度,如果字符串本身长度大于 m,则按实际长度输出;若字符串长度小于 m,则默认靠右对齐,左端补空格。

%-ms 设置输出的字符串占 m 位宽度,默认靠左对齐,右端补空格。

%m.ns 设置字符串输出占 m 位,但只截取字符串左端 n 个字符。这 n 个字符输出在 m 列宽度的右侧,左端补空格。

%-m.ns 设置字符串输出占 m 位,只截取字符串左端 n 个字符。这 n 个字符输出在 m 列宽度的左侧,右端补空格。

例如

4-2-8 程序代码:

```
#include <stdio.h>
#include <stdlib.h>
int main()
{ printf("string = %s\n","china");
  /*按实际长度输出字符串"china"*/
  printf("string = %3s\n","china");
  /*设置域宽为3,字符串长度大于域宽,按实际长度输出*/
  printf("string = %7s\n","china");
  /*设置域宽为7,字符串长度小于域宽,左端补2个空格*/
  printf("string = %7.2s\n","china");
  /*设置域宽为7,截取字符串左端2个字符后右对齐输出*/
  printf("string = %-7.2s\n","china");
  /*/设置域宽为7,截取字符串左端2个字符后左对齐输出*/
  return 0;
}
```

程序运行结果:

```
string = china
string = china
string =   china
string =      ch
string = ch
```

使用 printf() 函数时还要注意一个问题,那就是输出表列中的求值顺序。不同的编译系统顺序不一定相同,可以从左到右,也可以从右到左。

例如

```
int a=1;
printf("%d,%d,%d\n",a,a+1,a=3);    /*输出的结果是3,4,3,而不是1,2,3*/
```
例如
```
int i=8;
printf("%d, %d\n", i,i--);    /*输出的结果是7,8,而不是8,8*/
```
但是必须注意,求值顺序虽是自右至左,但是输出顺序还是从左至右,因此得到的结果是上述输出结果。

4.2.2 格式输入函数 scanf( )

格式输入函数 scanf 是一个标准库函数,功能是按指定的格式把从键盘上读入的数据转换为指定的数据类型,并把这些数据存入指定的变量中,一次可以输入一个或多个数据,其函数原型在头文件 stdio.h 中,使用 scanf()函数之前必须包含 stdio.h 文件。

scanf 函数调用的一般形式为   scanf("格式控制字符串",地址列表);

格式控制字符串是用英文双引号界定的一个字符串,用于指定输入数据的类型和输入的样式,一般包含两类字符:格式字符和普通字符两种。地址列表中给出各变量的地址,地址是由地址运算符"&"后跟变量名组成的,例如,&a,&b 分别表示变量 a 和变量 b 的地址。scanf()函数在本质上是给变量赋值,但要求写变量的地址。

1. 格式控制字符串

(1)格式字符。格式字符部分由%和其后的格式字符组成,表示输入数据的类型。格式控制字符的一般形式为   %[*][width][h][l]type

其中 type 为格式字符,为输入数据的类型,[*][width][h][l]为 type 类型的修饰符,"[ ]"表示该项为可选项,不是必需的。

scanf()函数中的格式字符含义与输出函数 printf()类似,scanf()输入函数格式字符及含义见表 4.4。

表 4.4 scanf( )输入函数格式字符及含义

格式字符	含义	示例
d 或 i	输入带符号的十进制整数	%d %i
o	输入无符号的八进制整数	%o
x 或 X	输入无符号的十六进制整数(大小写作用相同)	%x %X
u	输入无符号的十进制整数	%u
c	输入单个字符	%c
s	输入字符串,在输入时以非空白字符开始,遇到第一个空白字符结束,整个字符串以'\0'作为其最后一个字符	%s
f	输入单精度小数,可以用小数形式或指数形式输入	%f
lf	输入双精度小数,可以用小数形式或指数形式输入	%lf
e,E,g,G	与 f 作用相同,e 与 f,g 可以互相替换(大小写功能相同)	%e %E %g %G

与 printf() 函数不同, scanf() 函数中 double 型变量必须用 %lf 输入。

例如　scanf("%d%f%lf",&a,&b,&c);　/* 按指定的格式输入变量 a、b、c 的值 */

该语句中的 %d、%f、%lf 为格式控制字符,指定输入整型、单精度实型、双精度实型三个数的格式和类型。此语句在执行时,若用户从键盘输入 3　3.14　3.14126↙,↙表示回车键,相当于执行了 a=3、b=3.14、c=3.14126。

scanf() 输入函数也可以在 % 和格式字符之间添加修饰符,下面对[*][width][h][l]修饰符进行说明,常见类型的修饰符及含义见表 4.5。

表 4.5　输入函数 scanf() 常用修饰符及含义

修饰符	含义
l	用于输入长整型数据(%ld)和 double 型数据(%lf 或 %le)
h	用于输入短整型数据(%hd)
m	指定输入数据所占宽度(列数)
*	表示本输入项在输入后不赋值给对应的变量

[l][h]修饰符:为长度修饰符格式符。

例如

scanf("%lf",&a);　　　/* %lf 表示输入双精度类型的数据给变量 a */
scanf("%hd",&b);　　　/* %hd 表示输入短整型的数据给变量 b */

[width]修饰符:用十进制整数指定输入的宽度(即字符数)。

例如　scanf("%3d%3d",&a,&b);　/* 指定数据输入的宽度为 3 */

执行该语句时输入 123456↙

系统会自动截取所需的数据,将 123 赋值给变量 a,456 赋值给变量 b。

C 语言允许 scanf() 函数的格式控制符中,可以指定数据的宽度,但不能指定数据的精度。

例如

float a;
scanf("%6f",&a);

设定输入数据的域宽为 6 位,如果输入 3.1415926,则直接截取包括小数位共 6 位,因此 a 的值为 3.1415。

例如　scanf("%6.2f",&a);是错误的设置,不能企图用此语句输入小数为两位的实数。程序运行不会提示错误,但变量 a 不能得到输入的值。

[*]修饰符:表示该输入项读入后不赋予相应的变量,即跳过该输入值。

例如　scanf("%3d%*3d%3d",&a,&b);

该语句中"%*3d"含义是跳过它指定的列数。

用户输入123456789,系统将123赋值给a,"%*3d"表示读入3位整数456,但不赋给任何变量,跳过。然后再读入3位整数789赋值给b。

(2)普通字符。scanf()函数的格式控制字符串除了格式字符和修饰符以外,也可以包含普通字符,与printf()函数的普通字符不同。scanf()的格式控制字符串中的普通字符是不显示的,而是规定了用户在输入数据时,必须照原样输入的字符。

例如　scanf("%d,%f",&a,&b);　/*输入变量a、b的值*/

执行该scanf()语句时,用户从键盘输入的形式为　10,0.3↙

scanf()函数的格式控制字符串"%d,%f"中的逗号",",是两个数据的间隔符,为普通字符,照原样输入,%d和%f的位置的输入为整数10和浮点数0.3。

例如　scanf("a=%d,b=%f",&a,&b);

执行scanf()语句时,从键盘输入形式如a=10,b=0.3↙

因为scanf()函数的格式控制字符串"a=%d,b=%f"中的"a=""b="和逗号","为普通字符,照原样输入,%d和%f的位置为输入整数10和浮点数0.3。

可以看到,普通字符在scanf()函数中不仅没有起到提示的作用,还给输入制造了麻烦,应加以避免。

当scanf函数中格式控制符连续书写时,输入数据之间无分隔符,为保证数据正确赋值,输入数据可用回车键、一个或多个空格键、Tab键作为数据之间的分隔符。

例如

4-2-9程序代码:
```
#include <stdio.h>
#include <stdlib.h>
int main()
{   int a,b,c;
    scanf("%d%d%d",&a,&b,&c); /*输入变量a、b、c的值*/
    printf("%d,%d,%d\n",a,b,c); /*输出a、b、c的值*/
    return 0;
}
```

输入格式1:用一个或多个空格键作为输入数据的分隔符,程序运行结果:

```
1   2   3
1,2,3
```

输入格式2:用回车键作为输入数据的分隔符,程序运行结果:

```
1
2
3
1,2,3
```

输入格式 3：输入数据可用 Tab 键作为分隔数据，程序运行结果：

```
1;    2    3
1,2,3
```

问题　修改下列程序，使用户可以以任意字符（回车、空格、制表符、逗号、其他）作为数据之间的分隔符，然后输出。

```
#include <stdio.h>
intmain()
{ int    a,b;
  scanf("%d%d",&a,&b);
  printf("a=%d,b=%d\n",a,b);
  return 0;
}
```

2. 地址列表

scanf 函数调用形式中的地址列表，由若干个地址组成，可以是变量的地址或字符串的首地址，而不仅仅是变量名。变量地址由运算符"&"后跟变量名组成，各地址之间以逗号分隔。

例如　scanf("%d%f%lf",&a,&b,&c);

scanf()函数的地址列表"&a,&b,&c"中的"&"是地址运算符，&a、&b、&c 是变量 a、b、c 在内存中的地址。该语句表示输入的数据将会保存在变量 a、b、c 的内存地址单元中，也就是输入给变量 a、b、c。其中 a 是 int 型的数据，b 是 float 型的数据，c 是 double 型的数据。

scanf()和 printf()函数最显著的区别：scanf()函数的第二个参数是地址列表；printf()的第二个参数是变量或表达式，甚至 printf()函数可以没有第二个参数，但 scanf()的第二个参数是必须的，不能省略。

例如

```
scanf("%d%d",&a,&b);        /* 从键盘输入数据，存入 &a 和 &b 的内存空间 */
printf("%d%d",a,b);         /* 输出变量 a 和 b 的值 */
printf("%d\n",a+b);         /* 输出 a+b 的求和结果 */
printf("Hello world!");     /* 无第二个参数，输出固定的内容 */
```

3. scanf 函数的使用说明

(1) scanf 函数中出现的是变量的地址，不是变量名。

例如　scanf("%d%d",a,b);

a,b 表示的是变量 a 和 b 的值，不是地址。所以 scanf()函数调用是错误的。

此语句调用 scanf()函数时，程序运行过程中允许输入数据，但数据无法正确赋值，不能得到相应的结果。务必使用 & 运算符,&a 和 &b,除非变量本身是地址变量。初学者最常在此处出现错误。

(2) scanf 函数中的格式控制字符个数和地址列表的变量个数一致。

例如　scanf("%d%f%lf",&a,&b,&c);

格式控制字符串"%d,%f,%lf",共三个格式控制字符,需对应三个变量的地址。

(3) scanf 函数中的格式控制字符类型和地址列表的变量类型一致。

例如

4-2-10 程序代码：

```
#include <stdio.h>
#include <stdlib.h>
int main()
{   int a;                       /*定义整型变量a*/
    float b;                     /*定义浮点型变量b*/
    scanf("%d%d",&a,&b);         /*按格式字符的设置输入两个整数*/
    printf("%d,%f\n",a,b);       /*输出 a 和 b*/
    return 0;
}
```

程序运行结果：

```
3 3.14
3,3.000000
```

分析　变量 b 为 float 类型,而 scanf() 函数对应的格式控制字符为%d,类型不匹配,程序能运行,并允许输入两个数,但输出结果不正确。C 语言中 scanf() 函数中的格式控制字符类型和地址列表的变量类型需要一致。

调用 scanf() 函数输入数据,变量名前面要加"&",scanf 函数的输入参数必须和格式控制字符串中的格式控制说明相对应,并且它们的类型、个数和位置要一一对应。

(4) 在用"%c"格式输入数据时,空格字符和转义字符都作为有效字符输入。

例如

4-2-11 程序代码：

```
#include <stdio.h>
#include <stdlib.h>
int main()
{   char ch1,ch2,ch3;
    scanf("%c%c%c",&ch1,&ch2,&ch3);      /*输入三个字符*/
    printf("%c,%c,%c\n",ch1,ch2,ch3);    /*输出三个字符*/
    return 0;
```

}
```

程序运行结果：

```
    a b c
    a. ,b
```

分析 执行 scanf("%c%c%c",&ch1,&ch2,&ch3)语句，输入"a□b□c"，字符"a"赋给 ch1，字符"□"为空格，赋给 ch2，字符"b"赋给出 ch3。因为%c 只允许读入一个字符，连续的格式字符之间不需要分隔符，每一个输入的字符都是有效字符，包括空格和转义字符。因此前三个字符有效。

(5) 在输入数据时，遇到以下情况时认为该数据结束。

遇到空格、回车键或 Tab 键，认为输入数据结束。

例如

4-2-12 程序代码：

```c
#include<stdio.h>
#include<stdlib.h>
int main()
{ char str[80];
  scanf("%s",str);        /* %s 控制输入字符串,遇到空格结束 */
  printf("%s\n",str);     /* %s 控制输出字符串 */
  return 0;
}
```

程序运行结果：

```
    I love china
    I
```

分析 上述程序中输入字符串"I love china"，但由于 scanf()函数的"%s"格式符在控制输入字符串时，遇到空格就认为输入结束，所以，只接收空格前的字符为输入内容。scanf()函数无法正确接收含有空格的字符串。在后续的章节中会解决此问题。

按指定的宽度结束数据输入。

例如 scanf("%3d",&a);

输入 12345↙

按格式控制字符串的设置"%3d"，只截取 3 列，因此变量 a 的值为 123。

遇到输入不合法，结束输入数据。

C 语言的格式输入函数 scanf()和格式输出函数 printf()，使用规则比较繁琐，应用灵活，用得不合适就得不到预期的结果，而输入输出又是程序设计最基本的操作，几乎每一个程序都包含数据的输入输出，因此，我们对此部分的内容介绍得较详细。在学习的过程中，重点掌握最常用的规则，更多的细节可以通过编写和调试程序来逐步深入。
```

4.3　C 语言中字符数据的输入输出函数

C 语言中针对字符的输入输出可以调用函数 getchar()、putchar()、scanf()、printf()。其中函数 scanf()和 printf()是 4.2 节的格式控制输入输出函数。C 语言库函数还提供了用于单个字符输入和输出的函数 getchar()和 putchar()。该函数声明在 stdio.h 头文件中,使用的时候要包含 stdio.h 头文件。

4.3.1　字符输出函数 putchar()

putchar()是 C 语言库函数提供的用于单个字符输出的函数,其功能是在显示器上输出一个字符,函数原型在头文件 stdio.h 中,在使用 putchar()函数之前必须包含 stdio.h 文件。

函数的调用形式

putchar(ch);

ch 是输出的字符数据,可以是字符常量、字符变量、整型常量或整型变量。
例如:

4-3-1 程序代码:
```
#include <stdio.h>
#include <stdlib.h>
int main()
{   int a = 66;
    char b = 'O';
    putchar(a);     /* 输出整型变量的值 */
    putchar(b);     /* 输出字符变量的值 */
    putchar('Y');   /* 输出字符常量 Y */
    putchar('\n');  /* 换行,执行控制功能,不在屏幕上显示 */
    return 0;
}
```

程序运行结果:

```
BOY
```

程序调用了 4 次 putchar()函数,输出 4 个字符。其中 putchar(a)的参数变量 a=66,该函数将整型数 66 作为字符的 ASCII 码值,输出其对应的字符"B"。putchar(b)中变量 b 初始化为大写字符'O',因此输出为'O',putchar('Y')中输出字符常量为大写字符'Y',putchar('\n')输出转义字符,相当于输出一个换行符。

putchar()函数输出的是单个字符,因此输出字符常量'Y'和'\n'时,只能用单引号括起来，不能使用双引号"Y"和"\n"，双引号括起来的字符表示的是字符串，而 putchar()无法输出字符串。

4.3.2 字符输入函数 getchar()

1. 函数的调用形式

getchar()

getchar()是无参数函数。功能是从标准输入设备（键盘）输入一个字符，函数的返回值是用户输入的字符的 ASCII 码，且将用户输入的字符回显到屏幕。通常把输入的字符赋值给一个字符变量或赋值给一个整型变量，构成赋值语句。函数原型在头文件 stdio.h 中，在使用 getchar()函数之前必须包含 stdio.h 文件。

例如：

4-3-2 程序代码：

```c
#include <stdio.h>
#include <stdlib.h>
int main()
{ int ch;              /* 定义整型变量 */
  ch = getchar();      /* 键盘输入一个字符按回车键后,该字符的 ASCII 码值赋给 ch */
  putchar(ch);         /* 输出 ch 对应的字符 */
  return 0;
}
```

程序运行结果：

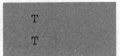

getchar()函数的返回值是输入字符的 ASCII 码值，为非负数据，程序中将变量 ch 定义为 int 类型，接收函数返回值。试着修改本程序输出该字符的 ASCII 码。

当调用 getchar()时程序就等待用户按键。用户输入的字符被存放在输入缓冲区中，直到用户按回车为止，回车字符也放在缓冲区中。当用户键入回车之后，getchar()才开始从缓冲区中每次读入一个字符。

例如 以下程序的功能是键盘输入两个字符并输出。

4-3-3 程序代码：

```c
#include <stdio.h>
#include <stdlib.h>
int main()
{
    char ch1, ch2;
```

```
    ch1 = getchar();            /* 键盘输入一个字符 */
    printf("ch1 = %c\n", ch1);  /* 输出字符变量 ch1 中的字符 */
    ch2 = getchar();            /* 键盘输入另一个字符 */
    printf("ch2 = %c\n", ch2);  /* 输出字符变量 ch2 中的字符 */
    return 0;
}
```

程序运行结果：

```
a
ch1 = a
ch2 = 
```

程序运行时，键盘输入第一个字符'a'然后回车，直接输出上述的运行结果，并没有等待用户输入第二个字符，请思考为什么会出现这种情况，不修改程序，如何才能正确输出 ch1＝a, ch2＝b？

如果用户在按回车之前输入了不止一个字符，其他字符会保留在输入缓存区中，等待后续 getchar() 调用读取。也就是说，后续的 getchar() 调用不会等待用户按键，而直接读取缓冲区中的字符，直到缓冲区中的字符读完后，才等待用户按键。

例如：

4-3-4 程序代码：

```
#include <stdio.h>
#include <stdlib.h>
int main()
{   int c;
    while ((c = getchar()) != '\n')   /* 连续输入多个字符，直到按回车键结束 */
    printf("%c", c);
    return 0;
}
```

程序运行结果：

```
abc***123ABC
abc***123ABC
```

程序功能是输入多个字符，并输出。使用 while 语句控制字符的循环输入，以\n 作为结束标记。由于函数 getchar() 和 putchar() 分别只能输入和输出一个字符，如果要处理多个字符的输入输出，就需要多次调用函数，一般采用循环调用的方式。while 为循序结构语句，在第 6 章详细介绍。

程序中 while 语句的 (c＝getchar()) ! ＝'\n' 是一个表达式，c＝getchar() 首先从键盘

输入一个字符并赋值给变量 c,然后和'\n'比较,若读取的字符 c 是'\n'即结束。这样,用一个表达式就实现了输入和比较两种运算。

需要注意的是,不能省略表达式(c=getchar())!='\n'中的括号。(c=getchar())!='\n'和 c=getchar()!='\n'由于运算的优先级不同,运算结果也不同,它们并不是等价的。

2. getchar( )函数应用

getchar()函数让程序调试运行结束后等待用户按下回车键才返回编辑界面,否则将直接返回编辑界面。

4-3-5 程序代码:
```c
#include <stdio.h>
#include <stdlib.h>
int main()
{ char c;
  c = 'T';
  putchar(c);
  getchar();    /*替换为 getch();或 system("pause");产生同样功能*/
  return 0;
}
```

程序运行结果:

```
T
请按任意键继续...
```

在主函数结尾,return 0;之前加上 getchar(),当 getchar()前没有回车键,程序调试运行结束后等待用户按下回车键才返回编辑界面,否则将直接返回编辑界面。

也可以在 return 0 前加上 C 语言中的 getch(),getch()与 getchar()基本功能相同。getch()函数常用于程序调试中,在调试时,在关键位置显示有关的结果以待查看,然后用 getch()函数暂停程序运行,当按任意键后程序继续运行。

也可以在 return 0 前加上 system("pause"),产生类似的效果,调用 system()函数必须包含头文件 stdlib.h。

字符输入和字符输出函数使用简单,但每一条语句只能输入或输出一个字符,对于多个字符或其他类型数据的输入输出使用不方便,可使用格式输入函数 scanf()和格式输出函数 printf()来替代完成。

4.4 顺序结构程序设计应用举例

顺序结构是结构化程序设计最基本的控制流程,程序设计的算法只需把解决问题的步骤按顺序列出,再写出对应的 C 语言语句。

在进行程序设计时,有两部分工作,一部分是数据的设计,另一部分是操作的设计。数据设计的结果是一系列数据描述语句,主要用来定义数据的类型,完成数据的初始化等;操作设计的结果是一系列的操作控制语句,其作用是向计算机系统发出操作指令,以完成对数据的加工和流程控制。一般而言,一个程序要包含存放数据的变量定义、数据处理和输出结果三个部分。如以下代码所示:

```
#include <stdio.h>     //编译预处理命令
int main()
{
    ……
    scanf("……");      /* 接收键盘输入数据(Input)*/
    ……                /* 程序处理数据(Process)*/
    printf("……");     /* 在显示器输出处理结果(Output)*/
    ……
    return 0;
}
```

上述程序遵循了程序编写的 IPO 方法,IPO 是 input – process – output 的缩写,即数据输入(Input)、数据处理(Process)、数据输出(Output),IPO 是最基本的程序编写方法,如图 4.2 所示。数据输入是程序的开始;数据处理方法统称算法,是程序最重要的部分,是一个程序的灵魂;数据输出是展示运算结果的过程。IPO 模式的两个核心是数据输入(Input)和数据处理(Process)。总之,输入要正确,处理规则要合理,输出才有价值!

图 4.2　程序编写 IPO 方法

计算机的本质是输入数据、运算处理和输出结果。实际上人类所有活动也都可以用 IPO 思维模型来描述,例如,在工厂的加工过程中,输入原材料,工厂进行加工,输出工业产品。在数据分析中,将大量的数据作为输入,选择恰当的统计分析方法进行分析处理后,输出有用信息和形成结论。

在 IPO 模式中,再合理的处理规则,如果输入是错误的,那输出的结果必然也是错误的。"输入要正确"给我们的启发:要持续学习,扩大自己知识的深度和广度,从而不断提升自己有效过滤错误输入信息能力。

"处理规则要合理"给我们的启发:要努力学习掌握更多已经被证明的有效的思维模型,这样我们在解决问题或做决策时才能更准确地选择,而不是拿着锤子看什么都是钉子。人与人之间的差距就是这样逐渐拉开的。

下面介绍几个顺序结构程序设计的例子。

【例 4 – 1】在屏幕上显示一个短句"Hello World!"。

4 – 4 – 1 程序代码:

```
/* 显示"Hello World!" */        // 注释文本
#include <stdio.h>              /* 编译预处理命令 */
int main()                      /* 定义主函数 main() */
{
    printf("Hello World! \n");  /* 调用 printf()函数输出文字 */
    return 0;                   /* 返回一个整数 0 */
}
```

程序运行结果：

```
Hellow World!
```

程序分析：代码的第一行：/*显示"Hello World!"*/　　　//注释文本

它是程序的注释，用来说明程序的功能。注释文本可以包含在"/* …… */"之间或跟在"//"之后，前者可以标注一行内的注释，也可以标注多行的注释。后者"//"表示单行注释。第一行语句包含了 C 语言的两种注释方式。

程序代码的第二行：是编译预处理命令，因为后面调用的 printf()函数是 C 语言的标准输出函数，在系统文件 stdio.h 中声明。编译预处理命令的末尾不加分号。

程序第三行语句：int main() 定义了一个名为 main 的函数，该函数的返回值是整型数(int)，通常不需要参数。在 C 语言中，main()是一个特殊的函数，被称为主函数，任何一个程序都必须有而且只能有一个 main()函数，程序运行时，首先从 main()函数开始执行。main()函数名后不加分号。

一对大括号括起来的语句构成函数体，本程序的函数体共有两条语句。其中 printf("Hello World! \n")是一条函数调用语句，作用是将双引号中的内容照原样输出，转义字符\n 是换行符，即输出 Hello World! 后换行，此语句的末尾必须有分号，因为分号是 C 语言的语句不可缺少的一部分。

最后一条语句：return 0;结束 main()函数的运行，并向系统返回一个整数 0,作为程序的结束状态。由于 main()函数的返回值是整型数，因此，任何整数都可以作为返回值。按照惯例，如果 main()函数返回 0,说明程序运行正常，返回其他数字则用于表示各种不同的错误情况。系统可以通过检查返回值来判断程序运行是否成功。

【例 4-2】设计一个通信录管理程序界面，在屏幕上合适的位置显示如下信息：输入记录、显示记录、查找记录、插入记录、记录排序、删除记录等，要求每行显示一条信息，界面简洁美观。

问题分析　要求设计通信录界面，并提供了在界面显示的内容信息，按要求调用 printf()函数输出文字。程序代码如下：

4-4-2 程序代码：

```
/* 通信录管理系统界面 */
#include <stdio.h>
```

```
#include <stdlib.h>
int main()
{   printf("\t\t**********欢迎进入通信录管理界面********\n\n");
    printf("\t\t\t0. 输入记录\n");
    printf("\t\t\t1. 显示记录\n");
    printf("\t\t\t2. 按姓名查找\n");
    printf("\t\t\t3. 按电话号码查找\n");
    printf("\t\t\t4. 插入记录 \n");
    printf("\t\t\t5. 按姓名排序\n");
    printf("\t\t\t6. 删除记录\n");
    printf("\t\t\t7. Quit\n");
    printf("\t\t*****************************************\n\n");
    return 0;
}
```

程序运行结果：

```
**********欢迎进入通信录管理界面********
       0. 输入记录
       1. 显示记录
       2. 按姓名查找
       3. 按电话号码查找
       4. 插入记录
       5. 按姓名排序
       6. 删除记录
       7. Quit
*****************************************
```

程序分析 本程序的主要功能是在屏幕上显示相关信息。main()函数的函数体共有 11 条语句，主要是格式控制输出函数 printf()的调用，作用是将双引号中的内容照原样输出，其中的转义字符'\t'控制文字内容在屏幕的水平位置对齐输出，'\n'控制在不同行显示信息，每行文字的前面设计添加了编号，使输出结果更清晰。

上述程序代码实现了题目要求的基本功能，也可以修改上述程序，自己设计不同的输出界面，或者用更少的语句来完成本程序的功能。

【例 4-3】将华氏温度转换为摄氏温度，输入华氏温度 100℉，计算对应的摄氏温度。

问题描述 摄氏温度和华氏温度是国际上对温度刻画的两种不同体系。摄氏度是摄氏温标(C)的温度计量单位，用符号℃表示，是目前世界上使用较为广泛的一种温标。它最初是由瑞典天文学家安德斯·摄尔修斯于 1742 年提出的，其后历经改进。中国等大多数国家使用的是摄氏温度，其以 1 标准大气压下水的结冰点为 0 度，沸点为 100 度，将温度进行 100 等分，每一等份为 1 度，记作 1℃。华氏温度被美国、英国等国家使用，以 1 标准大气压下水的结冰点为 32 度，沸点为 212 度，将温度进行 180 等分，每等分为华氏 1 度，记作 "1℉"。

温度转换问题分析 要求将华氏温度转换为摄氏温度。按照程序编写的 IPO 方法，划分边界,确定输入的数据、处理的算法和输出的结果。本例中输入是华氏温度值,根据温度标志选择适当的温度转换算法,输出带摄氏标志的温度值。输入输出格式设计要求将标识放在温度最后,F 表示华氏度,C 表示摄氏度,例如,82F 表示华氏 82 度,28C 表示摄氏 28 度。

温度转换算法:根据华氏和摄氏温度定义,转换公式如下:C=5*(F-32)/9,C 表示摄氏温度,F 表示华氏温度。

4-4-3 程序代码:

```
/*华氏温度转换为摄氏温度*/
#include <stdio.h>
#include <stdlib.h>
int main()
{
    /*定义两个整型变量,celsius 表示摄氏温度,fahr 表示华氏温度*/
    int celsius,fahr;
    scanf("%d",&fahr);                              /* 接收键盘输入数据(Input)*/
    celsius = 5*(fahr-32)/9;                        /* 程序处理数据(Process)*/
    printf("fahr = %dF,celsius = %dC\n",fahr,celsius);/* 输出处理结果(Output)*/
    return 0;}
```

程序运行结果:

```
100
fahr = 100F,celsius = 37C
```

程序分析 程序中 scanf("%d",&fahr)语句,调用了 scanf()格式控制输入函数,%d 为格式控制符,表示此处需要从键盘输入一个整型数,&fahr 为变量 fahr 的地址,表示输入的整数存到 fahr 变量中。

celsius=5*(fahr-32)/9 为赋值语句,先计算算术表达式的值后赋值给变量 celsius,实现华氏温度转换为摄氏温度的计算。

printf("fahr=%dF,celsius=%dC\n",fahr,celsius),是调用 printf()格式控制输出函数,printf()的输出参数必须和格式控制字符串中的格式控制字符相对应,并且它们的类型、个数和位置要一一对应。本例中 fahr 和 celsius 都是整型变量,输出用%d,并且第一个%d 的位置上输出变量 fahr 的值,第二个%d 的位置输出变量 celsius 的值。

可见,使用 printf()函数不仅能够输出固定不变的内容,如例 4.1 和例 4.2,还可以输出变量的值,如本例中的变量 fahr 和 celsius 的值。

请思考,本示例中温度转换的计算公式 5*(fahr-32)/9 能否改成 5/9*(fahr-32)?为什么?如果将其改写为 5/9*(fahr-32),会影响运算结果吗?如果有影响,除本示例源程序之外,还有哪些改正方案?修改 4-4-3 程序代码,实现摄氏温度转换为华氏温度的运算。

华氏温度和摄氏温度相互转换是各类转换问题的代表性问题,可参照程序代码,巩固并拓展到实现货币转换、长度转换、重量转换、面积转换等不同领域,从而对顺序结构程序设计的问题进行举一反三。

【例 4-4】从键盘输入一个小写字母,要求转换成对应的大写字母后输出。

问题分析　在前面的学习中,我们已经知道字符型数据使用 ASCII 码存储,即一个字符对应一个具体的数据,程序中通常利用这些 ASCII 码进行简单的计算,完成字符的各种转换和运算。由 ASCII 码表可知,大写字母和对应小写字母 ASCII 码的十进制值相差 32,所以只要将小写字母的 ASCII 码值减去 32,即可计算出对应的大写字母 ASCII 码值,控制以字符形式输出即为大写字母。

算法步骤:
(1)定义两个变量存放小写字母和转换后的大写字母;
(2)输入一个小写字母,并输入显示该字母和它的 ASCII 码;
(3)转换算法是小写字母 ASCII 码-32 转换为大写字母 ASCII 码;
(4)输出转换后的大写字母和它的 ASCII 码。

4-4-4 程序代码:

```c
/* 输入一个小写字母,要求转换成大写字母输出 */
#include <stdio.h>
#include <stdlib.h>
int main()
{   char a,b;
    printf("请输入一个字符:");      /* 提示信息 */
    a = getchar()                   /* 输入一个小写字母,可替换为 scanf() */
    printf("%c,%d\n",a,a);          /* 输出小写字母和它的 ASCII 码值 */
    b = a - 32;                     /* 将小写字母转换成大写字母 */
    printf("%c,%d\n",b,b);          /* 输出转换后的大写字母和它的 ASCII 码值 */
    return 0;
}
```

程序运行结果:

```
请输入一个字符:a
a,97
A,65
```

程序分析　为了能更清晰地对照大小写字符和它们的 ASCII 码,程序中利用格式控制的方式输出了大小写字符及其对应的 ASCII 码。

C 语言中,一个字符型数据在计算机内存中用一个字节存储它的 ASCII 码,它既可以按字符形式输出,也可以按整数形式输出。可以选择利用 printf() 函数的格式控制字符"%c"或"%d"来呈现。按字符的形式输出时,系统自动将存储的 ASCII 码,转换成相应的字符后输出。按整数形式输出时,直接输出它的 ASCII 码。一个整数,只要它的值在 ASCII 码范围内,可以用字符形式输出。相反,一个字符也可以用整数形式输出。

上述程序还有一些问题,因为无论输入的是何种数据,都会进行减 32 的操作,而事实上若用户输入的是大写字符"A",就应该照原样输出,而该程序的运行结果则为

```
请输入一个字符:A
A,65
!,33
```

程序运行时输入大写字符"A",ASCII 码为十进制 65,减去 32 结果为 33,而 33 对应的字符为"!"。

请修改上述代码,使程序可以处理输入的任何类型字符? 若输入了除小写字母之外的符号则原样输出,输入小写字母才进行转换操作。

【例 4-5】输入三角形的三边长,求三角形的面积。

三角形面积问题求解:对于一个三角形,在数学中,三角形可以采用"1/2×底×高"的方式来求解三角形的面积,但是在 C 语言中不能作出三角形的高,对于任意形状的三角形,输入三角形的三边长,可以利用海伦公式求解它的面积。

海伦公式亦称"海伦-秦九韶公式",我国南宋时期数学家秦九韶在 1247 年提出利用三角形的三边长求面积的"三斜求积术"。他把三角形的三条边分别称为小斜、中斜和大斜。"术"即方法。三斜求积术就是用小斜平方加上大斜平方,送到中斜平方,取相减后余数的一半,自乘而得一个数,小斜平方乘以大斜平方,送到上面得到的那个。相减后余数被 4 除,所得的数作为"实",作 1 作为"隅",开平方后即得三角形面积,$s = \sqrt{\frac{1}{4}\left[a^2b^2 - \left(\frac{a^2+b^2-c^2}{2}\right)^2\right]}$。而海伦公式是古希腊的几何学家海伦(Heron,约公元 50 年),在他的著作 *Metrica* 一书中给出的一个公式,如果一个三角形的三边长分别为 a、b、c,那么三角形的面积公式 $s = \sqrt{p(p-a)(p-b)(p-c)}$,其中:半周长 $p = (a+b+c)/2$,这一公式称为海伦公式,在数学史上以解决几何测量问题而闻名。

虽然"三斜求积术"与海伦公式形式上有所不同,但它完全与海伦公式等价,填补了中国数学史中的一个空白,从中可以看出中国古代已经具有很高的数学水平。

问题分析 输入三角形的三边长,求三角形的面积。遵循程序编写的 IPO 方法,划分边界,确定输入的数据、处理的算法和输出的结果。本例中输入数据是三角形的三条边长 a、b、c,数据处理(Process)方法是利用海伦公式进行面积的计算,数据输出(Output)是三角形的面积。

算法模型:三角形的面积公式 $s = \sqrt{p(p-a)(p-b)(p-c)}$,其中:$p = (a+b+c)/2$。

算法过程用流程图表示,如图 4.3 所示。

4-4-5 程序代码:

```c
/*利用海伦公式计算三角形的面积*/
#include <stdio.h>
#include <stdlib.h>
#include <math.h>
int main()
{ float a,b,c,p,area; /*定义三角形三边a,b,c*/
  printf("输入三角形三边a,b,c:");/*提示信息*/
  scanf("%f,%f,%f",&a,&b,&c); /*输入a,b,c*/
  p=1.0/2*(a+b+c); /*计算半周长p的值*/
  area=sqrt(p*(p-a)*(p-b)*(p-c));
  /*海伦公式计算面积*/
  printf("三角形面积area=%f\n",area);
  /*输出三角形面积*/
  return 0;
}
```

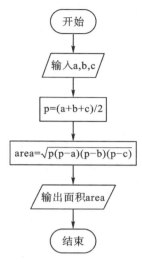

图 4.3 求三角形面积流程

程序运行结果:

```
请输入三角形的三边 a,b,c:3,4,6
三角形面积 area=5.332682
```

程序分析 根据程序中处理的数据,定义实型变量 a、b、c 用于存放三角形的三条边数据,定义实型变量 p 和 area 用于存放周长一半和三角形面积。程序中的 sqrt() 是求平方根的函数,是调用了 math.h 中的标准库函数,必须在程序的开头添加一条#include 命令,把头文件"math.h"包含到程序中来。需要注意的是,凡是在程序中要调用数学函数库中的函数,都应当添加编译预处理命令#include <math.h>。

输出函数 printf() 在本示例中有两种作用,语句 printf("请输入三角形的三边 a,b,c:")功能是提供给用户的提示信息,避免用户盲目输入导致后续程序运行异常。通常在用户输入之前,程序中都安排输入提示的语句。输入 printf("三角形面积 area=%f\n",area)功能是按格式控制字符串的设置输出面积变量的结果。

输入函数 scanf() 在本示例中,按照格式控制字符串的设置输入三角形三条边的长度,用户输入时,严格遵照格式完成输入,例如:3、4、6 或 3.1、5.3、6.8 等。

上述程序还有一些问题,若用户输入三角形的三条边长为 1、2、5,则程序运行结果异常,因为无法构成三角形,海伦公式不能计算其面积。如何使程序可以处理输入的任何数据?或输入的三条边数据无法构成三角形时,也能保证程序正常处理,而不出现错误?

为增加程序设计的严谨性,可以先判断输入的三条边长是否可以构成三角形,即任意两边之和大于第三边,可以构成三角形情况下再计算。此改进方案需要选择结构部分的知识点,在下一章进一步完成。

程序中计算半周长"p=1.0/2*(a+b+c)"的表达式,如果将其改写为"1/2*(a+b+c)",会影响运算结果吗?

计算面积的公式 sqrt(p*(p-a)*(p-b)*(p-c))能否简化为 sqrt(p(p-a)(p-b)(p-c))?

也可以利用秦九韶的"三斜求积术"计算三角形的面积,比较两种方法的计算结果,进一步检验其与海伦公式是否等价?

习 题

一、选择题

1. 以下选项中不是 C 语句的是( )。
   A. ++t   B. {a/=b=1;b=a%2;}   C. k=i=j;   D. ;

2. 使用 scanf("a=%d,b=%d",&a,&b)为变量 a、b 赋值。要使 a、b 均为 50,正确的输入是( )。
   A. 50,50   B. 50 50   C. a=50,b=50   D. a=50 b=50

3. 以下选项中,正确的输入语句是( )。
   A. int a;scanf("%d,"&a);   B. int a;scanf("%d",a);
   C. int a;scanf("%f,"&a);   D. int a;scanf("%d",&a);

4. 如下语句,要求从键盘输入 3.14159 和 5.3 分别保存到变量 f1 和 f2 中,↙表示回车键,正确的输入格式是( )。

   float f1,f2;
   scanf("%f,%f",&f1,&f2);

   A. 3.14159 , 5.3↙
   B. 3.14159↙
      5.3↙
   C. 3.14159;5.3↙
   D. 3.14159 5.3↙

5. 在调用 printf 函数输出数据时,当数据的实际位宽小于 printf 函数中的指定位宽时,下面叙述正确的是( )。
   A. 如果格式字符前面没有负号,那么输出的数据将会右对齐、左补 0;如果格式字符前面有负号,那么输出的数据将会左对齐、右补 0
   B. 如果格式字符前面没有负号,那么输出的数据将会左对齐、右补 0;如果格式字符前面有负号,那么输出的数据将会右对齐、左补 0
   C. 如果格式字符前面没有负号,那么输出的数据将会右对齐、左补空格;如果格式字符前面有负号,那么输出的数据将会左对齐、右补空格
   D. 如果格式字符前面没有负号,那么输出的数据将会左对齐、右补空格;如果格式字符

前面有负号,那么输出的数据将会右对齐、左补空格

6. 已知有定义语句,int a=3,b=5;以下正确的输出格式是(　　　)。
   A. printf("%d %d",a,b);　　　　B. printf("%d",a,b);
   C. printf("a=%d,b=%d";a,b);　　D. printf("%d%d",a、b);

7. 若有定义:int a,b;,则用语句 scanf("%d%d",&a,&b);输入 a 和 b 的值时,不能作为输入数据分隔符的是(　　)。
   A. ,　　　　B. 空格　　　　C. 回车　　　　D. Tab 键

二、填空题

1. 变量 k 为 float 类型,调用函数 scanf("%d",&k),不能使变量 k 得到正确数值的原因是_____。
2. 设有"int a=255,b=8;",则 printf("%x,%o\n",a,b);输出的是_____。
3. 结构化程序设计的 3 种基本结构是_____、_____、_____。
4. float a=123.456;printf("%10.2f\n",a);输出的是_____。
5. 下列程序运行时从键盘输入:54321<回车>,程序的运行结果为_____。

   ```
   #include <stdio.h>
   int main()
   {
       int a,b,s;
       scanf("%2d%2d",&a,&b);
       s=a/b;
       printf("s=%d",s);
       return 0;
   }
   ```

6. 以下程序输出的结果是_____。

   ```
   #include <stdio.h>
   int main()
   { int a=1,b=0,c=2;
     printf("%d,%d,%d",a,a+b+c,c-a);
     return 0;
   }
   ```

7. 有以下程序,运行时若输入为 B,则输出是_____。

   ```
   #include <stdio.h>
   int main()
   { char ch;
       ch=getchar();
   ```

```
        ch = ch + 32;
        printf("%c",ch);
        return 0;
}
```

8. 下列程序的功能是输入三个整数值给变量 a、b、c,程序中把 b 的值给 a,c 的值给 b,a 的值给 c,交换后输出 a、b、c 的值。请填空完成程序。

```
#include <stdio.h>
int main()
{int a,b,c, ____① ____ ;
    scanf("%d,%d,%d", ____② ____ );
    ____③ ____ ;a = b;b = c; ____④ ____ ;
    printf("a=%d,b=%d,c=%d",a,b,c);
    return 0;
}
```

9. 下列程序功能是不借助任何变量将 a、b 中的值进行交换。请填空完成程序。

```
#include <stdio.h>
int main()
{ int  a,b;
    scanf("%d%d", ____① ____ );
a + = ____② ____ ;
b = ____③ ____ ;
a - = ____④ ____ ;
    printf("a=%d,b=%d\n",a,b);
    return 0;
}
```

10. 写出程序运行结果。修改本程序,使所有变量的值由用户从键盘输入,且运行结果与之前的相同,如何实现各变量的正确输入?

```
#include <stdio.h>
int main()
{ char c1,c2,a,b;
    float x,y;
    a = 3;
    b = 7;
    x = 8.5;
    y = 71.82;
    c1 = 'A';
```

```
        c2 = 'a';
        printf("a = %d,b = %d\n",a,b);
        printf("x = %f,y = %e\n",x,y);
        printf("c1 = %c,c2 = %c\n",c1,c2);
        return 0;
    }
```

三、简答题

1. 什么是结构化程序设计方法？结构化程序设计应遵循哪些原则？
2. C 语言的语句有哪几类？为什么说 C 语言是表达式语言？
3. 请找出下列程序中的两个语法错误并修改。

```
#include <stdio.h>
int main()
{ int a,b;
  float x = 5.7;
  a = 10;
  scanf("%d",b);
  printf("a + b = %d\n", a + b);
  printf("x = %d\n", x);
}
```

四、程序设计题

1. 编写程序，输出以下信息：

    ```
    *********************
          hello world!
    *********************
    ```

2. 试编写程序求整数均值，输入 4 个正整数，计算并输出这些整数的和与平均值，其中平均值精确到小数点后 2 位，输出要有文字说明。
3. 输入任意一个 3 位数，将其各位数字反序输出（例如输入 123，输出 321）。
4. 设圆的半径 $r=1.5$，圆柱高 $h=3$，求圆的周长、圆的面积、圆球表面积、圆球体积、圆柱体积。试编写程序用 scanf() 函数输入数据，输出计算结果要求保留小数点后 2 位，输出时要有文字说明。
5. 试编写程序求前驱字符和后继字符。输入一个字符，找出它的前驱字符和后继字符，并按 ASCII 码值从大到小顺序输出这三个字符及其对应的 ASCII 码值。
6. 试编写程序，用 getchar 函数读入两个字符给 c1、c2，然后分别用 putchar() 函数和 printf() 函数输出这两个字符。并思考以下问题：(1)变量 c1、c2 应定义为字符型或整型？还是二者皆可？(2)要求输出 c1 和 c2 的 ASCII 码应如何处理？用 putchar()函数还是 printf() 函数？(3)整型变量与字符型变量在什么情况下可以互相替换？

第 5 章 选择结构程序设计

在顺序结构中,程序从上到下逐行执行,中间没有跳跃,每行语句都会被执行到。前面的学习,所编写的程序都是按照顺序结构进行设计。虽然采用顺序结构已经可以满足编程需求,但实际上,在很多情况下,我们期望当满足某个条件时才执行某段程序,否则不执行。如①如果学生成绩大于等于 60 分,输出"及格",否则输出"不及格"。②一个人年龄大于等于 18 岁,判定输出"成年人",否则输出"未成年人"。③前一章的例 4.5 输入三角形的三条边长,利用海伦公式求三角形的面积。若用户输入三角形的三条边长为 1、2 和 5,因为无法构成三角形,海伦公式不能计算其面积。应先判断输入的三条边长是否可以构成三角形,即任意两边之和大于第三边,可以构成三角形的情况下,再计算由这三条边长组成的三角形的面积。对于类似这样的需求,采用顺序结构是不行的,因为代码即使出现在程序中,也有可能不会被执行。为了解决这类问题,C 语言提供了选择结构。

5.1 选择结构和判断条件

选择结构又称为分支结构,是结构化程序设计中三种基本结构之一。选择结构的作用是根据设定的条件决定程序下一步的方向,并从给定分支中选择执行其一。在 C 语言中,用 if 语句或 switch 语句实现选择结构,在选择结构程序执行的时候,需要先进行选择条件的判断(如 if 选择结构),根据所判定的条件决定执行哪个分支,选择判定条件的结果往往是一个逻辑值,为真(非 0)或为假(0),根据此结果执行为真的分支或为假的分支。有的时候判断条件是一个整型值或字符型的值,在执行时可与数值相等的分支进行匹配,如果匹配成功,就去执行相应的分支(如 switch 分支结构)。

分支即面临着选择,"鱼和熊掌不可兼得"是古人智慧的总结,在选择结构的学习过程中理解和感悟其中的道理,在面临个人、集体和国家的利益冲突时,要懂取舍、知进退,不同的选择决定不同的人生。

选择结构的一般形式如图 5.1 所示。

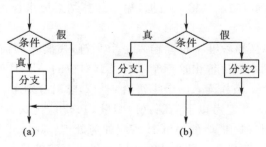

图 5.1 选择结构

图 5.1 中的流程图,按箭头的方向执行,其中(a)中条件为真,执行分支语句,条件为假,什么也不做,称为单分支结构;(b)中条件为真,执行分支 1 语句,条件为假,执行分支 2 语句,称为双分支结构。

条件是选择结构中的分支是否被执行的依据和关键,C 语言选择结构中的条件是用关系表达式、逻辑表达式和算术表达式等来表示的,表达式的值只有两种,称为逻辑值,条件成立是逻辑真,条件不成立是逻辑假。因此如何合理和准确表达问题的条件是学习选择结构的基础,如何使用选择结构控制程序流程,是本节要掌握的主要内容。

5.1.1 关系运算符和关系表达式

1. 关系运算符

关系运算通俗地说就是比较运算,即将两个对象进行比较。在程序中经常需要比较两个操作数,判定两个操作数是否符合给定的关系。比较两个操作数的运算符称为关系运算符(Relational Operators)。C 语言提供了 6 种关系运算符,见表 5.1。

表 5.1 关系运算符

关系运算符	含义	数学符号	示例
<	小于	<	a>b
>	大于	>	a<b
<=	小于等于	≤	a<=b
>=	大于等于	≥	a>=b
==	等于	=	a==b
!=	不等于	≠	a!=b

从表 5.1 可以看出,C 语言中的关系运算符和数学的关系运算表示的含义相同,但部分符号书写有区别。

特别注意 进行相等比较时一定要用双等号"==",因为 C 语言中的单个等号"="是赋值运算符。如果误用表达式"a=5"来判断整型变量 a 的值是否等于 5,编译系统不会报错,因为编译器将其理解为赋值运算,即把 5 赋给变量 a。

尽量避免实型表达式与数值常量进行"=="或"!="比较,因为实型有精度限制。若用 e 表示某个实型表达式,则可以将表达式 e==5 转化为表达式 fabs(e 5)<1e 6。

2. 关系表达式

用关系运算符将两个表达式连接起来,进行关系运算的式子,称为关系表达式。关系表达式的一般形式为

表达式 1 关系运算符 表达式 2

6 个关系运算符都是双目运算符,运算符两边的表达式 1 和表达式 2 是操作数,它们可以是常量、变量或各类表达式,操作数类型可以是数值类型和字符型。

例如

(a+b)>(c-d)　　　（操作数为算术达式）
x<(d=50)　　　　（操作数为变量和赋值表达式）
'a' <= 'b'　　　　（操作数为字符常量）

关系表达式的值是逻辑值"真"或"假",若关系表达式成立,判定结果是逻辑真,用整数"1"表示;关系表达式不成立,判定结果为逻辑假,用整数"0"表示。

例如　关系表达式 23>15 成立,其值为"真",即为 1;而'A' > 'a'不成立,其值为"假",即为 0。

在 C 语言中,可以用关系表达式来描述给定的一些条件。

例如　判断 x 是否为负数。

5-1-1 程序代码：

```c
#include <stdio.h>
#include <stdlib.h>
int main()
{ int x;
    scanf("%d",&x);
    printf("x是负数的判断结果为:%d\n",x<0);
    return 0;
}
```

程序运行结果：

```
-3
x是负数的判断结果为:1
```

```
3
x是负数的判断结果为:0
```

用关系表达式 x<0 描述该条件,它比较两个数 x 和 0,如果 x 是负数,条件成立,该表达式的值为 1;如果 x 不是负数,条件不成立,该表达式的值为 0。

3. 关系运算符的优先级

在六个关系运算符中,>、>=、<和<=四个运算符优先级相同,==和!=的优先级相同。但前面四个运算符优先级高于==和!=。所有关系运算符的优先级低于算术运算符,高于赋值运算符。

例如　若 a=3,b=-2

(1)a<=b+2。此表达式等效于 a<=(b+2),关系运算符"<="的优先级低于算术运算符,关系表达式不成立,结果为 0。

(2)d=5>a。此表达式等效于 d=(5>a),关系运算符">"的优先级高于赋值运算符,关系表达式 5>a 成立,结果 d=1。

(3) a==b<3。此表达式等效于 a==(b<3),关系运算符"<"的优先级高于"==",此关系表达式不成立,结果为 0。

若 a=3,b=4,表达式 k=a++>b,k 和 a 的值应该是什么?

4. 关系运算符的结合性

在关系表达式中若出现优先级别相同的运算符时,按从左到右的顺序计算,即关系运算符其结合性均为左结合性。运算符优先级不同时按优先级从高到低的顺序计算。使用括号可以改变运算符的运算顺序,即先计算括号内运算,再计算括号外的运算。

例如

```
int a = 3,b = 4,c = 5,k;
k = (a>b)<(b<c);      /* (a>b)<(b<c)是关系表达式,使用括号改变运算顺序 */
```

该语句中">"和"<"运算符优先级相同,使用括号可以改变运算符的运算顺序,先计算 a>b,不成立结果为 0,然后计算 b<c,成立结果为 1,最后 0<1 成立,k 的值为 1。

特别注意 表达式 c>b>a 在 C 语言中是合法的,但是结果不一定是你希望的结果。

例如

5-1-2 程序代码:
```c
#include <stdio.h>
#include <stdlib.h>
int main()
{   int a = 3,b = 4,c = 5,k;
    k = c>b>a;             /* k = 5>4>3 */
    printf("k = %d\n",k);
    return 0;
}
```

程序运行结果:

```
k = 0
```

不要把 C 语言表达式"c>b>a"理解为数学关系式"5>4>3"。因为关系运算符是左结合的,所以 c>b>a 表达式相当于(c>b)>a,正确的运算顺序是先计算 c>b,关系成立结果为 1,然后 1>a 再作比较,关系不成立,得出结果为 0。

C 语言没有"之间""中间""之内"或"在某范围内"的关系运算符。类似 a<b<c 的关系表达式常常借助于逻辑运算符来描述操作数之间的关系。

例如 年龄在 25~30 岁,只能表述为,年龄>=25 并且 年龄<=30。

5.1.2 逻辑运算符和逻辑表达式

1. 逻辑运算符

如果需要描述的条件比较复杂,涉及的操作数多于两个时,用关系表达式就难以正确描述给定的条件,此时需借助逻辑运算符来描述操作数之间的关系。

C语言提供了三种逻辑运算符(见表 5.2),其中运算符"&&"和"||"为双目运算符,要求有两个运算量,如(a>b)&&(x<y),(a>b)||(x<y)。运算符"!"为单目运算符,只要求有一个运算量,如!(a<b)。

表 5.2 逻辑运算符

逻辑运算符	含义	示例	运算说明
!	逻辑非	!a	当a和b同时为真,则结果为真,否则为假
&&	逻辑与	a&&b	当a和b同时为假,则结果为假,否则为真
||	逻辑或	a||b	a为真,取反后为假;a为假,取反后为真

C语言在进行逻辑运算时,对于运算对象而言,当运算对象的值为非"0"时,则为"真",当运算对象的值为"0"时,则认为"假"。反过来,逻辑运算的结果是逻辑值"真"或"假",与关系运算的结果一样,若逻辑运算结果为"真",用整数"1"表示;为"假",用整数"0"表示。

(1)逻辑非"!"运算规则:逻辑非是单目运算,若操作数值为0,则认为逻辑假,非运算结果为1,若操作数的值非0,则认为逻辑真,非的运算结果为0。

例如

```
int a = 0,b = 3;
printf("! a = %d\n",! a);              /*运算对象为变量*/
printf("! (a<b) = %d\n",! (a<b));      /*运算对象为关系表达式*/
```

输出结果:

```
! a = 1
! (a<b)
```

!a运算结果为1,因为a的值为整数0,判定为逻辑假,进行"!"运算后为逻辑真,以数值1表示,结果为1。!(a<b)结果为1,因为关系表达式a<b的值为1,判定为逻辑真,进行"!"运算后为逻辑假,以数值0表示,非运算结果为0。

(2)逻辑与"&&"运算规则:逻辑与运算是双目运算,当参加运算的两个操作数值均为非0时,运算结果才为1,否则运算结果为0。

例如

```
int a = 5,b = 3;
printf("a&&b = %d\n",a&&b);                        /*运算对象为变量*/
printf("(a)0)&&(a<b) = %d\n",(a)0)&&(a<b) );       /*运算对象为关系表达式*/
```

输出结果：

```
a&&b = 1
(a>0)&&(a<b) = 0
```

a&&b=1，因为整型变量 a=5、b=3，a 和 b 均为非 0 值，而与运算中参加运算的两个操作数值都为非 0 时，运算结果才为 1，因此，a&&b 进行"&&"运算后结果为 1。

(a>0)&&(a<b)=0，因为关系表达式 a>0 判定为逻辑真，值为 1，关系表达式 a<b 的判定结果为逻辑假，值为 0，而"&&"运算的规则是参加运算的两个操作数的值均为非 0 时，运算结果才为 1，因此，(a>0)&&(a<b)进行"&&"运算后结果为 0。

(3) 逻辑或"||"运算规则：逻辑或运算是双目运算，参加运算的两个操作数中，只要有一个操作数为非 0，运算结果就为 1，否则运算结果为 0。

例如

```
int a = 5,b = 3;
printf("a||b =  %d\n",a||b);                    /* 运算对象为变量 */
printf("(a<b)||(a>0) =  %d\n",(a<b)||(a>0));    /* 运算对象为关系表达式 */
```

输出结果：

```
a||b = 1
(a<b)||(a>0) = 1
```

a||b=1，因为整型变量 a=5、b=3，a 和 b 均为非 0 值，而或运算中参加运算的操作数只要有一个操作数为非 0，运算结果就为 1，因此，a||b 进行"||"运算后结果为 1。

(a<b)||(a>0)=1，因为关系表达式 a<b 的判定结果为逻辑假，值为 0，关系表达式 a>0 判定为逻辑真，值为 1，而"||"运算的规则是参加运算的两个操作数中，只要有一个操作数为非 0，运算结果就为 1，因此，(a<b)||(a>0)进行"||"运算后结果为 1。

通过这几个例子可以看出，由系统给出的逻辑运算结果不是整数 0 就是 1，不可能是其他数值。而逻辑运算符两侧的运算对象不但可以是 0 和 1，或者是 0 和非 0 的整数，也可以是任何类型的数据，如字符型、浮点型或指针型等。系统最终以 0 和非 0 来判定它们属于"真"或"假"。

例如　'c' && 'd'

它的值为 1，因为'c'和'd'的 ASCII 值都不为 0，按"真"处理。"&&"运算的规则是参加运算的两个操作数的值均为非 0 时，运算结果为 1，因此，'c' && 'd'进行"&&"运算后结果为 1。

2. 逻辑表达式

用逻辑运算符将逻辑运算对象连接起来的式子，称为逻辑表达式。逻辑表达式中可以将算术表达式、关系表达式作为逻辑运算的对象，即逻辑表达式可以是算术运算符（＋、－、＊、/、％）、关系运算符（>、<、>=、<=、==、!=）、逻辑运算符（!、&&、||）和其他运算

符组成的混合运算表达式。

例如

！a

a&&b

！a||b

4&&0||2

5>3&&8<4-！0

上述都是合法的逻辑表达式,逻辑表达式的值反映了逻辑运算的判断结果,"真"或"假",用整数"1"和"0"表示。若a=4,b=5,试分析各表达式的值。

逻辑表达式用来表示由简单条件组成的复合条件。熟练掌握C语言的关系运算符和逻辑运算符后,可以巧妙地用一个逻辑表达式来表示一个复杂的条件。

例如,逻辑表达式(ch>='a' && ch<='z')中,&&是逻辑与运算符,关系表达式ch>='a'和ch<='z'是逻辑运算对象,当ch>='a'和ch=='z'同时为"真"时,该表达式的判定结果为真,否则为假,因此,逻辑表达式(ch>='a' && ch<='z')用于判断ch是否为小写英文字符。同理,逻辑表达式(ch>='A' && ch<='Z')用于判断ch是否为大写英文字符。

将上述两个逻辑表达式用逻辑运算符"||"连接起来,组成新的逻辑表达式(ch>='a' && ch<='z')||(ch>='A' && ch<='Z'),其含义是只要"||"两侧的逻辑表达式中,有一个判定为"真",组合的表达式就判定为"真",否则判定结果为"假"。即当ch是小写英文字符或ch是大写英文字符时,组合表达式(ch>='a' && ch<='z')||(ch>='A' && ch<='Z')就判定为"真",故该逻辑表达式可用于判断ch是否为英文字符的条件。

试着写出满足下列条件的C语言逻辑表达式。

判断ch是数字字符。

判断ch是空格或者回车符。

有整数x,表示x是3的倍数且个位上数字为5的判断条件。

3. 逻辑运算符的优先级

在一个逻辑表达式中如果包含多个逻辑运算符,要按优先级由高到低的次序进行计算。三个逻辑运算符中,"!"运算符优先级最高,其次是"&&"运算符,"||"或运算符优先级最低。

例如

int a = 4, b = 0, c = 2;
printf("！a||b&&c = %d\n",！a||b&&c);

输出结果：

！a||b&&c = 0

逻辑表达式"！a||b&&c"中包含！、&&、||三种逻辑运算符,因为"!"运算符优先级最高,"&&"运算符优先级比"||"运算符高,因此该逻辑表达式"！a||b&&c"等价于

"(!a)||(b&&c)"。

计算时首先对!a进行计算,因为a=4,为非零值,!a运算结果为0。其次是进行b&&c的运算,b=0、c=2,即0&&2,而逻辑与"&&"运算的规则是,当参加运算的两个操作数值均为非0时,运算结果才为1,否则运算结果为0,因此"b&&c"运算结果为0。最后将!a的结果和"a&&b"的结果进行"||"运算,即0||0,而逻辑或"||"运算的规则是参加运算的两个操作数中,只要有一个操作数为非0,运算结果就为1,否则运算结果为0。因此,逻辑表达式(!a)||(b&&c)的最终运算结果为0。

和C语言的算术运算符(+、-、*、/、%)、关系运算符(>、<、>=、<=、==、!=)和赋值运算符(=)相比,逻辑运算的"!"运算符优先级高于所有算术运算符,逻辑运算符"&&"和"||"低于所有关系运算符,赋值运算符优先级最低。部分已学过的运算符的优先级关系如图5.2所示。

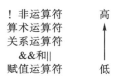

图5.2 部分运算符优先级关系

按照运算符的优先级可以得到

!a&&b>5   等效于(!a)&&(b>5)
a+b||a<c   等效于(a+b)||(a<c)
a+b>c && x+y<z   等价于((a+b)>c) && ((x+y)<z)

在逻辑表达式中作为参加逻辑运算的运算对象(操作数)可以是0("假")或任何非0的数值(按"真"对待)。逻辑表达式中不同位置出现的运算对象(操作数),应区分哪些是作为数值运算或关系运算的对象,哪些作为逻辑运算的对象。

例如   5>3&&8<4-!0

5-1-3程序代码:
#include <stdio.h>
#include <stdlib.h>
int main()
{   printf("5>3&&8<4-!0 = %d\n",5>3&&8<4-!0);
     return 0;}

程序运行结果:

5>3&&8<4-!0 = 0

对逻辑表达式5>3&&8<4-!0自左至右扫描求解。首先对关系表达式5>3进行计算,因为关系运算符优先级高于"&&"运算符,在关系运算符两侧的5和3作为数值参加关系运算,"5>3"的运算结果为1。然后对"1&&8<4-!0"进行运算,根据优先级次序,

先对！0进行运算得1，因此，要运算的表达式变成"1&&8<4-1"，算术运算符优先级高于关系运算符，运算后得"1&&8<3"，关系运算符"<"两侧的8和3作为数值进行比较，"8<3"的值为0（"假"），最后得到"1&&0"的结果为0。根据运算符的优先级次序，逻辑表达式"5>3 && 8<4-！0"等价于"(5>3)&&(8<(4-！0))"。

4. 逻辑运算符的结合性

C语言规定逻辑运算符采用左结合的方式。表达式中出现优先级别为同一级别的运算符时，按从左到右的结合方向处理，主要针对逻辑与（&&）和逻辑或（||）运算符。

例如 用逻辑表达式描述构成三角形的三条边需要满足的条件。

具体而言，假设三角形三条边长度分别为a、b、c，那么需要满足两边之和大于第三边。必须有a+b>c,a+c>b,b+c>a三个条件同时满足，否则无法构成三角形。这一条件又称为三角形的三边关系，用逻辑表达式表示为"a+b>c && a+c>b && c+b>a"。

按逻辑运算符的结合性，该表达式计算的顺序为从左到右，即"(a+b>c && a+c>b) && c+b>a"。首先计算出"(a+b>c && a+c>b)"运算符左侧"a+b>c"的值，如果关系表达式"a+b>c"判定为假，则"(a+b>c && a+c>b)"仅由左操作数的值可以推导出结果为假，同理表达式"(a+b>c && a+c>b)&&(c+b>a)"也可判定为假，那么两个"&&"运算符右侧的表达式都不需要计算，即可得出以a、b、c的长度为三边将无法构成三角形。

5. 逻辑运算符的"短路"特性

如上述分析的构成三角形条件的逻辑表达式可知，在逻辑表达式的求解中，并不是所有的逻辑运算对象都被执行，只是在必须执行下一个逻辑运算对象才能求出表达式的结果时，才需要进一步计算后续的运算对象，这种现象被称为逻辑运算符的"短路"特性。短路现象主要出现在逻辑运算的逻辑与（&&）和逻辑或（||）的运算中。也就是说，逻辑表达式的处理是首先计算出"&&"或"||"运算符左侧操作数的值，然后计算右操作数。如果表达式仅由左操作数的值可以推导出结果，那么将不再进行右操作数的运算。

（1）逻辑与的短路。对于逻辑与的运算，"表达式1 && 表达式2"，只有当表达式1和表达式2同时为真(1)时，结果才为真(1)。可以得到，如果表达式1为假，那么无论表达式2值是什么，结果都是假，这种情况下，表达式2的值就不重要了。因此，当表达式2为0（假）时，后续的表达式2不会加入计算，而是被忽略，这就是逻辑与的短路现象。

例如

```
int a=5,b=6,c=7,d=8,m=2,n=2,t;
t=(m=a>b)&&(n=c>d);
printf(" t=%d,n=%d\n",t,m,n);         /*输出t、m、n的值*/
```

输出结果：

t=0,m=0,n=2

逻辑表达式"(m=a>b)&&(n=c>d)"中，"&&"运算符左侧操作对象(m=a>b)的值,因为 a>b 判定为假(0),得到 m=0,整个表达式"(m=a>b) && (n=c>d)"即可判定为假(0),所以"&&"运算符右侧操作对象(n=c>d)被短路掉了,不需要计算,n 还是等于初值 2。

(2)逻辑或的短路。对于逻辑或的运算,"表达式 1 || 表达式 2",只有当表达式 1 和表达式 2 同时为假(0)时,结果才为假(0)。如果表达式 1 为真,那么无论表达式 2 值是什么,结果都是真。这种情况下,表达式 2 的值就不重要了,于是当表达式 1 为 1(真)时,后续的表达式 2 不会加入计算,而是被忽略,这就是逻辑或的短路现象。

例如

```
int a = 5,b = 6,c = 7,d = 8,m = 2,n = 2,t;
t = (m = a<b)||(n = c>d);
printf(" t = %d,n = %d\n",t,m,n);        /* 输出 t、m、n 的值 */
```

输出结果:

```
t = 1,m = 1,n = 2
```

逻辑表达式"(m=a<b) || (n=c>d)"中,"||"运算符左侧操作对象(m=a<b)的值因为 a<b 判定为真(1),得到 m=1,整个表达式"(m=a<b) || (n=c>d)"即可判定为真(1),所以"||"运算符右侧操作对象(n=c>d)被短路掉了,不需要计算,n 还是等于初值 2。

综上所述,短路现象的出现,其实是和逻辑运算符"&&"和"||"的运算规则相关的,如果第一个运算对象已经可以确定运算结果,那么第二个运算对象就会被忽略,这样的设置,可以提高系统运行的效率。

5.1.3 逻辑型变量

逻辑型变量是 C99 标准中新增的一种数据类型,用于存储关系运算和逻辑运算的结果。C99 标准提供的基本数据类型(见表 5.3)。定义逻辑型变量使用类型符 bool,类似于 float,double 等,只不过 float 定义浮点型,double 定义双精度浮点型。

表 5.3 C99 标准提供的 7 种基本数据类型及其对应的关键字

数据类型	关键字	数据类型	关键字
字符型	char	无值类型	void
整型	int	逻辑型	bool
浮点(单精度)型	float	复数型	_complex_imaginary
双精度型	double		

在 C99 标准颁布之前,我们通常都是用 1 或者 0 来表示逻辑真与假,因此,当我们需要在程序中传递这种逻辑数据时,都是用整型数据类型 int 来表示这种逻辑型数据。然而,使用整型数据类型 int 来表示逻辑型变量,往往带来很多问题。例如,整型数据具有加减乘除

的算术运算,然而这些运算对于逻辑型变量是没有意义的;整型变量可以有多个值,而逻辑型变量应该只有真或者假两个值,这就使得用整型数据类型来表示逻辑型变量,往往会产生歧义。

为了解决这些问题,C99 标准在头文件 stdbool.h 中定义了一个宏 bool,用来表示逻辑型变量,将 bool 与逻辑型数据类型_Bool 定义为同义词(最终编译的时候,bool 会被替换成真正的逻辑型数据类型_Bool)。在绝大多数编译器编译时_Bool 和 bool 型变量都占一个字节,即 sizeof(bool)的值为 1。同时头文件 stdbool.h 中还定义了两个符号常量 true 和 false,true 描述逻辑真(其值为 1),false 表示逻辑假(其值为 0),用 bool 定义的逻辑型变量只有两个值 true 和 false。因此我们可以理解为在 C99 标准提供的 7 种基本数据类型中,bool 是 C 语言中最小的数据类型。

程序中定义逻辑型变量可以用类型符 bool,也可以用逻辑类型关键字_Bool。使用类型符 bool 定义逻辑型变量时,必须使用 #incldue <stdbool.h>包含头文件。可以将一个关系表达式或逻辑表达式的值赋值给一个逻辑型变量,用于在程序中传递逻辑型的数据,就像传递一个普通变量一样。

程序代码如下所示。

5-1-4 程序代码:

```
#include <stdio.h>
#include <stdbool.h>       /*使用逻辑型变量必须包含头文件 stdbool.h*/
int main()
{   int a = -1;
    bool f_bool = true;    /*使用类型符 bool 定义逻辑型变量 f_bool,初值为 true*/
    _Bool f_Bool;          /*使用逻辑类型关键字_Bool 定义逻辑型变量 f_Bool */
    f_Bool = a>0;          /*逻辑型变量 f_Bool 存储关系运算的结果*/
    printf("sizeof(bool) = %d\n",sizeof(bool));
    printf("%d      %d\n", f_bool,f_Bool);
    return 0;
}
```

程序运行结果:

```
sizeof(bool) = 1
f_bool = 1
f_Bool = 0
```

本示例程序中,因使用类型符 bool 定义逻辑型变量 f_bool,并且初始化 f_bool 为 ture,需要包含头文件<stdbool.h>。逻辑变量 f_bool=true,其中 ture 描述逻辑真(其值为 1),因此,f_bool 结果为 1。使用逻辑型数据类型_Bool 定义另一个逻辑变量 f_Bool,并将关系表达式 a>0 赋值给 f_Bool。a 初值为-1,a>0 表达式不成立,结果为 0,逻辑变量 f_Bool 输出结果为 0。

逻辑型变量只有两个值 true 和 false，分别对应于逻辑的真和假，可以将一个关系表达式或逻辑表达式的值赋值给一个逻辑型变量，用于在程序中传递逻辑型的数据。逻辑变量参与运算的结果常用于条件语句，作为执行程序流程的选择条件。

如下程序所示

5-1-5 程序代码：

```
#include <stdbool.h>
#include <stdio.h>
int main()
{ float score;              /*定义 float 变量 score*/
  bool a,b;                 /*定义逻辑型变量 a 和 b*/
  scanf("%f",&score);       /*输入 score 值*/
  a = score>=60;            /*关系运算结果逻辑真或逻辑假赋值给逻辑变量 a*/
  b = score<=69;            /*关系运算结果逻辑真或逻辑假赋值给逻辑变量 b*/
  if(a==true&&b==true)printf("C grade\n"); /*逻辑值 true 参与的逻辑运算*/
  return 0;
}
```

程序运行结果：

```
65
C grade
```

在这段程序中，我们使用了<stdbool.h>头文件中定义的 bool 宏来定义逻辑型变量 a 和 b，变量中直接存储关系运算的结果，负责在程序中方便传递逻辑型数据值。其中逻辑表达式"a==true && b==true"对 bool 类型变量 a 和 b 进行逻辑运算，逻辑运算的结果作为程序流程执行的条件，若 a 和 b 同时为 true，条件为真，输出"C grade"。

<stdbool.h>头文件中定义的 bool 类型的变量只有 true 和 false 两个值，表示逻辑真假。在 C99 之前，使用没有明确意义的整型 int 表示逻辑型变量，用 1 和 0 模拟这两个关键字表示逻辑上的真和假，引入 bool 类型后，避免了使用整型 int 表示逻辑型变量，使得整个程序更加清晰，可以让我们的程序更具可读性。

5.2 用 if 语句实现选择结构

if 语句是用来判定所给的条件是否满足，根据判定的结果（真或假），选择执行不同的分支，实现选择结构。可以构成单分支结构、双分支结构和多分支结构。此外，if 语句还可以嵌套，可构成更深层次的逻辑结构。

5.2.1 单分支 if 语句

单分支 if 语句的一般形式为

```
if(表达式)
    语句;
```

其中 if 为关键字,表达式作为判断条件,必须用括号括起来,if(表达式)后不能出现分号";"。表达式一般为关系表达式或逻辑表达式,也可以是任意数值类型的表达式。注意区别类似 if(a==5)、if(a=5)和 if(a)描述的判断条件所表达的不同含义。

单分支结构中的语句可以是一条简单语句或由多条语句组成的复合语句。当 if(表达式)后面是复合语句时,必须由一对大括号"{ }"包围,若为一条简单语句,大括号可以省略。从程序可读性和可扩展性讲,无论简单语句还是复合语句,都推荐保留一对大括号。另外,if 结构的大括号里面均可以再嵌套其他语句,例如嵌套其他的 if else 语句,或嵌套 while 循环语句皆可。

执行单分支 if 语句时,首先对条件表达式求解,若表达式的值为非 0,按"真"处理,执行表达式后面的简单语句或复合语句;若表达式为 0,按"假"处理,则直接跳过后面的语句。单分支控制流程如图 5.3 所示。

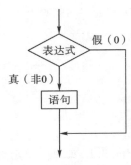

图 5.3 单分支控制流程

【例 5-1】输入一个数,如果该数大于等于 0,则输出它的平方根,如果小于 0,则不做任何处理。

问题分析

(1)输入的数存入变量 x;
(2)使用选择结构的 if 语句实现(x>=0)。

程序代码如下

5-2-1 程序代码:

```
#include <stdio.h>
#include <math.h>                        /*平方根函数 sqrt()包含在 math.h*/
int main()
{   double x;                            /*定义双精度变量 x */
    scanf("%lf",&x);                     /*用户键盘输入 x 的值 */
    if(x)=0)                             /*若 x 的值符合给定的关系*/
        printf("x 的平方根:%.2lf",sqrt(x)); /*计算并输出 x 的平方根*/
```

```
        return 0;
}
```

程序运行结果:

```
5
x 的平方根:2.24
```

用户键盘输入 x 的值为 5 时,首先对条件表达式 x>=0 求解,判断为真,执行 printf() 语句,计算 5 的平方根并输出结果 2.24;

输入为-9 时,表达式 x>=0 判断为假,直接跳过 printf()语句,不会输出任何信息。

```
-9
```

【例 5-2】输入两个整数,先输出其中的较小数,再输出较大数。

5-2-2 程序代码:

```
#include <stdio.h>
int main()
{ int a,b,t;
  printf("Input two integers:");
  scanf("%d%d",&a,&b);
  if (a>b)
    { t=a;
      a=b;            /*复合语句*/
      b=t;
    }
  printf("Min=%d Max=%d\n",a,b);
  return 0;
}
```

程序运行结果:

```
Input two integers:56 8
Min=8 Max=56
```

```
Input two integers:8 56
Min=8 Max=56
```

用户键盘输入 56 8 与 8 56 两组顺序不同的整数,程序运行都能够先输出其中的较小数,再输出较大数。

在本例中若漏掉了{},Input two integers:8 56,则语句的执行效果会不同,请自行修改后验证结果。

在单分支 if 语句的一般形式中,如果在满足条件时想要执行一组(多条)语句,则必须把这一组语句用{}括起来构成一个复合语句,本例中就是。

5.2.2 双分支 if 语句

双分支 if 语句的一般形式为

if(表达式)语句 1;

else　语句 2;

if-else 结构形式可以实现两种处理的分支,其中 if 和 else 是关键字,表达式作为判断条件。语句 1 和语句 2 既可以是一条简单语句,也可以是复合语句,但应注意,if(表达式)语句 1 和 else 语句 2,它们都属于同一个 if 语句,else 子句不能作为语句单独使用,它必须是 if 语句的一部分,与 if 配对使用。

执行双分支选择 if 语句时,首先对表达式求解,若表达式的值为非 0,按"真"处理,执行语句 1;若表达式为 0,按"假"处理,则执行语句 2。双分支控制流程如图 5.4 所示。

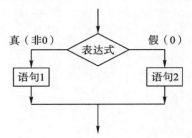

图 5.4　双分支控制流程

【例 5-3】已知 $y=\begin{cases}x+1(x>1)\\x-1(x\leq1)\end{cases}$,编写程序,输入一个 x 值,输出 y 的值。

问题分析

(1)输入 x 的值;

(2)如果 $x>1$ 则计算 $y=x+1$,否则计算 $y=x-1$;

(3)输出 y 的值。

5-2-3 程序代码:

```c
#include "stdio.h"
#include <stdlib.h>
int main()
{   float x,y;                  /*定义 float 变量 x,y*/
    printf("请输入 x:");
    scanf("%f",&x);
    if(x>1) y=x+1;              /*如果 x>1 时,y=x+1*/
    else y=x-1;                 /*如果 x<=1 时,y=x-1*/
    printf("x=%.2f,y=%.2f",x,y);
```

return 0;
}

程序运行结果：

```
请输入 x:3.5
x = 3.50,y = 4.50
```

用户键盘输入 x 为 3.5 时，首先对表达式 x>1 求解，判断为真，执行 if()之后的语句 y=x+1;输出 y 等于 4.50。

输入 x 为 1 时，表达式 x>1 求解，判断条件为假，执行 else 之后的语句 y=x-1,输出结果 y=0.00。

```
请输入 x:1
x = 1.00,y = 0.00
```

无论 x 输入什么值，printf("x=%.2f,y=%.2f",x,y);都会执行输出相应的结果。应注意，if(x>1)y=x+1;和 else y=x-1;不是两条语句，它们都属于同一个 if 语句，else 子句不能作为语句单独使用，它必须是 if 语句的一部分，与 if 配对使用。

【例 5-4】用 if 语句进一步完善海伦公式求三角形的面积。

先判断输入的三条边长是否可以构成三角形，即任意两边之和大于第三边，可以构成三角形的情况下再计算由这三条边长组成的三角形的面积，否则给出提示信息。此方案的完善需要双分支选择结构来完成。

5-2-4 程序代码：

```c
/*判断三条边长可以构成三角形后,海伦公式计算面积*/
#include <math.h>
#include <stdio.h>
int main()
{ double a,b,c,p,s;
  printf("请依次输入三个边长\n");
  scanf("%lf%lf%lf",&a,&b,&c);
  if(a+b>c && a+c>b && b+c>a)           /*判断输入的三条边长是否可以构成三角形*/
     { p = (a+b+c)/2;                    /*计算半周长*/
       s = sqrt(p*(p-a)*(p-b)*(p-c));  /*海伦公式,计算三角形面积*/
       printf("面积为%lf\n", s);         /*输出三角形面积*/
     }
  else
     printf("无法构成三角形\n");          /*三条边无法构成三角形,输出提示信息*/
  return 0;
}
```

程序运行结果：

```
请依次输入三个边长
3 4 5
面积为 6.000000
```

```
请依次输入三个边长
1 2 5
无法构成三角形
```

首先对构成三角形条件的逻辑表达式"a+b>c && a+c>b && b+c>a"求解，若判断为真，执行 if()之后的语句，此处的语句是由三条简单语句构成的复合语句，必须由"{}"包围，"}"之后不需要加分号；若判断为假，执行 else 之后的语句 printf("无法构成三角形\n")。

5.2.3 条件运算符和条件表达式

1. 条件运算符

在 if 语句双分支结构中，表达式求解后，不论判断为"真"还是为"假"，都只执行一个赋值语句且给同一个变量赋值，可以用 C 语言提供的条件运算符，连接形成的条件表达式等价实现。

如例 5-3 中的双分支结构 if 语句

```
if(x>1)y = x+1;
else    y = x-1;
```

可以用条件表达式表示为 y=(x>1)?(x+1):(x-1);

其中"(x>1)?(x+1):(x-1)"是一个"条件表达式"。

条件运算符由"?"和":"组成，有三个操作对象，称为三目运算符，是 C 语言中唯一的一个三目运算符。

2. 条件表达式

由条件运算符连接形成的条件表达式的一般形式为

表达式 1? 表达式 2：表达式 3

执行时先求解表达式 1，若为非 0，则求解表达式 2，此时表达式 2 的值作为整个条件表达式的值。若表达式 1 的值为 0，则求解表达式 3 的值，表达式 3 的值就是整个条件表达式的值。此结构中表达式 1 作为条件，一般为关系表达式或逻辑表达式。条件表达式的执行流程如图 5.5 所示。

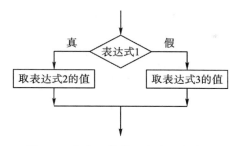

图 5.5 条件运算符组成表达式执行

将例 5-3 源程序修改如下
5-2-5 程序代码：

```
/*条件运算符的应用*/
#include "stdio.h"
int main()
{ float x,y;
  printf("请输入 x:");
  scanf("%f",&x);
  y=(x>1)?(x+1):(x-1);      /*由条件运算符表示的双分支结构*/
  printf("x=%.2f,y=%.2f",x,y);
  return 0;
}
```

程序运行结果：

```
请输入 x:3.5
x=3.50,y=4.50
```

```
请输入 x:1
x=1.00,y=0.00
```

可以看出输入相同的数据后，y=(x>1)?(x+1):(x-1)的运算结果和例 5-3 中使用 if else 的双分支结构最终结果是相同的。

3. 条件运算符的优先级

运算符的求解顺序分先后。赋值运算符优先级最低，条件运算符优先级比关系运算符和算术运算符都低。例如在 y=(x>1)?(x+1):(x-1)语句中，包含条件运算符"?:"、关系运算符、算术运算符和赋值运算符。根据运算符的优先级，y=(x>1)?(x+1):(x-1)语句可以写成 y=x>1?x+1:x-1。

4. 条件运算符的结合性

条件运算符的结合方向为"自右至左"，即右结合性。
如果有以下表达式：a>b ? a : c>d ? c:d 则相当于 a>b ? a : (c>d ? c:d)。如果

a=1、b=2、c=3、d=4,则条件表达式 a>b ? a : c>d ? c:d 的值为 4。

5. 条件表达式中,三个表达式类型可以不同。

表达式 1 的类型可以与表达式 2 和表达式 3 的类型不同。

例如　x ? 'a' : 'b'

若 x 是整型变量且 x=0,则条件表达式的值为'b'。

表达式 2 和表达式 3 的类型也可以不同,此时,整个条件表达式值的类型为两个表达式中精度较高的类型。

例如　x>y ? 1:1.5

如果 x≤y,则条件表达式值为 1.5,若 x>y,则条件表达式的值应该为 1,由于 1.5 是实型,比整型精度高,因此将整型 1 类型转换为 1.0。

C 语言条件表达式并不能取代所有的 if 双分支结构,只有在 if 语句的两个分支都为简单赋值语句,且两个分支都给同一个变量赋值时,才能替代 if 语句。灵活地使用条件表达式,不但可以使 C 语言程序简单明了,而且还能提供运算效率。

5.2.4　多分支 if 语句

利用计算机解决问题,需要考虑各种的可能性,当分支多于两个时,可以使用嵌套的 if 语句对多个条件进行判断,从而进行多种不同可能性的处理。

1. 嵌套的 if else 语句

在 if 语句实现的分支结构中,分支语句既可以执行一条简单语句,也可以处理由多条语句组成的复合语句。当 if 的条件满足或者不满足的时候要执行的语句中又包含一个或多个 if 语句,就形成了 if 语句的嵌套,可以实现多分支的情况。

多分支结构的嵌套有多种形式,下面是嵌套的一种形式:

if(表达式 1)
　　if (表达式 2)语句 1;
　　else　语句 2;
else
　　if (表达式 3) 语句 3;
　　else　语句 4;

显然,在 if 语句的两个分支中都嵌套了双分支结构的 if 语句,实现了 4 路分支,该嵌套形式的控制流程如图 5.6 所示。一般情况下,在 if 语句的嵌套结构中 if 和 else 并不需要对称,根据需要决定嵌套的形式。其中的语句 1 到语句 4 还可以是基本的 if 语句,从而实现不同结构的多路分支。

为了使程序结构清晰、可读性好,常采用缩进的书写格式来表达不同的层次,使同一层次具有相同的缩进位置,这样写出的程序便于阅读,也易于查错。当然,缩进仅仅是为了改善可读性,程序的语义还是要靠语法来保证,同级的 else 最好与同级的 if 对齐。

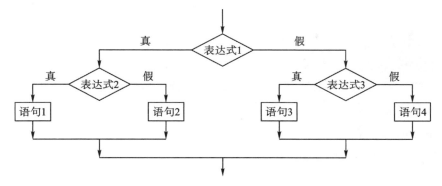

图 5.6　if 语句嵌套形式控制流程

【例 5-6】有分段函数 $y=\begin{cases}-1(x<0)\\0(x=0)\\1(x>0)\end{cases}$,编写程序,输入一个 x 值,输出 y 的值。

问题分析　本例中有 3 种选择,即 $x<0$、$x=0$ 和 $x>0$,上述的分段函数可以使用如下的单分支语句实现。

```
if(x<0) y = -1;
if(x = = 0) y = 0;
if(x>0) y = 1;
```

if 语句嵌套结构的实质是为了进行多分支选择,能用多分支尽量拒绝单分支,因为这样可以使程序避免重复运算,而多分支结构经常用于求分段函数的值。

5-2-6 程序代码:

```c
/* 嵌套的 if else 语句实现分段函数 */
#include <stdio.h>
int main()
{   int x,y;
    printf("请输入 x:");
    scanf("%d",&x);
    if(x<=0)              /*嵌套的 if 结构*/
         if(x= =0)y = 0;
         else y = -1;
    else
         y = 1;
    printf("x = %d,y = %d\n",x,y);
    return 0;
}
```

程序运行结果:

```
请输入 x:3
x=3,y=1
```

输入 x 值,先判断 x≤0 是否成立,若为真,需要进一步判断 x 是等于 0 还是小于 0,才能正确求解 y 的值。如果 x≤0 不成立,x 的区间是大于 0,则函数值 y=1。

在 if 语句的嵌套结构中 if 和 else 并不需要完全对称,根据需要决定嵌套的形式,因此,本例的分段函数程序代码并不唯一。

在嵌套的 if…else 语句中,如果内嵌的 if 语句省略了 else 部分,可能在语义上产生二义性。假设有以下形式的 if 语句,第一个 else 与哪个 if 匹配呢?

```
if(表达式1)
    if(表达式2)语句1;
else                    /* else 与哪个 if 匹配? */
    if(表达式3)语句2;
    else  语句3;
```

C 语言的语法规定:else 总是与它前面最近的且未和其他 else 匹配的 if 相对应,与书写格式无关。

这里,虽然第一个 else 与第一个 if 书写格式对齐,但它与第二个 if 对应。因为它们的距离最近,且没有其他 else 和它匹配。

在阅读 if 嵌套结构程序代码时,可以从一个嵌套结构的最后一个 else 开始,找到它前面最近的没有匹配的 if,依次向前逐个寻找和其他 else 匹配的 if 语句,直到最前面的一个 if 结构。也可以添加大括号"{}"构造一个复合语句,改变 if 和 else 的匹配关系。

例如　改写下列 if 语句,使 else 和第一个 if 匹配。

```
if( x<2 )
    if( x<1 )y=x+1;
    else  y=x+2;
```

根据 C 语言的语法规定,上述 if 语句中 else 与第二个 if 匹配。如果要使 else 与第一个 if 匹配,必须将 if(x<1) y=x+1;用大括号括起来,形成复合语句,从而改变 else 和 if 的匹配关系。

例如:

```
if (x<2)
    {
        if(x<1)y=x+1;
    }
else  y=x+2;
```

注意代码规范,这样写 if…else 的对应关系就会比较清楚。如果忽略了 else 与 if 的匹配,很容易出现逻辑错误。

2. 级联的多分支 else if 语句

级联的多分支结构是 if else 嵌套结构的变形。级联的多分支选择结构的基本形式如下:

```
if(表达式 1)
    语句 1;
else  if(表达式 2)
    语句 2;
    …
else  if(表达式 n)
    语句 n;
else
    语句 n+1;
```

该形式的结构中,表达式 1 到表达式 n 作为判断条件。语句 1 至语句 $n+1$ 既可以是一条简单语句,也可以是复合语句。

执行级联的 else if 多分支语句时,首先判断表达式 1,如果为真,则执行语句 1,跳过其余的判断语句,结束整个级联 else if 语句;否则从上到下依次检测表达式 2 到表达式 n,当某个表达式成立时,则执行其对应的语句,然后终止整个级联多分支结构 else if 语句的执行;如果没有找到满足条件的表达式,则执行语句 $n+1$,然后终止整个级联多分支结构的执行。也就是说,一旦遇到能够成立的表达式,则立即执行其对应的语句,不再检测其他的表达式,所以最终只能有一个对应语句被执行。级联多分支结构控制流程如图 5.7 所示。

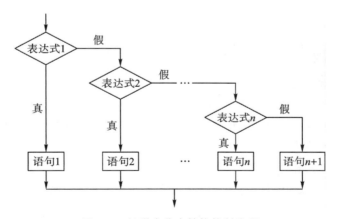

图 5.7　级联多分支结构控制流程

该级联的多分支结构中的 else 关键字,已隐含排除了前面表达式的逻辑,即语句中的 n 个条件应当是互斥的,即不应当出现有两个或两个以上条件同时成立的情况。因此,在设计该类结构时,应尽量避免不必要的重复包含,否则失去了使用该级联 else if 结构实现多分支的意义。

【例 5-7】编写一个成绩转换程序。输入百分制成绩,判断这一百分制成绩范围,输出对应的等级。若输入的成绩错误,应给出提示信息。

问题分析 用户输入百分制的成绩范围为 0~100,成绩大于等于 90 小于等于 100 是优秀,成绩大于等于 80 小于 90 是良好,成绩大于等于 70 小于 80 是中等,成绩大于等于 60 小于 70 是及格,成绩小于 60 是不及格。用级联 else if 实现。对不同分数段分级,需要注意多分数段之间的包含关系,以及变量取值范围的覆盖。

5-2-7 程序代码:

```c
/* 学生成绩转换,百分制转换为等级制 */
#include<stdio.h>
int main()
{ float score;
  printf("请输入 score:");
  scanf("%f",&score);
  if (score<0 || score>100)
     { printf("百分制成绩超出范围!\n"); return 1;}
  if(score>=90&&score<=100) printf("优秀\n");        /* 90<=score<=100 */
  else if(score>=80) printf("良好\n");                /* 80<=score<90 */
  else if(score>=70) printf("中等\n");                /* 70<=score<80 */
  else if(score>=60) printf("及格\n");                /* 60<=score<70 */
  else printf("不及格\n");                            /* 小于 60 */
  return 0;
}
```

程序运行结果:

> 请输入 score:95
> 优秀

本例中,首先排除出错情况,保证 score 在 0~100,这样条件 score>=90 && score<=100 就可以简化为 score>=90,由于 score>=90 不成立时才会判断 score>=80,因此条件 score>=80 就等价于条件 score>=80 && score<=89,依此类推。

级联 else if 语句的作用,是在判断 if 条件表达式为假之后,可以再进行下一步的条件判断,而不需要在 else 分支里面再写入一个 if else 条件,这样代码的逻辑结构更清晰。

嵌套的 if else 语句和级联的 else if 语句都可以实现多分支结构,由于级联的 else if 语句的逻辑结构更清晰,因而应用范围更广。

5.3 switch 语句实现多分支选择结构

if 语句可以实现单分支选择,双分支选择和多分支选择,但如果处理的分支太多,嵌套和级联的 if 语句层次太深,就会导致程序冗长且可读性降低。为此 C 语言提供了专门实现多分支选择的 switch 语句。其特点是根据一个表达式的值,从多种情况中选择一项,因而也称为"情况语句"或"开关语句"。

1. switch 语句的一般形式

switch(表达式)
{
  case 常量表达式 1:语句 1;
  case 常量表达式 2:语句 2;
  case 常量表达式 3:语句 3;
    ……
  case 常量表达式 n:语句 n;
  default: 语句 $n+1$;
}

switch 语句中的 switch、case 和 default 都是关键字。switch(表达式)后不能有分号,括号中的表达式和常量表达式的类型是整型、字符型或枚举型。case 后是常量表达式,不能出现变量或包含变量的表达式,且每个常量表达式的值必须互不相同。语句 1 至语句 $n+1$ 位置是 C 语言允许的任何语句形式,可以是简单语句、复合语句或流程控制语句,甚至可以为空语句。

switch 语句的执行流程:首先求解 switch 后面括号中表达式的值,然后将此值从上到下依次与各 case 后的常量表达式比较,当表达式的值与某个常量表达式相等时,则执行该常量表达式后对应的语句以及其后面所有 case 的语句,直到 switch 的程序段结束。如果表达式的值与 case 后的所有常量表达式都不相等时,则执行 default 后的语句。

【例 5-8】根据学生考试成绩的等级,输出百分制分数段。

5-3-1 程序代码:

```
/*根据成绩等级,输出百分制分数段*/
#include <stdio.h>
int  main()
{char grade;                    /*定义字符变量 grade*/
 printf("input grade:");        /*提示信息*/
 scanf("%c",&grade);            /*输入一个字符*/
 switch(grade)                  /*switch(表达式)*/
 {
        case 'A': printf ("90~100\n");
        case 'B': printf ("80~89\n");
        case 'C': printf ("70~79\n");
        case 'D': printf ("60~69\n");
```

```
        default: printf("60 分以下\n");
    }
    return 0;
}
```

程序运行结果：

```
input grade:B
80～89
70～79
60～69
60 分以下
```

从运行结果看，程序没有达到所希望的目的，为什么会出现这种情况呢？这恰恰反映了 switch 语句的一个特点，也是用 switch 语句时最常见的错误。

程序中 switch(grade) 是根据 grade 的值，寻找 case 语句的入口。case 'B'，不能写为 case grade=='B'或 case if(grade=='B')。case 常量表达式是否作为条件判断的表达式，从当前的运行结果似乎无法确定，因为

(1) 如果是条件表达式，为什么输入'B'的时候，与'C'、'D'不符，也会执行其后的语句输出 70～79 和 60～69 及以后所有的分数段？

(2) 如果不是条件表达式，为什么输入'B'的时候，'A'后的语句 90～100 又没有输出？

在 switch 语句中，"case 常量表达式"和"default"只相当于一个语句标号，而不起条件判断的作用，表达式的值和某标号相等，则转向该标号执行其后对应的语句，但不能在执行完该标号的语句后自动跳出整个 switch 语句，所以出现了继续执行所有后面 case 语句的情况，也称为 case 穿透现象。为避免上述情况，C 语言提供了 break 语句，用于跳出 switch 结构，是该语句最常用的一种形式。

2. switch 语句的常用形式

```
switch(表达式){
    case 常量表达式 1:语句 1;break;
    case 常量表达式 2:语句 2;break;
    case 常量表达式 3:语句 3;break;
    …
    case 常量表达式 n :语句 n ;break;
    default:    语句 n+1;
}
```

switch 语句常用形式的执行流程：首先求解表达式，如果表达式的值与某个常量表达式的值相等，则执行该常量表达式后对应的语句，直到遇到 break 为止。break 语句的功能是终止 switch 语句的执行。如果表达式的值与任何一个常量表达式的值都不相等，则执行

default 语句后自动退出 switch 结构。default 语句可以省略,如果缺省,当表达式的值与任何一个常量表达式的值都不相等时,什么都不执行,直接退出 switch 结构。

由此可见,在 switch 结构中为了实现多分支,在执行完一个分支后,就要使用 break 语句退出 switch 结构。

借助 break,switch 语句可以简单、清晰地实现多分支选择,这也是 switch 语句的主要使用方法。switch 语句常用形式执行流程如图 5.8 所示。

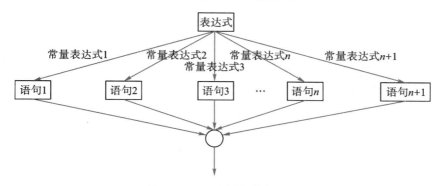

图 5.8 switch 语句执行流程

修改例 5-8 的程序,在每一个 case 语句之后增加 break 语句,使每一次执行之后均可跳出 switch 语句,从而避免输出不应有的结果。

5-3-2 程序代码:

```
/*根据成绩等级,输出百分制分数段*/
#include <stdio.h>
int main()
{char grade;
 printf("input grade:");
 scanf("%c",&grade);
 switch(grade){
      case 'A': printf ("90~100\n");break;
      case 'B': printf ("80~89\n"); break;
      case 'C': printf ("70~79\n"); break;
      case 'D': printf ("60~69\n"); break;
      default: printf("60 分以下\n");
    }
    return 0;
}
```

程序运行结果:

```
input grade:B
80~89
```

本程序运行时输入字符'B'之后，switch 语句根据表达式的值'B'找到匹配的入口标号，执行其后对应的 printf("80~89\n") 语句，然后遇到 break，使流程跳出 switch 结构，终止 switch 语句的执行。

在使用 switch 语句时还应注意以下几点：
(1) 在 case 后的各常量表达式的值不能相同，否则会出现错误。
(2) 在 case 后，允许有多个语句，可以不用{}括起来。
(3) 各 case 和 default 子句的先后顺序可以变动，而不会影响程序执行结果。

3. switch 语句的特殊形式

在 switch 分支结构中的 case 常量表达式后语句可以为空，可以用 case 的常量表达式将多种情况列出，在最后一种情况之后，才出现要执行的语句，这种形式属于多种 case 共用一组执行语句。

switch 语句的特殊形式为

```
switch(表达式){
    case 常量表达式 1:
    case 常量表达式 2:
    case 常量表达式 3:语句 3;break;
    …
    case 常量表达式 n:语句 n;break;
    default:        语句 n+1;
}
```

在执行时，当表达式的值为常量表达式 1、常量表达式 2 和常量表达式 3 中的任意一个值，都会执行语句 3，这是将控制转移到了下一个 case 中的语句。

【例 5-9】将例 5-7 学生成绩转换程序，用 switch 语句编程。

问题分析 学生成绩 score 取值为[0,100]，如果把每个成绩的值都当作一个 case 常量，太繁琐，也不实际。因为分数是连续的，可以将成绩 score/10 后的整数作为判断的表达式，这种方式将分数范围分成 0 到 10 共 11 个等级。其中值 10 和值 9 是同一个分支，值 5~0 同一个分支。

5-3-3 程序代码：

```
/*学生成绩转换,百分制转换为五分制*/
#include <stdio.h>
int main()
{double score;                          /*定义变量 score 存放成绩*/
 printf("请输入分数:\n");                /*输出提示信息*/
 scanf("%lf",&score);
 switch((int)(score/10))                /*(int)(score/10)作为 case 的分支情况*/
   { case 10:                            /*case10 语句为空*/
```

```
            case 9:printf("A(优秀)\n");break;    /*case 9 和 case 10 共用语句*/
            case 8:printf("B(良好)\n");break;
            case 7:printf("C(中等)\n");break;
            case 6:printf("D(及格)\n");break;
            case 5:                              /*case 5 语句为空*/
            case 4:                              /*case 4 语句为空*/
            case 3:                              /*case 3 语句为空*/
            case 2:                              /*case 2 语句为空*/
            case 1:                              /*case 1 语句为空*/
            case 0:printf("E(不及格)\n");break;/*case 5 到 case 0 共用语句*/
            default:printf(" Error! \n");
        }
    return 0;
}
```

程序运行结果:

```
请输入分数:58
E(不及格)
```

在一个 switch 结构中可以有任意数量的 case 语句,且 case 语句出现的次序不会影响执行结果。本程序中将成绩除以 10,得到的各位数作为 case 的分支情况。switch 语句中的表达式必须是整型,因此(int)(score/10)是将实型数据转换为整型。因为[0,60)分的都判定为等级 E,所以 case 0 到 case 5 都为等级 E,case 0 到 case 5 共用输出语句 printf("E(不及格)\n")。(90,100]判定为等级 A,所以 case 9 到 case 10 都为等级 A,case 9 到 case 10 共用 printf("A(最好)\n")。

选择结构程序设计要根据具体问题,分析问题的分支数和选择条件,根据分支数恰当选择实现语句。分支数较少时,选择 if 语句,分支数较多时,可考虑选择 switch 语句。

5.4 选择结构程序设计案例应用

【例 5-10】编写程序,输入三个整数,输出其中最大的数。

问题分析 在 n 个数据中求解最大值或最小值,属于最值问题,是 C 语言的经典应用。本题目要求在三个整数中求最大值,不需要太多的数学思维,对给定的三个数进行两两比较,即执行关系运算可求解最大值,其核心在于关系运算的对象必须随时明确。可以利用 C 语言的 if 嵌套语句、变量赋值以及三目运算符的性质进行多种方法求解。

方法一 采用 if 嵌套语句,直接比较的方法输出最大值。

具体步骤:

(1)用 scanf 函数输入三个数,题目要求是整型数。

(2) if 语句嵌套,比较三个数的大小。可先取其中的两个数比较,得出两者中的较大者,然后将较大者再与第三个数进行比较。例如先求解 a、b 中的较大的数值,然后与 c 再进行比较,可得出三个数中的最大者。

(3) 输出最大值数据。

5-4-1 程序代码:

```c
/*输入三个整数,输出其中最大的数*/
#include <stdio.h>
int main()
{   int a,b,c;                          /*定义三个整型变量a,b,c*/
    scanf("%d%d%d",&a,&b,&c);           /*用户键盘输入三个整数给a,b,c*/
    if(a>b)                             /*a和b比较,a为较大者*/
    {
        if(a>c) printf("最大值:%d",a);   /*a>b>c,a为最大值,易错写为b>c*/
        else printf("最大值:%d",c);      /*c>a>b,c为最大值*/
    }
    else                                /*a和b比较,b为较大者*/
    {
        if(b>c) printf("最大值:%d",b);   /*b>c>a,b为最大值*/
        else printf("最大值:%d",c);      /*c>b>a,c为最大值*/
    }
    return 0;
}
```

程序运行结果:

```
3 7 2
最大值:7
```

程序分析 本程序是 if 嵌套语句的简单应用,求解三个数的最大值,为两层嵌套,if 嵌套语句中的"{ }"要一一对应,注意 if 和 else 的匹配关系。程序中也不需要考虑两数相等的情况,如果相等时,用相等的任一变量值表示该数,不影响结果。

if 嵌套语句可以实现三个数求解最大值,如果数据量增加,仍然利用 if 语句嵌套直接比较的方法求最值,if 嵌套的层数会增多,逻辑关系容易混淆。

方法二 对于比较多的数据时,通常采用一种类似"打擂台"的方法求最值。打擂台顾名思义胜者留,败者走,求最大值自然是大数保留,小数淘汰。一般方法是在程序中设置中间变量充当擂主,不断比较并重新赋值,最终得到最大值。

5-4-2 程序代码:

```c
/*输入三个整数,输出其中最大的数*/
```

```
#include <stdio.h>
int main()
{ int a,b,c,max;                  /*定义三个整型变量及中间变量max*/
  scanf("%d%d%d",&a,&b,&c)        /*用户键盘输入三个整数给a,b,c*/
  if(a>b) max = a;                /*a和b比较,a为较大者,赋值给max*/
  else max = b;                   /*a和b比较,b为较大者,赋值给max*/
  if(c>max)max = c;               /*max和c比较,c为较大者,赋值给max*/
  printf("max = %d",max);         /*输出最大值max*/
  return 0;
}
```

程序运行结果:

```
3  7  2
max = 7
```

程序分析　程序中设置中间变量max存储最大值,首先将a和b进行比较,将两者中的较大值赋值给max,然后max和第三个数c进行比较,如果第三个数c大于max,更新max,否则保留max的值,最后得到三个数据中的最大值即为中间变量max的值。中间变量存储最大值的核心在于,不断地比较大小及重新赋值。"打擂台"求最值的方法,既可以求解最大值也可以求最小值,特别对于大批量数据求最值时,逻辑简单。

方法三　利用三目运算符"?:"的性质,将if双支结构if(a>b) max=a;else max=b;语句,简化为max=a>b ? a：b,代码如下:

5-4-3程序代码:

```
/*输入三个整数,输出其中最大的数*/
#include <stdio.h>
int main()
{ int a,b,c,max;                  /*定义三个整型变量及中间变量max*/
  scanf("%d%d%d",&a,&b,&c);       /*用户键盘输入三个整数给a,b,c*/
  max = (a>b)? a:b;               /*a和b比较,较大者赋值给max*/
  max = (c>max)? c:max;           /*max和c比较,较大者赋值给max*/
  printf("max = %d",max);         /*输出最大值max*/
  return 0;
}
```

程序运行结果:

```
3  7  2
max = 7
```

【例 5-11】 编写程序,输入一个年份,判断该年份是否为闰年。

问题描述 闰年(Leap Year)是历法中的名词,是为了弥补因人为历法规定造成的年度天数与地球实际公转周期的时间差而设立的。分为普通闰年和世纪闰年。

我国古代历法家把十九年定为计算闰年的单位,称为"一章",在每一章里有七个闰年。也就是说,十九年七闰。这种闰法实行了一千多年都没有改变。直到公元 412 年,北凉赵㻅创作了《元始历》,才打破了岁章的限制,规定在六百年中间插入二百二十一个闰月。然而,祖冲之研究认为,十九年七闰的历法闰数过多,和四季变化的真实情况有不小的出入,且经过 200 年就会相差一天。而赵㻅六百年二百二十一闰的闰数却又嫌稍稀。于是,祖冲之改历法为在 391 年中设 144 个闰年,虽然与现在每 400 年有 97 个闰年的历法有差距,但这个闰法在当时算是最精密的了。除了改革闰法以外,祖冲之在历法研究上的另一重大成就,是破天荒地应用了"岁差",由此编成了《大明历》。

闰年计算方法:地球绕太阳运行的周期为 365 天 5 小时 48 分 46 秒(合 365.24219 天),即一回归年(tropical year)。公历的平年只有 365 天,比回归年短约 0.2422 天,每四年累积一天,故在第四年的 2 月末加 1 天,使当年的时间长度变为 366 天,这一年就是闰年。按照每四年一个闰年计算有一个问题。就是 0.2422×4=0.9688,比一天还差 0.0312 天,每 400 年就会差了约 3 天。就是说,每 4 年一个闰年,那么每 400 年就会有 100 个闰年,会多算了 3 天。因此,现行公历规定了每 400 年中要减少 3 个闰年。公历年份是整百数时,必须是 400 的倍数才是闰年;不是 400 的倍数,即使是 100 的倍数也不是闰年。这就是通常说的:四年一闰,百年不闰,四百年再闰。

综合以上分析,闰年的判断标准为

(1)能被 4 整除,但不能被 100 整除为闰年。

(2)能被 400 整除为闰年。

根据上述分析,按逻辑关系,逐个对简单条件进行判断,画出闰年判定的流程图,如图 5.9 所示。

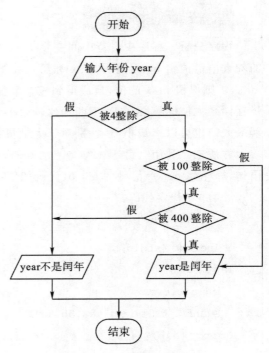

图 5.9 判断闰年流程图

5-4-4 程序代码:

```c
/* 判断某一年是否为闰年 */
#include <stdio.h>
int main()
{ int year,leap;                       /* year 存放年份,leap 为闰年标志 */
    scanf("%d",&year);                  /* 输入年份数据 */
```

```
    if(year%4==0)                        /* 能被4整除 */
      { if(year%100==0)                  /* 能被100整除 */
        { if(year%400==0) leap=1;        /* 能被400整除,year是闰年 */
          else leap=0;                   /* year%400!=0,year不是闰年 */
        }
        else leap=1;                     /* year%100!=0,year是闰年 */
      }
      else leap=0;                       /* year%4!=0,year不是闰年 */
    if(leap)                             /* if(leap!=0) */
      printf("%d是闰年\n",year);
    else
      printf("%d不是闰年\n",year);
    return 0;
}
```

程序运行结果：

```
2100
2100 不是闰年
```

按照图 5.9 流程所示，程序代码中采用 if 嵌套语句，根据闰年判断的标准，依次对多个条件逐个进行判断。如果判定 year 是闰年，标志变量 leap 设置为 1，判定 year 不是闰年，标志变量 leap 设置为 0。最后根据 leap 的值是为 1 还是为 0，输出该年份 year 为闰年或非闰年。程序中 if(leap)等价于 if(leap!=0)，此处的条件也可以改为 if(leap==1)。

从程序代码可以看出，判断闰年采用 if 嵌套语句，嵌套层次较多，程序的可读性差。因此，我们也可以从简单条件入手，用关系表达式表示，在分析简单条件之间的逻辑关系，用逻辑表达式表示，设计出判定闰年的条件表达式，这也是选择结构程序设计的关键。

按照闰年判断标准，能被 4 整除，但不能被 100 整除或能被 400 整除，符合上述两个标准之一则为闰年，因此，设计判定闰年的条件表达式为

(year%4==0 && year%100!=0) || (year%400==0)

5-4-5 程序代码：

```
/* 判断某一年是否为闰年 */
#include <stdio.h>
int main()
{ int year;                              /* 定义变量 year 存放年份数据 */
  printf("please input year:");          /* 提示输入 year */
  scanf("%d",&year);
  if((year%400==0) || (year%4==0&&year%100!=0))   /* 判断闰年的复合条
```

件*/
```
    printf("%d是闰年\n",year);
else
    printf("%d不是闰年\n",year);
return 0;
}
```

程序运行结果:

```
please input year:2100
2100 不是闰年
```

程序代码中用综合的逻辑表达式:

(year％4==0&&year％100！=0)||(year％400==0)

来表示闰年判定的条件,此表达式是由算术运算符、关系运算符和逻辑运算符组成的一个复合条件表达式,只需要采用一个简单 if 语句来实现,避免 if 语句的多层次嵌套,程序逻辑层次清晰、简洁。但设计出的复合逻辑表达式,应进行取值分析,检查取值是否完全符合问题要求。

5-4-4 程序代码和 5-4-5 程序代码,两种方案编写的程序都能正确判断某年份是否为闰年,第一种采用 if 嵌套实现,程序嵌套层数比较多,可读性差;第二种采用综合逻辑表达式表示判断条件,用简单的 if 语句即可实现。

【例 5-12】请编写程序,由用户输入身高和体重值,输出相应的 BMI 指数分类。

问题描述 BMI 指数(英文为 Body Mass Index,简称 BMI)是身体质量指数,又称体质指数。是国际上常用的衡量人体肥胖程度以及是否健康的一个重要指标,是对成年人(18~65)身体质量的刻画。此概念由比利时统计学家凯特勒(Lambert Adolphe Jacques Quetelet,1796—1874)于 19 世纪中期最先提出,是用于公众健康研究的统计工具。当需要比较及分析体重对不同高度的人所带来的健康影响时,BMI 值是一个中立而可靠的指标。不过,随着科技的进步,现时 BMI 值只是一个参考值。

表 5.4 列出的是世界卫生组织制定的 BMI 国际标准和国家卫生健康委员会制定的国内 BMI 参考标准。世界卫生组织认为,BMI 指数保持在 22 左右是比较理想的。

表 5.4 国际和国内 BMI 参考标准

分类	国际 BMI 值/ (kg/m^2)	国内 BMI 值 /(kg/m^2)
偏瘦	小于 18.5	小于 18.5
正常	[18.5,25)	[18.5,24)
偏胖	[25,30)	[24,28)
肥胖	大于等于 30	大于等于 28

BMI 计算公式:BMI 是根据体重和身高计算得出的一个数字,BMI=体重(kg)/身高^2(m^2)。

解题思路 遵循程序编写的 IPO 方法,本示例中输入数据是一个人的身高和体重值,根据 BMI 计算公式对数据处理(Process),输出(Output)国内 BMI 指数对应的分类。

5-4-6 程序代码:

```
/*计算并输出国内 BMI 分类*/
#include <stdio.h>
int main()
{ float weight,height,bmi;            /*定义三个变量,体重、身高和 BMI*/
  printf("请输入身高(m)和体重(kg)"); /*输出提示信息*/
  scanf("%f %f",&height,&weight);     /*用户输入*/
  bmi = weight/height/height;          /*计算 BMI=体重(kg)/身高 2(m2)*/
  printf("BMI:%.2f\n",bmi);
  if(bmi<18.5)                         /* BMI<18.5 */
     printf(":偏瘦");
  else if(bmi<24)                      /* 18.5<=BMI<=24,else 隐含排除了<18.5 */
        printf("18.5<=BMI<=24:正常");
      else if(bmi<28)
           printf("24<=BMI<28 偏胖");
         else
            printf("BMI>=28:肥胖");
  return 0;
}
```

程序运行结果:

```
请输入身高(m)和体重(kg)1.8  78
BMI:24.07
24<=BMI<28 偏胖
```

该段代码中采用级联的 else if 语句判断并输出 BMI 对应的分类,级联结构中的 else 关键字,隐含排除了前面表达式的逻辑,将 BMI 的值分成了四个区间。程序运行时输入身高 1.8 m,体重 78 kg,计算出 BMI 为 24.07,对照表 5.4 国内 BMI 参考标准,该用户属于"偏胖"体质,而对应于国际 BMI 值属于[18.5,25)范围内的"正常"标准。

现给定一个人的身高和体重,混合计算并给出国际和国内两种标准的 BMI 分类,因为两种标准有覆盖的区间,因此,BMI 值会被分成六个区间。

```
if (bmi<18.5) printf("bmi<18.5:\n 国际:偏瘦,国内:偏瘦\n");
else   if (bmi<24) printf("18.5<=bmi<24:\n 国际:正常,国内:正常\n");
else if(bmi<25) printf("24<=bmi<25:\n 国际:正常,国内:偏胖\n");
else if(bmi<28) printf("25<=bmi<28:\n 国际:偏胖,国内:偏胖\n");
```

```
    else if(bmi<30) printf("28<=bmi<30:\n 国际:偏胖,国内:肥胖\n");
    else    printf("\n 国际:肥胖,国内:肥胖\n");
```

【例 5-13】 设计一个简单的计算器程序,要求根据用户输入的两个数和算术运算符,计算结果并输出。

解题思路 此题是一个简单的计算器程序,问题中的运算符较多,为多分支选择的问题,用 switch 语句实现。输入形式如 a+b 的表达式,如果运算符是"+""-""*""/""%"中的一个,则进行相应的运算。如果运算符为"%"或"/",则应先判断 b 是否为 0,并做出合理的处理,如果运算符不合法,则报错。

5-4-7 程序代码:

```c
/* 简单的计算器程序 */
#include <stdio.h>
int main()
{ int a,b,result;                           /* 定义两个数 a,b 及其计算结果 result */
  char ch;                                  /* 定义存储运算符的变量 */
  printf("请输入 a、b 和运算符:");          /* 提示信息 */
  scanf("%d%c%d",&a,&ch,&b);                /* 输入形式如 a+b */
  switch(ch)                                /* 多分支选择结构,c 为字符型 */
  {
    case '+': result=a+b; break;            /* a+b */
    case '-': result=a-b; break;            /* a-b */
    case '*': result=a*b; break;            /* a*b */
    case '/': if(b!=0)result=a/b; break;    /* a/b */
    case '%': if(b!=0)result=a%b; break;    /* a%b */
    default: printf("Data of error");       /* 输入不合法 */
  }
  printf("%d%c%d=%d",a,ch,b,result);
  return 0;
}
```

程序运行结果:

```
请输入 a、b 和运算符:15/3
15/3=5
```

此程序运行时,要将第一个数、运算符和第二个数连起来输入,数据之间不能用空格分隔,如输入"15/3",否则,scanf 函数将空格作为运算符存入字符变量 ch,程序不能正常运行。switch(ch)中的 ch 是字符型变量,由用户键盘输入算术运算符之一,对应的 case 后常量表达式为字符常量+、-、*、/、%。两种除法/、%由于需考虑除数为 0 的情况,在 case

后又嵌入了 if 选择语句,if 输入第二个数 b=0 时,不能进行相应的计算,给出提示信息。程序中若丢失 break,会输出怎样的结果？此程序只考虑了整型数据,对于其他类型的数据进行计算需要注意/和%运算符的不同,而且该程序在输入错误后,仍然有输出,请修改本程序,完善相应的功能。

习 题

一、写出下面各逻辑表达式的值

设 a=3、b=4、c=5。
(1) a+b>c&&b==c
(2) a||b+c&&b-c
(3) !(a>b)&&!c||1
(4) !(x=a)&&(y=b)&&0
(5) !(a+b)+c-1&&b+c/2
(6) (a<5) || (b=5)

二、选择题

1. 以下选项中,不是 C 语言语句的是( )。
   A. { int i; i++; printf("%d\n", i); }   B. ;
   C. a=5,c=10   D. { ; }

2. 执行以下程序时,若输入 1234567↙(这里↙表示回车),程序的输出结果为( )。
   ```
   #include <stdio.h>
   int main()
   { int x,y;
   scanf("%2d%2d",&x,&y);
   printf("%d\n",x+y);
   }
   ```
   A. 17   B. 46   C. 15   D. 9

3. 若有定义"int a, b;",则用语句"scanf("%d%d", &a,&b);"输入 a 和 b 的值时,不能作为输入数据分隔符的是( )。
   A. ,   B. 空格   C. 回车   D. Tab 键

4. 若有定义"float f1, f2;",假定数据的输入方式为 4.52□3.5↙(这里□代表空格),则正确的输入语句是( )。
   A. scanf("%f,%f", &f1,&f2);   B. scanf("%f%f", &f1,&f2);
   C. scanf("%3.2f%2.1f", &f1,&f2);   D. scanf("%3.2f,%2.1f", &f1,&f2);

5. 以下选项中,能正确表示 a≥10 或 a≤0 的关系表达式是( )。

A. a>=10 or a<=0　　　　　　　　B. a>=10 | a<=0
C. a>=10 && a<=0　　　　　　　D. a>=10 || a<=0

6. 以下选项中,能正确表示 a 和 b 同时为正数或同时为负数的表达式是( )。
A. (a>=0||b>=0) && (a<0||b<0)　　B. (a>=0 && b>=0) && (a<0 && b<0)
C. (a+b>0) && (a+b<=0)　　　　　D. a*b>0

7. 若有定义"int a=-2,b=-1,c=0,m=2,n=2;",则计算逻辑表达式
(m=a<b<c) && (++n) 后,n 的值为( )。
A. 0　　　　B. 1　　　　C. 2　　　　D. 3

8. 若有定义"int a,b,c=246;",则依次执行语句"a=c/100%9; b=(-1) && (-1);"
后,a 和 b 的值分别为( )。
A. 2 和 1　　B. 3 和 2　　C. 4 和 3　　D. 2 和-1

9. 假定所有变量均已正确定义,下列程序段运行后,x 的值是( )。
a = b = c = 0; x = 35;
if(! a) x - - ;
else if (b) ;
if (c) x = 3;
else x = 4;
A. 34　　　　B. 4　　　　C. 35　　　　D. 3

10. 若有定义"int a=1,b=3,c=5,d=5,x;",下列程序段运行后,x 的值是( )。
if (a<b)
　if (c<d) x = 1;
　else if (a<c)
　　if (b<d) x = 2;
　　else x = 3;
　else x = 6;
else x = 7;
A. 1　　　　B. 2　　　　C. 3　　　　D. 6

11. 若有定义"int a=-1, b=1;",则执行以下 if 语句后的输出结果为( )。
if ((++a<0) && ! (b--<=0))
　printf("%d%d\n",a,b);
else
　printf("%d%d\n",b,a);
A. -11　　　B. 01　　　C. 10　　　D. 00

12. 若有定义"int a=12,b=5,c=-3;",则执行以下程序段后的输出结果为( )。
if (a>b)
if (b<0) c = 0;
else c + + ;

printf("%d\n", c);
A. 0　　　　　　B. 1　　　　　　C. −2　　　　　　D. −3

13. 下列关于 switch 语句和 break 语句的结论中，正确的是（ ）。
    A. break 语句是 switch 语句中的一部分
    B. 在 switch 语句中可以根据需要使用或不使用 break 语句
    C. 在 switch 语句中必须使用 break 语句
    D. break 语句只能用于 switch 语句中

14. 下列四个语句段中，能够正确表示出 $y=\begin{cases}-1 & (x<0)\\ 0 & (x=0)\\ 1 & (x>0)\end{cases}$ 的是 _____。

    A. if(x<0) y = −1;
       if(x! = 0)y = 1;
       else y = 0;

    B. y = 0;
       if(x> = 0)
       if(x>0)y = 1;
       else y = −1;

    C. if(x! = 0)
       if(x>0)y = 1;
       else y = −1;
       else y = 0;

    D. y = 1;
       if(x! = 0)
       if(x>0)y = 1;
       else y = 0;

15. 设 w、x、y、z、m 均为 int 型变量，则以下程序段运行后，m 的值是（ ）。
    w = 1; x = 2; y = 3; z = 4;
    m = (w<x)? w:x; m = (m<y)? m:y; m = (m<z)? m:z;
    A. 4　　　　　　B. 3　　　　　　C. 2　　　　　　D. 1

三、填空题

1. 能表述 20＜x＜30 或 x＜−100 的 C 语言表达式是 _____。
2. 设 x、y、z、t 均为 int 型，则执行下列语句后，t 的值为 _____。
   x＝y＝z＝1;
   t＝++x||++y&&++z;
3. 设 a、b 为 int 型，执行 a=10;b=a&&a>10;后 b 的值为 _____。
4. 已知 a=7.5、b=2、c=3.6，表达式 a>b && c>a || a<b && ! c>b 的值是 _____。

5. 若有定义"int a=5，b=4，c=3，d;"，则依次执行下列语句后的输出结果是_____。
   d=(a>b)>c;   printf("%d\n",d);
6. 以下程序输出的结果是_____。
   ```
   #include <stdio.h>
   int main()
   { int x=10,y=20,t=0;
   if(x==y) t=x; x=y; y=t;
   printf("%d,%d\n",x,y);
   }
   ```
7. 假定所有变量均已经正确定义，则程序段：
   ```
   int a=0,y=10;
   if(a=0)y--;
   else
       if(a>0)y++;
   else
   y+=y;
   ```
   运行后 y 的值是_____。
8. 以下程序输出的结果是_____。
   ```
   #include <stdio.h>
   main()
   { int a=5,b=4,c=3,d;
     d=(a>b)>c;
     printf("%d\n",d);
   }
   ```
9. 若运行以下程序段时，从键盘输入 58↙，则输出结果是_____。
   ```
   int a;
   scanf("%d", &a);
   if (a>50)printf("%d", a);
   if (a>40)printf("%d", a);
   if (a>30)printf("%d", a);
   ```
10. 若有定义"int n=10;"，则运行以下程序段后，变量 n 的值是_____。
    ```
    switch(n)
    { case 9: n++;
      case 10: n++;
      case 11: n++;
      default: n++;
    }
    ```

四、编程题

1. 从键盘输入 2 个整数,按由小到大的顺序输出。

2. 编写程序,输入 x,计算分段函数 $y = \begin{cases} x & (x < 1) \\ 2x - 1 & (1 \leqslant x < 10) \\ 3x^2 - 11 & (x \geqslant 10) \end{cases}$,输出 y 值。

3. 判别键盘输入字符的类别并输出该字符及其 ASCII 码值。
   提示:若输入字符在"0"和"9"之间的为数字,在"A"和"Z"之间为大写字母,在"a"和"z"之间为小写字母,其余则为其他字符。例如输入为"e",输出显示它为小写字符,ASCII 码值为 69。

4. 键盘输入一个不多于 5 位的整数,要求实现以下的功能:
   (1)求出该数的位数;
   (2)分别输出每一位数字;
   (3)逆序输出各位数字,例如原数为 123,应输出 321。

5. 编写一个程序,输入年份和月份,输出该月的天数。

6. 设计一个查询自动售货机中商品的价格程序,假设自动售货机中出售 4 种商品:薯片(crisps)、爆米花(popcom)、巧克力(chocolate)和可乐(cola),售价分别为 3.0 元、2.5 元、4.0 元和 3.5 元。在屏幕上合适的位置显示如下信息(编号和选项)。当用户输入编号 1~4,显示相应商品的价格(保留 1 位小数);输入 0 时,退出查询,输入其他编号,显示输入错误。

   ***********欢迎进入自动售货管理界面*********
   1. 薯片(crisps)
   2. 爆米花(popcom)
   3. 巧克力(chocolate)
   4. 可乐(cola)
   0. 退出(exit)
   ****

7. 某商场给予顾客购物的折扣率如下:
   购物金额<500 元   不打折
   500 元≤购物金额<1000 元   9 折
   1000 元≤购物金额<2000 元   8 折
   购物金额≥2000 元   7.5 折
   输入购物金额,输出折扣率及购物实际付款金额。
   要求:(1)用 if 语句编写程序;(2)用 switch 语句编写程序。

第 6 章　循环结构程序设计

在生活中,会有一些具有规律性的重复操作,就如"水滴石穿",一滴水虽然微不足道,但是如果持之以恒地滴落,也能磨穿坚硬的石头。其中:水滴不断滴落,这是一个重复的过程,代表了坚持不懈的精神;每一次滴落都会对石头产生微小的影响,这是一个积累的过程;随着时间的推移,水滴的不断滴落会使石头逐渐磨损,最终实现磨穿的效果。这个例子告诉我们,只要有恒心和毅力,持之以恒地去做一件事情,就一定能够实现自己的目标。同时,也提醒我们要注重积累,每一次努力都是向着目标迈进一步。再比如,在计算机中输入全班 30 个学生的英语成绩,计算全班 30 个学生英语成绩的平均分,同时还要判断 30 个学生的成绩是否及格等。要处理上述问题,如果只是使用前面学习的顺序结构和选择结构来完成,那么工作量会很大,并且程序代码冗长,难以阅读和维护。所以,当程序设计中遇到具有规律的重复操作时,就可以采用循环结构来处理。被重复执行的语句或语句组称为循环体,决定是否继续进行循环的条件称为循环控制条件。

大多数的应用程序都会包含循环结构,循环结构和顺序结构、选择结构是结构化程序设计的三种基本结构,它们是各种复杂程序的基本构成单元。

C 语言提供了三种用于实现循环结构的语句:while 语句、do…while 语句和 for 语句。在设计循环结构时,除循环体语句外,应考虑以下几个因素。

(1) 循环变量初始化:出现在循环条件表达式中并且随着循环不断变化的变量称为循环变量,在执行循环之前必须对循环变量进行定义和赋初值,否则执行结果会出错。

(2) 循环的控制条件:用于决定循环体执行的次数,该表达式不能缺省,否则系统默认为真,循环将会成为死循环,无法退出。

(3) 修改循环变量:在循环体内必须包含一条使表达式(循环控制条件)为假的表达式,否则循环也会成为死循环,无法退出。

6.1　while 语句和 do…while 语句

while 语句和 do…while 语句也称为条件循环控制语句,其中 while 语句用于实现当型循环结构,do…while 语句用于实现直到型循环结构。

6.1.1　while 语句

while 语句的一般形式:
　　while(表达式)

循环体语句;

while 语句的执行流程:首先计算表达式的值,如果表达式的值为非 0 值,就执行循环体语句部分,然后再计算表达式的值,若表达式的值为非 0 值,则继续执行循环体语句部分,直到表达式的值为 0,结束循环。其流程图如图 6.1 所示。

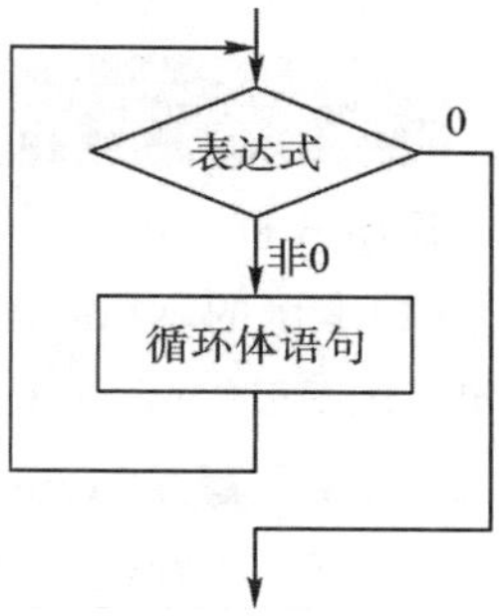

在使用 while 语句时应注意以下几点:

(1) while 中的表达式通常是关系或逻辑表达式,只要表达式的值为真(即非 0),就可执行循环体语句。

(2) while 语句是先判断后执行,所以当表达式第一次就为 0 时,循环体语句一次也不执行。

图 6.1 while 循环控制结构

(3) 当表达式始终为真,则构成了死循环。

(4) 循环体语句部分如果包含一个以上的语句,则必须使用花括号括起来,构成复合语句,否则循环体语句只到 while 后面第 1 个分号处。

【例 6-1】求 $1+2+3+\cdots+100$,即 $\sum_{n=1}^{100} n$。

解题思路   这是一个累加求和的问题,需要重复进行 1~100 的加法运算,将 100 个数相加,因此可以使用循环结构来实现。假设存放和值的变量为 sum,则按照数学的计算思路,sum 最初的和值应是 0,首先计算 sum+1 得到新的 sum 值,然后再计算 sum+2 得到新的 sum 值,一直计算到 sum+100 得到最终的 sum 值,重复执行 100 次加法运算,每次加一个数,而这个数是有规律变化的,后一个数是前一个数加 1,所以只需定义一个变量 i 来表示加数,i 的数值为 1,加完 i 的值后,使 i 加 1 就可以得到下一个加数。该算法用传统流程图表示如图 6.2 所示。

程序代码如下:

```
#include <stdio.h>
int main()
{
    int i,sum = 0;
    i = 1;
    while(i <= 100)
    {
        sum = sum + i;
        i = i + 1;
    }
    printf("sum = %d\n",sum);
    return 0;
}
```

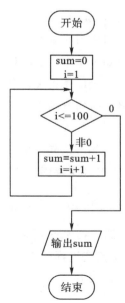

图 6.2 例 6-1 的程序流程图

程序运行结果如下：

```
sum = 5050
```

程序分析

(1)本例的 while 语句中循环体语句包含两条，所以一定要用花括号括起来，否则 while 语句范围只到"sum＝sum＋i;"，这里也可以使用自增运算将两条语句合为一条"sum＝sum＋i＋＋;"，或是写成"sum＋＝i＋＋;"，但如果写成"sum＝sum＋(＋＋i);"，读者可以试着运行分析一下，看看运行结果还是不是 5050。

(2)必须要给 sum 和 i 赋初值，否则它们的值会是随机值，虽然程序能够运行，但运行结果错误。

(3)在循环体中应该包含使循环趋于结束的语句，如本例中，循环变量的初值是 i＝1，循环结束条件是 i＞100，所以在循环体内应该有使 i 增加，最终能够使循环控制条件为假的语句。如果没有语句 i＝i＋1，则 i 的值始终不改变，循环将永不结束。

6.1.2 do…while 语句

do…while 语句的一般形式：

```
do
{
    循环体语句;
}while(表达式);
```

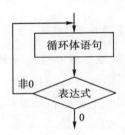

图 6.3 do…while 语句

do…while 语句的执行流程：首先执行循环体语句，然后计算表达式的值，若表达式的值为非 0 值，则继续执行循环体语句部分，再计算表达式的值，直到表达式的值为 0，结束循环。其流程图如图 6.3 所示。

在使用 do…while 语句时应注意以下几点：

(1)do…while 中的循环体语句只有一条，可以省略花括号，但这样写，容易让人看到分号就认为整个语句就结束了，所以为了使程序清晰、易读，通常把循环体语句部分用花括号括起来。

(2)do…while 语句中的 while 后面有一个分号，而 while 语句中在 while 的后面没有分号，读者在使用时应特别注意。

【例 6-2】 用 do…while 语句，求 $1+2+3+\cdots+100$，即 $\sum_{n=1}^{100} n$。

解题思路 与例 6-1 类似，采用循环结构实现，但题目要求使用 do…while 语句来实现，该算法用传统流程图表示如图 6.4 所示。

程序代码如下：

```c
#include <stdio.h>
int main()
```

```
{
    int i,sum = 0;
    i = 1;
    do
    {
        sum = sum + i;
        i = i + 1;
    }while(i<= 100);
    printf("sum = %d\n",sum);
    return 0;
}
```

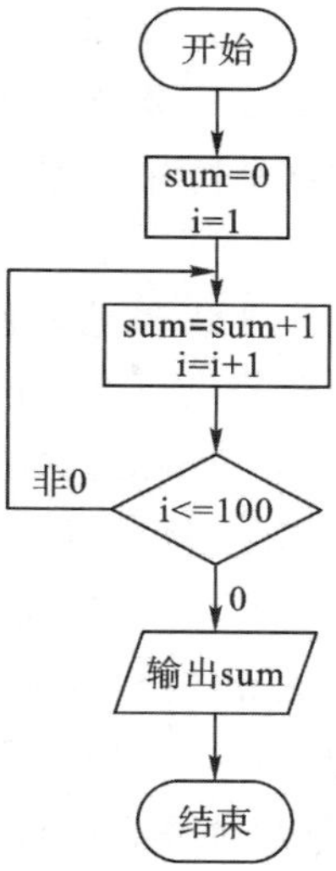

程序分析

从例 6.1 和例 6.2 中可以看到,它们的循环体语句部分完全相同,二者的运行结果也完全等价。

图 6.4 例 6-2 的程序流程图

关于 while 语句和 do…while 语句的总结:

(1)while 语句是典型的当型循环,即先判断循环控制条件,再执行循环体语句,若循环控制条件第一次就为假,循环体一次也不执行。

(2)do…while 语句也被称为直到型循环,由于是先执行循环体语句,再判断循环控制条件,因此即便循环控制条件第一次就为假,do…while 的循环体语句部分也至少要被执行一次。即用 while 语句和 do…while 语句处理同一问题时,一般情况下,若二者的循环体部分一样,那么结果也一样,但是如果 while 后面的表达式一开始就为假时,则两种循环的结果是不尽相同的。

6.2 for 语句

除了可以使用 while 语句和 do…while 语句实现循环结构,C 语言还可以使用 for 语句实现循环结构,for 语句是 C 语言中最具特色的循环语句,for 语句的功能更强,使用也更为灵活方便。for 语句通常用于循环次数已知的情况,因此也被称为计数循环,但它也可以用于循环次数不确定,只给出循环结束条件的情况,因此,所有的 while 循环都可以使用 for 循环来实现。

6.2.1 for 语句的一般形式

for(表达式 1;表达式 2;表达式 3)
    循环体语句

for 语句中的 3 个表达式的作用。

表达式 1:对循环变量进行初始化,在循环开始之前,可以为任意多个循环变量设置初值,只执行一次。

表达式 2:循环的控制条件表达式,用来判断是否继续循环。在每次执行循环体语句前,先执行该表达式,从而决定是否继续循环。

表达式 3:修改循环变量表达式,例如使循环变量自增,它是在执行完循环体语句后才进行的。

for 语句的执行过程如图 6.5 所示:

(1)计算表达式 1;

(2)计算表达式 2 的值,若表达式 2 的值为真,则执行 for 语句的循环体语句部分,然后执行第(3)步,若为假,则循环结束,继续执行循环结构的后续语句;

(3)计算表达式 3,然后返回到第(2)步。

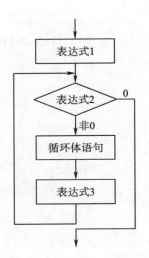

图 6.5 for 语句执行流程图

【例 6-3】用 for 语句,求 $1+2+3+\cdots+100$,即 $\sum_{n=1}^{100} n$。程序流程图如图 6.6 所示。

程序代码如下:

```
#include <stdio.h>
int main()
{
    int i,sum = 0;
    for(i = 1;i<= 100;i++)
        sum = sum + i;
    printf("sum = %d\n",sum);
    return 0;
}
```

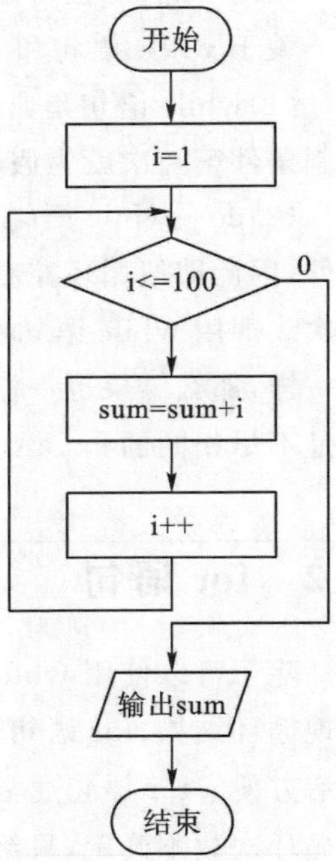

相比之下,for 语句显得结构更加整齐、紧凑和清晰。

【例 6-4】使用 for 语句求 $n!$。

解题思路 这是一个累乘问题,对比累加问题的处理,假设存放 $n!$ 的变量为 fac,则 fac 的初值应是 1,乘数用变量 i 表示,i 的初值为 1,其重复操作就是 fac=fac*i。

图 6.6 例 6-3 的程序流程图

程序代码如下:

```
#include <stdio.h>
int main()
{
    int i,n,fac = 1;
    printf("请输入 n:");
    scanf("%d",&n);
```

```
    for(i = 1;i <= n;i++)
        fac = fac * i;
    printf("%d! = %d\n",n,fac);
    return 0;
}
```

程序运行结果如下:

```
请输入 n:5
5! = 120
```

【例 6-5】天天向上的力量是什么呢？简单点就是每天都进步一点点,比较直观的例子就是我们每天相较于前一天进步 1%,那么一年之后我们进步多少呢？

解题思路　1951 年,毛主席题词"好好学习,天天向上",成为激励一代代中国人奋发图强的经典短语。那么"天天向上"的力量到底有多大？一年 365 天,以第一天的能力值为基数,记为 1.0,当好好学习时,能力值相比前一天提高 1%,如果每天都在努力学习,那么一年 365 天下来的能力值就会是 $(1+0.01)^{365}$,这就属于累乘问题的求解,可用循环结构实现,循环变量 i 表示天数。

程序代码如下:

```
#include <stdio.h>
int main()
{
    int i;
    float p = 1.0;
    for(i = 1;i <= 365;i++)
        p = p * (1 + 0.01);
    printf("全年无休努力的总值是:%.2f\n",p);
    return 0;
}
```

程序运行结果如下:

```
全年无休努力的总值是:37.78
```

程序分析

结果很明显,每天看似进步只有一点点,可是在一年之后这个进步值就很大了。然而,我们现在一般都是双休,有好的放松,就能够更好地迎接之后的工作还有学习。不过如果这两天不是维持原样,而是退步了呢？也就是说如果在一年中的周内每天进步 1%,而周末每天退步 1%,那么一年后是什么样的呢？

```
#include <stdio.h>
```

```c
int main()
{
    int i;
    float p = 1.0;
    for(i = 1;i<= 365;i++)
        switch(i%7)
        {
            case 0:
            case 6:   p = p*(1-0.01); break;
            default: p = p*(1+0.01);
        }
    printf("全年工作日努力的总值是:%.2f\n",p);
    return 0;
}
```

程序运行结果如下:

全年工作日努力的总值是:4.72

程序分析

结果虽然也是进步的,不过比起每天都有进步来说,差距也是比较大的。所以,其实如果我们在做某件事情时,能够一直持续坚持下去,哪怕每天只是一点点,最后的积累结果也是很惊人的,相比起某段时间的突击,然后放弃一点点,看起来可能最近这段时间真的付出很多,但实际的收效并不乐观。所以,大家要一起"好好学习,天天向上"。

6.2.2 for 语句的变形

for 语句的使用非常灵活,主要体现在对 3 个表达式的省略上,以下就是缺省表达式的几种情况:

(1) 三个表达式都可以缺省,但分号不能缺省。如语句 for(　;　;　)中的三个表达式全部省略,则为死循环,可以在循环体中使用 break 语句跳出循环。

(2) 省略表达式 1:表达式 1 通常是用于给循环变量赋初值的,若是省略表达式 1,就必须在执行循环体语句之前对循环变量赋初值,因此在 for 循环之前先给循环变量进行初始化。如

```
i = 1;
for( ;i<= 100;i++)
    sum = sum + i;
```

(3) 省略表达式 2:表达式 2 通常作为循环条件表达式使用,若表达式 2 缺省,也不会出现语法错误,但缺少循环控制条件,相当于循环条件始终为真,则会成为死循环。为了能够

让循环结束,可以将循环控制条件放在执行循环体语句之前,先进行判断,使用 break 语句退出循环结构。如

```
for(i = 1;   ;i + + )
    if(i< = 100)
        sum = sum + i;
    else
        break;
```

(4)省略表达式 3:表达式 3 通常是用于改变循环变量的值,随着循环体语句的不断执行,在某一刻能够使表达式 2 为假,从而结束循环。如果省略表达式 3,则需要在执行完循环体语句后加上一条修改循环变量的语句。如

```
for(i = 1;i< = 100;   )
{
    sum = sum + i;
    i + + ;
}
```

在这里,需要特别注意,由于循环体包含 2 条语句,所以一定要用花括号括起来,否则编译系统只会将"sum=sum+i;"作为循环体语句执行,而"i++;"会被当作循环结构的后续语句。

有时 for 语句中的 3 个表达式没有省略,但仍然会被认为是缺省了表达式的情况。如

```
for(sum = 0;i< = 100;i + + )
    sum = sum + i;
```

这里的表达式 1、表达式 2 和表达式 3 虽然都有,但其中的表达式 1 是与循环变量初始化无关的表达式,所以仍然属于缺省表达式 1 的情况,该程序段应该写成如下形式:

```
i = 1;
for(sum = 0;i< = 100;i + + )
    sum = sum + i;
```

(5)其他情况:

① 表达式 1 和表达式 3 可以是一个简单表达式,也可以是由多个简单表达式构成的逗号表达式。如

```
for(sum = 0,i = 1;i< = 100;i + + )
    sum = sum + i;
```

这里的表达式 1 就是一个逗号表达式,它不仅为循环变量 i 赋了初值,同时还为累加变量 sum 清 0。

② 循环体语句可以是空语句。如

```
for(i = 1;i< = 100;sum = sum + i,i + + )
    ;
```

首先,要注意这里的循环体语句被放到表达式 3 的位置上,以逗号表达式的方式实现;其次,循环体中的分号不能省略,否则系统会将循环结构的后续语句当作循环体语句部分执行。

③循环变量可以有一个,也可以有多个。如

```
for(i = 1,j = 100;i<j;i + + ,j - - )
    sum = sum + i + j;
```

这里的循环变量包含 i 和 j,表达式 1 和表达式 3 为逗号表达式,表达式 1 为两个循环变量赋初值:i=1,j=100。表达式 3 也是逗号表达式,其作用是修改两个循环控制变量的值:i++,j--。适当使用逗号表达式,可以使程序显得更清晰。

6.3 循环的嵌套

在一个循环体内又包含另一个完整的循环结构,这被称为循环的嵌套,嵌套在循环体内的循环体称为内层循环,外面的循环体称为外层循环。在内嵌的循环体中还可以嵌套循环,这就构成了多重循环。在求解某些具有规律的重复计算问题中,如果被重复计算部分的某个局部又包含着另一个重复计算问题,就可以通过循环的嵌套来处理。

在使用循环嵌套时,被嵌套的一定是一个完整的循环结构,即两个循环结构不能相互交叉。C 语言中提供的三种循环语句(while 语句、do…while 语句和 for 语句)都可以相互嵌套,图 6.7 所示为几种都是合法的形式:

```
1. while()                      2. do
   {                               {
       while()  ⎫ 外                  do       ⎫ 外
       {     ⎫内 层                   {     ⎫内 层
         ……  ⎬层 循                     ……  ⎬层 循
       }     ⎭循 环                   }while();⎭循 环
   }         ⎭ 环               }while();     ⎭ 环

3. for(;;)                      4. while()
   {                               {
       for(;;) ⎫ 外                  do       ⎫ 外
       {    ⎫内 层                   {     ⎫内 层
         ……  ⎬层 循                     ……  ⎬层 循
       }    ⎭循 环                   }while();⎭循 环
   }        ⎭ 环                }             ⎭ 环

5. do                           6. for(;;)
   {                               {
       while() ⎫ 外                  while()  ⎫ 外
       {    ⎫内 层                   {     ⎫内 层
         ……  ⎬层 循                     ……  ⎬层 循
       }    ⎭循 环                   }     ⎭循 环
   }        ⎭ 环                }             ⎭ 环
```

图 6.7 循环嵌套

【例 6-6】编写程序,实现输出如下图形。

```
* * * * *
* * * * *
* * * * *
* * * * *
* * * * *
```

解题思路　这是一个 5×5 的星型矩阵,其中的 5 行可以用 for 循环控制,每一行的 5 个"*"又可以用一个 for 循环控制,所以 5×5 行"*"可以用双重循环来实现。外层循环变量 i 从 1 变化到 5,用来控制行数的变化,内层循环变量 j 从 1 变化到 5,用来控制每行"*"的输出个数,每一次内层循环结束后,都要进行一个换行的操作。

程序代码如下:

```
#include <stdio.h>
int main()
{
    int i,j;
    for(i=1;i<=5;i++)
    {
        for(j=1;j<=5;j++)
            printf(" * ");
        printf("\n");
    }
    return 0;
}
```

程序运行结果如下:

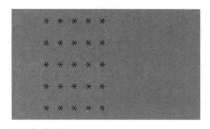

程序分析

这里外层循环的循环体因为包含两条语句,所以要使用花括号括起来,而内层循环的循环体语句只有一条,可以省略花括号。在这个循环嵌套程序中,循环控制变量之间是没有依赖关系的,但在许多时候,内层循环的循环控制变量初值或终值往往依赖于外层循环控制变量。

【例 6-7】编写程序,实现输出如下图形。

```
    *
    * *
    * * *
    * * * *
    * * * * *
```

解题思路　这个图形和例 6-6 程序输出的图形类似,区别在于每行输出"*"的个数与行数有关,即内层循环控制变量 j 的终止与外层循环控制变量 i 的值有关。

程序代码如下:

```
#include <stdio.h>
int main()
{
    int i,j;
    for(i=1;i<=5;i++)
    {
        for(j=1;j<=i;j++)
            printf(" * ");
        printf("\n");
    }
    return 0;
}
```

程序运行结果如下:

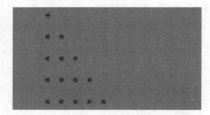

【例 6-8】编写程序,输出如下形式的九九乘法表:

1*1=1
1*2=2 2*2=4
1*3=3 2*3=6 3*3=9
……
1*9=9 2*9=18 ……9*9=81

解题思路　很显然该题与例 6-7 的输出形式类似,也需要使用循环嵌套来实现,外层循环控制变量 i 控制行数,i 的初值为 1,终值为 9;内层循环控制变量 j 控制每一行的各个算式,j 的初值为 1,终值为 i。

程序代码如下:

```
#include <stdio.h>
int main()
{
    int i,j;
    for(i = 1;i<= 9;i++)
    {
        for(j = 1;j<= i;j++)
            printf("%d*%d=%d\t",j,i,j*i);
        printf("\n");
    }
    return 0;
}
```

程序运行结果如下：

```
1*1=1
1*2=2   2*2=4
1*3=3   2*3=6   3*3=9
1*4=4   2*4=8   3*4=12  4*4=16
1*5=5   2*5=10  3*5=15  4*5=20  5*5=25
1*6=6   2*6=12  3*6=18  4*6=24  5*6=30  6*6=36
1*7=7   2*7=14  3*7=21  4*7=28  5*7=35  6*7=42  7*7=49
1*8=8   2*8=16  3*8=24  4*8=32  5*8=40  6*8=48  7*8=56  8*8=64
1*9=9   2*9=18  3*9=27  4*9=36  5*9=45  6*9=54  7*9=63  8*9=72  9*9=81
```

【例 6-9】一个整数如果恰好等于它的因子之和，这个整数就称为"完数"。例如，6 的因子是 1、2、3，而 6＝1＋2＋3，因此 6 是完数；28 的因子是 1、2、4、7、14，28＝1＋2＋4＋7＋14，因此 28 也是一个完数。编写程序：求出 1000 以内的所有完数。

解题思路　很显然，这是一个需要使用循环嵌套才能解决的问题。外层循环用来控制要查找完数的范围（1000 以内），用循环控制变量 i 来表示这个范围，i 的初值为 1，终值为 1000，内层循环用来实现对每一个 i 值进行判断。现在问题的关键就是要求出 i 所有的因子，所以这里需要再定义一个变量 j，j 的初值为 1，终值为 i－1，如果 i%j＝＝0，就表示 j 是 i 的一个因子，那么就把 j 累加到变量 sum 中，当把 i 所有的因子都累加到 sum 中后，再来比较 i 和 sum 的大小关系，如果 i＝＝sum，则说明 i 是一个完数。

程序代码如下：

```
#include <stdio.h>
int main()
{
    int i,j,sum;
```

```
        for(i = 1;i<= 1000;i++)
        {
            sum = 0;
            for(j = 1;j<i;j++)
                if(i%j==0)
                    sum+=j;
            if(i==sum)
                printf("%3d 是一个完数\n",i);
        }
        return 0;
}
```

程序运行结果如下：

```
  6 是一个完数
 28 是一个完数
496 是一个完数
```

6.4 break 语句和 continue 语句

前面我们学习了 C 语言的三种循环，它们都是根据循环控制条件来控制循环是否结束的，这种结束是正常的循环结束。但在实际应用中，往往会遇到在循环的中途退出循环，这是一种非正常的循环退出，在 C 语言中，提供了 break 语句和 continue 语句用于非正常结束循环。

6.4.1 break 语句

break 语句的功能是退出其所在的 switch 结构或循环结构。break 语句的一般形式：

break;

【例 6-10】求 200 以内能被 17 整除的最大数。

解题思路　要想求 200 以内最大的能被 17 整除的数，循环变量 i 应从 200 开始，依次递减，当 i 对 17 取余，结果为 0 时，表示该数找到了，就可以使用 break 提前结束循环。

程序代码如下：

```
#include <stdio.h>
int main()
{
    int i;
    for(i = 200;i>0;i--)
        if(i%17==0)
```

```
            break;
        printf("i = % d\n",i);
        return 0;
}
```

程序运行结果如下：

```
i = 187
```

6.4.2 continue 语句

continue 语句的功能是结束其所在循环结构的本次循环,即不再执行循环体中 continue 语句之后的语句,直接转入下一次循环条件的判断,并不跳出所在的循环结构。continue 语句的一般形式：

continue;

【例 6-11】求 200 以内能被 17 整除的所有整数。

程序代码如下：

```
#include <stdio.h>
int main()
{
    int i;
    for(i = 200;i>0;i - -)
    {
        if(i % 17! = 0)
            continue;
        printf(" % - 5d",i);
    }
    return 0;
}
```

程序运行结果如下：

```
187  170  153  136  119  102  85  68  51  34  17
```

【例 6-12】输入一串字符,统计其中大写字母的个数,以"回车"作为输入结束。

解题思路 程序接收用户输入的一串字符,并使用循环逐一地检查每个字符,如果该字符是"回车",则终止循环,如果该字符不是大写字母,则使用 continue 继续判断下一个字符,因此用于统计字符个数的变量 count 的值不增加,否则执行整循环体语句,使 count 的值加 1。

程序代码如下：

```c
#include <stdio.h>
int main()
{
    int count = 0;
    char c;
    printf("请输入一个字符串:");
    while((c = getchar())! = ´\n´)
    {
        if(c<´A´||c>´Z´)
            continue;
        count + + ;
    }
    printf("count = %d\n",count);
    return 0;
}
```

程序运行结果如下:

请输入一个字符串:ABCdeF*12#3GH 4290ehtXYZ
count = 9

6.5 循环结构程序举例

6.5.1 穷举法

穷举法也称为"枚举法",其基本思想是根据题目的部分条件确定答案的大致范围,并在此范围内对所有可能的情况逐一验证,直到全部情况验证完毕。若某个情况符合题目的全部条件,则为本问题的一个解;若全部情况验证后都不符合题目的全部条件,则本题无解。

穷举法的基本控制流程就是循环处理的过程,通过设置变量来表示问题中可能出现的各种状态,而后用循环语句实现穷举。下面是穷举法的几个应用实例。

【例6-13】编写程序,求水仙花数,并统计水仙花数的个数。所谓水仙花数,又称为阿姆斯特朗数,是指一个三位数的各位数字的立方和等于这个3位数本身,例如,$153=1^3+5^3+3^3$。

解题思路 根据题目意思水仙花数是一个三位数,因此设置循环控制变量i来表示这个三位数,i的初值为100,终值为999,变量i变化的步长值是1,计算出每一个i值的个、十、百位,然后将其立方和累加后与i进行比较,如果恰好相等,则说明i是一个水仙花数,将i的值输出,并且用于统计水仙花个数的变量count加1。

程序代码如下:

```
#include <stdio.h>
int main()
{
    int i,a,b,c,count = 0;
    for(i = 100;i<1000;i++)
    {
        a = i%10;
        b = i/10%10;
        c = i/100;
        if(i = = a*a*a+b*b*b+c*c*c)
        {
            printf("% - 6d",i);
            count++;
        }
    }
    printf("\n共有水仙花数:%d 个\n",count);
    return 0;
}
```

程序运行结果如下:

```
153   370   371   407
共有水仙花数:4 个
```

【例6-14】编写程序,实现百钱买百鸡。(中国古代数学家张丘建在他的《算经》中提出一个著名的"百钱买百鸡问题",鸡翁一,值钱五,鸡母一,值钱三,鸡雏三,值钱一,百钱买百鸡,问翁、母、雏各几何?)

解题思路 根据题目意思,可以使用穷举法,将各种组合的可能性全部进行测试。假设公鸡、母鸡和小鸡分别用变量 x、y、z 表示,其中表示公鸡个数的变量 x 从 0 变化到 100,但实际上由于每只公鸡 5 元,100 元最多可以买 20 只,那么就买不了母鸡和小鸡了,也就不符合百钱买百鸡的要求,所以公鸡最多 19 只,即表示公鸡个数的变量 x 从 0 变到 19;同样的道理,母鸡每只 3 元,100 元最多买 33 只母鸡,表示母鸡个数的变量 y 从 0 变到 33;小鸡 3 只 1 元,表示小鸡个数的变量 z=100-x-y,同时 z 应是 3 的倍数。最后检查每一种组合是否符合给定条件,如果符合条件,则输出该组合即可。

程序代码如下:

```
#include <stdio.h>
int main()
{
```

```
            int x,y,z;
            printf("公鸡\t母鸡\t小鸡\n");
            for(x = 0;x<20;x + +)
                for(y = 0;y<34;y + +)
                {
                    z = 100 - x - y;
                    if(5 * x + 3 * y + z/3 = = 100&&z % 3 = = 0)
                        printf(" % d\t % d\t % d\n",x,y,z);
                }
            return 0;
        }
```

程序运行结果如下:

公鸡	母鸡	小鸡
0	25	75
4	18	78
5	11	81
12	4	84

6.5.2 递推法

递推法是一种用若干可重复运算来描述复杂问题的方法,是计算机数值计算中的一个常用方法。通常是通过计算前面的一些项来得出序列中的指定项的值,这种方法的关键就是要找出递推公式和边界条件。

从已知条件出发,逐步推算出要解决问题的结果的方法称为正推;从问题的结果出发,逐步推算出问题的已知条件,称为逆推。

【例6-15】 编写程序,求斐波那契数列的前20项,并将结果以每行5个进行输出。(斐波那契是13世纪意大利一位数学家,斐波那契在《计算之书》中提出了一个有趣的兔子问题:一般而言,兔子在出生两个月后,就有繁殖能力,一对兔子每个月能生出一对小兔子来。如果所有的兔子都不死,那么一年以后可以繁殖多少对兔子?)

解题思路 斐波那契数列的特点是第1项和第2项都是1,从第3项开始,以后每一项的值都是它相邻的前两项值之和。依次类推,得出这个数列的前 n 项的值。公式如下所示:

$$f(n) = \begin{cases} 1 & (n=1 \text{ 或 } n=2) \\ f(n-1) + f(n-2) & (n>2) \end{cases}$$

设置3个变量f1、f2和f3,并为f1和f2赋初值1,即数列前两项的值,然后通过f3=f1+f2计算出第3项的值,再将f2的值赋给f1,f3的值赋给f2,计算f3=f1+f2,得到第4项的值。依次类推,得到序列前20的值。

程序代码如下所示:

```
#include <stdio.h>
int main()
{
    int f1,f2,f3,i;
    f1 = f2 = 1;
    printf("%d\t%d\t",f1,f2);
    for(i = 3;i<=20;i++)
    {
        f3 = f1 + f2;
        printf("%d\t",f3);
        if(i%5 = = 0)
            printf("\n");
        f1 = f2;
        f2 = f3;
    }
    return 0;
}
```

程序运行结果如下：

1	1	2	3	5
8	13	21	34	55
89	144	233	377	610
987	1597	2584	4181	6765

【例 6-16】编写程序，解决猴子吃桃问题。猴子第 1 天摘下若干个桃子，当即吃了一半，还不过瘾，又多吃了一个。第 2 天早上将剩下的桃子吃了一半，又多吃了一个。以后每天早上都吃了前一天剩下的一半零一个。到第 10 天早上再想吃时，就只剩一个桃子了。求第 1 天一共摘了多少个桃子。

解题思路 这个问题也是递推问题，但它采用的是逆向思维方法，即逆推法。从最后一天向前推，一直推到第 1 天，假定第 n+1 天的桃子数为 x，第 n 天桃子的个数为 y，则 y－(y/2+1)＝x，即 y＝2x+2。

程序代码如下：

```
#include <stdio.h>
int main()
{
    int x,y,day;
    day = 9;
    x = 1;
```

```
    while(day>0)
    {
        y = 2 * x + 2;
        x = y;
        day - - ;
    }
    printf("一共摘了%d个桃子\n",y);
    return 0;
}
```

程序运行结果如下：

一共摘了 1534 个桃子

6.5.3 迭代法

迭代法也是计算机数值计算中的一种常用方法，也称辗转法，是一种不断用变量的旧值递推出新值的过程，这个变量就是迭代变量。在编写迭代程序时，必须考虑什么时候结束迭代过程，不能让迭代过程无休止重复下去。迭代过程控制一般分为两种情况：一种是所需的迭代次数是确定的值，可以计算出来；另一种是所需的迭代次数无法确定。对于第一种情况，可以通过构建一个固定次数的循环来实现对迭代过程的控制；后一种情况则需要进一步分析出用来结束迭代过程的条件。

【例 6 - 17】 用迭代法求两个整数的最大公约数。

解题思路 设置两个变量 a、b(a>b)分别表示两个整数，变量 r 表示 a 除以 b 的余数，若 r 等于 0，则最大公约数是 b，若 r 不为 0，则将变量 b 的值赋给变量 a，变量 r 的值赋给变量 b，如此反复，直至余数 r 为 0。

程序代码如下：

```
#include <stdio.h>
int main()
{
    int a,b,r,t;
    printf("请输入 a,b:\n");
    scanf("%d%d",&a,&b);
    if(a<b)    {
        t = a;a = b;b = t;
    }
    r = a%b;
    while(r! = 0)
```

```
        {
            a = b;
            b = r;
            r = a % b;
        }
        printf("最大公约数为:%d\n",b);
        return 0;
}
```

程序运行结果如下:

```
请输入a,b:
49 21
最大公约数为:7
```

【例 6-18】用公式 $\frac{\pi}{4} \approx 1 - \frac{1}{3} + \frac{1}{5} - \frac{1}{7} + \frac{1}{9} - \cdots$,计算 π 的近似值,直到最后一项的绝对值小于 10^{-6} 为止。

解题思路 定义变量 pi 存放结果,pi 的初值为 0,定义变量 t 存放当前项,t 的初值为 1,t 由分子和分母以及符号构成即 t=flag * 1/n。这里的分子始终为 1,变量 n 表示分母,n 的初值为 1,使用完后 n 的值加 2;变量 flag 表示符号,flag 的初值为 1,使用完后 flag=-flag。

程序代码如下:

```
#include <stdio.h>
#include <math.h>
int main()
{
    int flag,n;
    float pi,t;
    pi = 0; t = 1; flag = 1; n = 1;
    while(fabs(t)>1e-6)
    {
        pi += t;
        n += 2;
        flag = -flag;
        t = flag * 1.0/n;
    }
    pi *= 4;
    printf("pi = %10.8f\n",pi);
```

```
        return 0;
}
```

程序运行结果如下:

```
pi = 3.14159393
```

6.5.4 标记变量法

标记变量法是指在程序设计中用某个变量的取值来对程序运行的状态进行标记。

【例 6-19】 输入一个正整数,判断是否为素数。

解题思路 素数也称为质数,它是只能被 1 或自身整除的数,0 和 1 都不是质数。设置一个标记变量 flag,赋初值为 1。若输入的数用变量 n 表示,那么就利用循环将 n 依次对 2~(n-1) 的数逐个取余,如果出现余数为 0,则将标记变量 flag 置 0,表明该数不是素数;如果循环结束后,flag 标记的值仍为 1,则说明 n 是素数。

程序代码如下:

```
#include <stdio.h>
int main()
{
    int flag = 1,i,n;
    printf("请输入 n:");
    scanf("%d",&n);
    for(i = 2;i<n;i++)
        if(n%i = = 0)
        {
            flag = 0;
            break;
        }
    if(flaZ = = 0)
        printf("%d 不是素数\n",n);
    else
        printf("%d 是素数\n",n);
    return 0;
}
```

程序运行结果如下:

```
请输入 n:8
8 不是素数
```

```
请输入 n:47
47 是素数
```

程序分析

实际上,n 不必被在 2～(n-1) 取余,只需在 2～n/2 取余,甚至只需在 2～$\sqrt{n}$ 取余即可,所以可以把上面程序中的 for 循环改为 for(i=2;i<=sqrt(n);i++),这样循环次数减少,从而提高程序的执行效率。需要注意的是,在这里用到了数学函数 sqrt(),因此在程序开始处再加一条编译预处理命令♯include〈math.h〉。

【例 6 - 20】 找出 3～300 中所有的素数。

解题思路 在上一个例子的基础上,求一个区间中包含的所有素数,这就需要用到循环的嵌套。内层循环用来判断某个数是否是素数,外层循环用来控制区间中数的变化。

程序代码如下:

```c
#include <stdio.h>
#include <math.h>
int main()
{
    int flag,i,j,count = 0;
    for(i = 3;i<= 300;i++)
    {
        flag = 1;
        for(j = 2;j<= sqrt(i);j++)
        if(i%j == 0)
        {
            flag = 0;
            break;
        }
        if(flag == 1)
        {
            printf("%d\t",i);
            count++;
            if(count%8 == 0)
                printf("\n");
        }
    }
    return 0;
}
```

程序运行结果如下:

3	5	7	11	13	17	19	23
29	31	37	41	43	47	53	59
61	67	71	73	79	83	89	97
101	103	107	109	113	127	131	137
139	149	151	157	163	167	173	179
181	191	193	197	199	211	223	227
229	233	239	241	251	257	263	269
271	277	281	283	293			

习 题

一、选择题

1. 以下程序段中的变量已正确定义：

   ```
   for(i=0;i<4;i++,i++)
       for(k=1;k<3;k++);
   printf("*");
   ```

   程序段的输出结果是(　　)。

   A. * *　　　　B. * * * *　　　　C. *　　　　D. * * * * * * * *

2. 有以下程序：

   ```
   #include <stdio.h>
   int main()
   {
       int y=9;
       for(;y>0;y--)
           if(y%3==0)
               printf("%d",--y);
       return 0;
   }
   ```

   程序运行后的输出结果是(　　)。

   A. 852　　　　B. 963　　　　C. 741　　　　D. 875421

3. 有以下程序：

   ```
   #include <stdio.h>
   int main()
   {
   ```

```
        int i,j,m = 1;
        for(i = 1;i<3;i + +)
            for(j = 3;j>0;j - -)
            {
                if(i * j>3)
                    break;
                m * = i * j;
            }
        printf("m = %d\n",m);
        return 0;
    }
```

程序运行后的输出结果是(   )。

A. m=4　　　　B. m=2　　　　C. m=6　　　　D. m=5

4. 有以下程序段：

```
int k = 0
while(k = 1)
    k + +;
```

while 循环执行的次数是(   )。

A. 无限次　　　　　　B. 有语法错误,不能执行

C. 一次也不执行　　　D. 执行 1 次

5. 若 i 为整型变量,则以下循环执行次数是(   )。

```
for(i = 2;i = = 2;);
printf("%d",i - -);
```

A. 无限次　　　　B. 0 次　　　　C. 1 次　　　　D. 2 次

6. 以下程序的功能是计算 $s=1+1/2+1/3+\cdots+1/10$,但运行后输出结果错误,导致错误结果的程序行是(   )。

```
int n;float s;
s = 1.0;
for(n = 10;n>1;n - -)
    s = s + 1/n;
printf("%6.4f\n",s);
```

A. int n;float s;　　B. for(n=10;n>1;n——)　　C. s=s+1/n;　　D. s=1.0;

二、程序分析题

1. 以下程序运行后的输出结果是＿＿＿＿＿＿

```
#include <stdio.h>
int main()
{
    int x = 15;
    while(x>10&&x<50)
    {
        x++;
        if(x/3)
            {
                x++;
                break;
            }
        else
            continue;
    }
    printf("%d\n",x);
    return 0;
}
```

2. 在执行以下程序时,如果从键盘上输入:AdEf<回车>,则输出为_____

```
#include <stdio.h>
int main()
{
    char ch;
    while ((ch = getchar())! = '\n')
    {
        if (ch> = 'A'&&ch< = 'Z')
            ch = ch + 32;
        else
            if (ch> = 'a'&&ch< = 'z')
                ch = ch - 32;
        printf("%c",ch);
    }
    printf("\n");
    return 0;
}
```

3. 下面程序的输出结果是_____

```
#include <stdio.h>
int main()
{
    int y;
    for(y=6;y>0;y--)
        if(y%3==0)
        {
            printf("%d",--y);
            continue;
        }
    return 0;
}
```

三、程序填空题

1. 输入一个非负整数，求 $1+1/2!+\cdots+1/n!$，假设变量已正确定义。

```
#include <stdio.h>
int main()
{
    int n,sum;
    scanf("%d", &n);
    sum = _____;
    _____;
    for(i = 1; i <= n; i++)
    {
        _____;
        sum = sum + item;
    }
    printf("%.8f\n", sum);
    return 0;
}
```

2. 输入一个正整数 $n(1 \leqslant n \leqslant 9)$，打印一个高度为 n，由"＊"组成的等腰三角形图案。当 $n=3$ 时，输出如下等腰三角形图案：

```
* * *
 * *
  *
```

```
#include <stdio.h>
```

```
int main()
{
    int i, j, n;
    scanf("%d", &n);
    for (i = n; i>0; i--)
    {
        for(_____;_____;_____)
            printf(" ");
        for(_____;_____;_____)
            printf("*");
        _____;
    }
    return 0;
}
```

四、编程题

1. 编写程序,求 S＝1！＋2！＋3！＋…＋10！的和。
2. 输入一串字符,直到输入一个星号(＊)为止,统计并输出其中包含的大写字母个数、小写字母个数和数字字符个数。
3. 输出 1～999 中能够被 7 整除,且至少有一位数字是 5 的所有整数。
4. 有分数序列：$\frac{2}{1}, \frac{3}{2}, \frac{5}{3}, \frac{8}{5}, \frac{13}{8}, \frac{21}{13}, \cdots$,求出这个数列的前 20 项之和。
5. 用迭代法计算 $x = \sqrt{a}$。求平方根的迭代公式为 $x_{n+1} = \frac{1}{2}\left(x_n + \frac{a}{x_n}\right)$,要求前后两次求出的 x 的差的绝对值小于 10^{-6}。

第 7 章　数组的应用

在 C 语言前面的章节中我们接触的数据类型都是简单的数据类型,但在实际编程过程中经常会遇到这样的问题:要对全班 30 名同学的某门课的考试成绩进行排序或求平均值等操作。很显然,我们不可能定义 30 个变量来保存全班同学的考试成绩。那么此类问题该如何解决？通过分析,我们不难发现此类问题中所涉及的数据有两个共同的特点:一是在这类问题中会涉及一系列的数据;二是这些数据的类型是相同的。如何保存并处理这些大量的类型相同的一系列数据？在 C 语言中就提供了一种构造类型的数据——数组,用来解决此类问题。

在 C 语言中,数组是一组具有相同类型的数据的集合。有了数组这种数据结构后,我们可以定义一个包含 30 个元素的数组用来保存全班同学的考试成绩,这时候再求全班同学的平均成绩或是对所有成绩进行排序,问题就迎刃而解了。在 C 语言中,根据数组使用的下标个数可以将数组分为以下三类:

$$\text{根据数组使用的下标个数分类} \begin{cases} \text{一维数组} \\ \text{二维数组} \\ \text{多维数组} \end{cases}$$

多维数组在实际使用过程中涉及的不多,因此在本书中不进行介绍。

7.1　一维数组

7.1.1　一维数组的定义

在 C 语言中一维数组是只包含一个下标的数组,用来保存一组同一类型的数据。与普通变量的要求一样,一维数组在使用之前也必须先定义,定义形式如下:

　　类型标识符　　数组名[数组长度]

例如 int array[10]、float score[30]、char name[20]等都是合法的数组定义。关于一维数组的定义有以下需要说明的地方:

(1)"类型标识符"标明了一维数组中每个元素的类型,C 语言规定每个数组元素的类型可以是整型、实型、字符型等基本的数据类型,也可以是构造数据类型。如在 int array[10]定义中,每个数组元素的类型就是基本整型。

(2)"数组名"用来标识数组的名称,命名规则应该符合 C 语言中标识符的命名规则。

(3)数组名后面的一对[ ]是下标运算符。定义数组时方括号内为数组元素的个数,引用数组时方括号内为一维数组中的合法下标。如 float score[30]定义表明该单精度实型数组包含了 30 个元素。

(4)"数组长度"可以是整型常量、常量表达式(如 int a[5+3])或符号常量。如果使用符号常量来表示数组元素的个数,那么在定义数组之前必须先定义符号常量。如下面的定义形式就是合法的数组定义:

```
#define   M   10
          …
int   a[M];
```

(5)C99 之后的 C 语言版本允许对数组大小进行动态定义。如某用户的程序段为

```
int   n;
scanf("%d",&n);
int a[n];
```

在该程序段中用户对数组进行了动态定义。也就是说先输入一个整型数据给变量 n,然后再定义一维数组的大小为 n 个元素!

7.1.2 一维数组的引用及初始化

所谓的一维数组的引用指的是在程序中引用一维数组中的元素,C 语言中一维数组元素的引用形式为

数组名[合法的数组下标]

在 C 语言中定义了一个包含 N 个元素的一维数组,那么数组的合法下标为 0,1,…,N−1,也就是说 C 语言中数组元素的下标是从 0 开始的。例如定义了 int a[10]后,则该数组的有效元素为 a[0]、a[1]、a[2]……a[9]。

所谓初始化就是对数组元素赋初值,在 C 语言中对一维数组初始化分成下面三种方式:

(1)定义数组的同时给全部元素赋初值,如

int a[5] = {1,2,3,4,5};   /* 定义数组的同时给 5 个元素全赋初值 */

在这种赋初值的方式中,各个初始值之间用","隔开。

(2)定义数组的同时给部分元素赋初值,如

int a[5] = {1,2,3};   /* 定义了包含 5 个元素的数组,但只赋了 3 个初值 */

在这种赋初值的方式中,所赋初值给了数组的前面三个元素。如果数组元素是数值型的,则在编译时系统自动为没有赋初值的元素赋初值为 0。

(3)将数组的定义和初始化分开进行。在这种赋初值的方式中,往往使用循环语句来对一个一维数组进行初始化,形式如下:

```
int a[10],i;
for(i = 0;i<10;i + +)
    scanf("%d",&a[i]);
```

7.1.3 一维数组元素的输出

一维数组是包含多个元素的数组,因此对于一维数组元素的输出一般采用循环语句来实现,可以采用如下的形式进行输出:

```
for(i = 0;i<10;i + +)
    printf("%d  ",a[i]);
```

在上面的程序段中为了避免每个数据在输出后紧挨在一块,可以在格式控制符%d的后面用空格隔开;也可以限定每一个数据的输出位数,以此来达到分隔数据的目的。

【例 7-1】定义一个包含 10 个元素的基本整型数组,要求从键盘上输入 10 个整数对该数组进行初始化,最后逆序输出该数组的所有元素。

题目分析 由于该数组包含 10 个元素,因此对数组的输入和输出均应该采用循环来实现。需要注意的是,从理论上来说,数组元素的输入和输出均可采用逐个元素输入和输出。但如果这样做的话,将会使程序变得冗长且可读性差。问题的核心是如何控制数组元素的逆序输出? 我们可以这样来考虑:假设数组的名称为 a,然后再定义一个 int 型变量 i,让它的取值范围从 9 变化到 0,最后再逐个输出 a[i],这样问题就迎刃而解了。

程序源代码如下

```
#include <stdio.h>
#include <stdlib.h>
int main()
{
    int a[10],i;
    for(i = 0;i<10;i + +)
      scanf("%d",&a[i]);
    printf("逆序输出后的数组元素为:\n");
    for(i = 9;i>=0;i - -)
      printf("%5d",a[i]);
    return 0;
}
```

假设从键盘上输入的 10 个整数为 1、2、3、4、5、6、7、8、9、10,则程序的运行结果为

```
1 2 3 4 5 6 7 8 9 10
逆序输出后的数组元素为:
   10   9   8   7   6   5   4   3   2   1
```

7.1.4 一维数组元素的应用举例

一维数组在 C 语言及其他的一些程序设计语言中都有广泛的应用基础,下面几个例题从不同角度对一维数组的应用做了阐释。理解这些程序的算法思想对同学们掌握基本的程序设计方法,提高动手编程能力都有很大的作用。

【例 7-2】 定义一个包含 10 个元素的单精度实型一维数组,从键盘上输入数据对该数组进行初始化。求:①该数组所有元素的平均值;②该数组元素的最大值和最小值。

题目分析 若要求解数组元素的平均值,则只需要求解出数组所有元素的和最后再除以数组元素的个数即可。若要求解数组中的最大元素和最小元素,则使用了一种被称为"打擂台"的算法。其实现过程如下,我们可以定义两个 float 型变量 max 和 min,分别用来记录数组中的最大值和最小值,一开始我们可以将数组的第 0 个元素分别赋值给 max 和 min 变量,然后用数组中的剩余元素逐次和这两个变量进行比较。如果哪个元素的值比 max 还大,则将该元素赋值给 max;反之如果哪个元素的值比 min 的值还小,则将该元素赋值给变量 min。这样当循环执行结束后,max 变量里保存的就是数组中的最大元素,min 变量里保存的就是数组中的最小元素。

纵观算法的整个执行过程就像若干名拳击选手在擂台上比赛选出最强的选手一样,第一个选手先上台,由第二个选手上台去挑战。如果第二个选手赢了,则第二个选手留在台上接受第三个选手的挑战;如果第二个选手输掉比赛,则第二个选手下台,第一个选手仍然留在台上继续接受第三个选手的挑战。这样留在擂台上的始终是所有已参加比赛选手中最强的一个。到整个比赛结束,留在擂台上的将会是所有选手中最强的选手。因此将上述求数组中最大值、最小值的算法称为"打擂台"算法。

该例题的程序代码如下

```c
#include<stdio.h>
#include<stdlib.h>
#define M 10
int main()
{
    float array[M],s=0,aver,max,min;
    int i;
    printf("请输入 10 个实数:\n");
    for(i=0;i<M;i++)
    {
        scanf("%f",&array[i]);
        s+=array[i];
    }
    aver=s/M;
    /*以上程序段用来求出一维数组的平均值*/
```

```
        max = min = array[0];
        for(i = 1;i<M;i + + )
        {
        if(array[i]>max)
            max = array[i];
        else if(array[i]<min)
            min = array[i];
        }
        /* 以上程序段用来求数组中的最大值和最小值 */
        printf("aver = %.1f max = %.1f min = %.1f\n",aver,max,min);
        return 0;
}
```

当输入实数 21   11.5   9   23.5   78   67   21   80   55.8   45 后程序的运行结果如下。

```
请输入 10 个实数
21  11.5  9  23.5  78  67  21  80  55.8  45
aver = 41.2   max = 80.0   min = 9.0
```

在使用 C 语言来处理一维数组的数据时经常会遇到对无序数组按照从小到大(或从大到小)来排序这样的问题。在常见的排序算法里最经典的有冒泡法排序和选择法排序两种。下面的例 7 - 3 就是使用冒泡法来对一个一维数组进行排序。

【例 7 - 3】 定义一个包含 10 个元素的一维整型数组,在定义数组的同时给该数组进行初始化,按照从小到大的顺序对该数组进行排序后输出该数组的所有元素。

问题分析   如前所述,对数组元素排序最经典的有冒泡法排序和选择法排序两种。在例 7 - 3 中我们将选用冒泡法来对一维数组进行排序。冒泡排序法的整体思路是这样的:假设题目的要求是对 N 个元素按照从小到大的顺序进行排序,也就是说在排序过程中要把大的元素往后面放。具体操作时,需要把数组中的元素两两进行比较:如果前面的元素比后面的元素大则交换这两个元素的位置,如果前面的元素比后面的元素小,则不执行任何操作;下一次比较时,再用上面的第二个元素和其后面的元素进行比较,重复上面的操作。这样第一趟排完后就把最大的一个元素放到了最后一个位置。在第二趟排序时,只需要对剩余的 N - 1 个元素进行排序,排序的方法同前。那么在第二趟排序结束后就可以确定最大的两个元素,可以照此方法一直排序下去。综上,现在如果要对 N 个元素进行排序,那么只需要排 N - 1 趟就可以确定所有元素的位置。在编程的过程中我们通常用外层循环来控制排序的趟数,内层循环来控制每一趟排序过程中数组下标的变化。

具体到例 7 - 3,假设一维数组的名称为 a,数组的 10 个初始值为 12、38、35、22、97、65、50、88、9、75。在第一趟排序的时候先比较 12 和 38 的大小,由于 12 比 38 小,因此不执行任何操作;下一次再比较 38 和 35 的大小,由于 38 比 35 大,因此交换 38 和 35 的位置。一直这样比较下去,到第一趟结束时,就可以将最大的元素 97 放到 a[9]位置。第二趟再对剩余的 9 个元素进行排序,到第二趟结束时,就把剩余的 9 个元素中的最大的元素 88 放到了 a[8]的位置。照此方法进行排序,到第九趟结束后就可以将所有元素位置确定。表 7.1 给出的是每一趟排序后数组中元素的位置分布情况,读者可以细细体会。

表 7.1 每趟排序结束后数组元素的分布图

趟数	元素									
	a[0]	a[1]	a[2]	a[3]	a[4]	a[5]	a[6]	a[7]	a[8]	a[9]
第1趟	12	35	22	38	65	50	88	9	75	97
第2趟	12	22	35	38	50	65	9	75	88	97
第3趟	12	22	35	38	50	9	65	75	88	97
第4趟	12	22	35	38	9	50	65	75	88	97
第5趟	12	22	35	9	38	50	65	75	88	97
第6趟	12	22	9	35	38	50	65	75	88	97
第7趟	12	9	22	35	38	50	65	75	88	97
第8趟	9	12	22	35	38	50	65	75	88	97
第9趟	9	12	22	35	38	50	65	75	88	97

例 7-3 的程序代码如下

```c
#include <stdio.h>
#include <stdlib.h>
int main()
{
    int a[10] = {12,38,35,22,97,65,50,88,9,75};
    int i,j,t;/* i用来控制数组的下标,j用来控制比较的趟数 */
    for(j = 1;j <= 9;j++)
    {
        for(i = 0;i <= 10 - j - 1;i++)
        if(a[i]>a[i+1])
        { t = a[i];a[i] = a[i+1];a[i+1] = t; }
    }
    printf("排序后的数组元素为:\n");
    for(i = 0;i <= 9;i++)
    printf("%d   ",a[i]);
    return 0;
}
```

程序的运行结果为

```
排序后的数组元素为:
9   12   22   35   38   50   65   75   88   97
```

在一维数组的应用中经常会遇见这样一类问题,那就是对数组元素进行增、删、改、查等操作,下面的例7-4就解决了如何往一维数组中插入一个元素的问题。

【例7-4】假设有如下的数组定义:

   int   a[11]={12,21,27,30,35,44,56,60,68,70};

要求从键盘上输入一个整数,将该整数插入上述数组中,并且使数组元素仍然保持从小到大的顺序。

问题分析　解决数组元素的插入问题必须有一个基本的前提,那就是插入新的元素后不能破坏数组中原来的有效数据。因此为了解决此问题,我们在定义数组时往往刻意将数组多定义一个元素,就可以很好地解决此问题。正如例题中那样,我们可以定义数组的大小为11个元素,赋值的时候只赋10个有效数据,这样即使插入一个新的元素后也能保证数组中原来的10个有效数据不会被破坏。

要解决元素的插入问题,一共可以分成三个步骤来实现:第一步,找到数组元素要插入的位置;第二步,移动数组元素;第三步,将要插入的数据插到数组中的相应位置。下面我们来讨论如何解决上述三个问题。

针对本例,应分三种情况来讨论数组元素的插入问题:

(1)如果要插入的数据比a[0]还小,则要插入的位置在a[0]位置,这时候只需要使用循环依次把a[9]赋值给a[10],a[8]赋值给a[9],依次类推最后把a[0]赋值给a[1],最后一步把待插入的数据赋值给a[0]即可实现数组元素的插入。

插入前的数组元素为

| 12 | 21 | 27 | 30 | 35 | 44 | 56 | 60 | 68 | 70 | 0 |

(上表a[10]位置的0是定义数组时系统自动赋的值,非数组中的有效数据,插入新元素后可以被破坏。)

数组元素的移动过程为

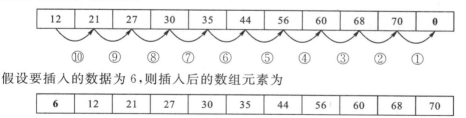

假设要插入的数据为6,则插入后的数组元素为

| 6 | 12 | 21 | 27 | 30 | 35 | 44 | 56 | 60 | 68 | 70 |

思考:为什么移动数组元素的时候要从后往前移动?

(2)如果要插入的数据比a[9]还大,这时候只需将要插入的数据赋值给a[10]即可。

(3)如果要插入的数据大于a[i]并且小于等于a[i+1],那么要插入的位置在i+1的位置。插入位置确定后就可以将从a[9]和a[i+1]之间的所有数组元素依次向后移动一个位置,最后将要插入的数据赋值给a[i+1]即可。

例7-4的代码如下

＃include <stdio.h>
＃include <stdlib.h>

```c
int main()
{
    int a[11] = {12,21,27,30,35,44,56,60,68,70};
    int i,j,data;
    printf("请输入要插入到数组中的整数:");
    scanf("%d",&data);
    if(data<=a[0])
    {
        for(j=9;j>=0;j--)
            a[j+1]=a[j];      /*用来移动数组元素*/
        a[0]=data;            /*将数据插入到a[0]位置*/
    }
    else if(data>=a[9])
        a[10]=data;
    else
    {
        for(i=0;i<=9;i++)
            if(data>a[i] && data<=a[i+1])
            {
                for(j=9;j>=i+1;j--)
                    a[j+1]=a[j];
                a[i+1]=data;
            }
    }
    printf("插入后的数组元素为:\n");
    for(i=0;i<=10;i++)
        printf("%d  ",a[i]);
    return 0;
}
```

当输入6时程序运行结果为

请输入要插入到数组中的整数:6
插入后的数组元素为:
6 12 21 27 30 35 44 56 60 68 70

当输入42时程序运行结果为

```
请输入要插入到数组中的整数:42
插入后的数组元素为:
12  21  27  30  35  42  44  56  60  68  70
```

当输入 78 时程序的运行结果为

```
请输入要插入到数组中的整数:78
插入后的数组元素为:
12  21  27  30  35  44  56  60  68  70  78
```

7.2 二维数组

在 C 语言的编程应用中,我们经常会遇到要保存一个班若干名同学的若干门课考试成绩的情况。在这类问题中数据有两个显著的特点:一是所有的数据都由若干行和若干列组成;二是所有的数据类型都是一致的。那么如何来存储具备上述两个特点的数据呢?C 语言中提供了另外一种构造数据类型——二维数组,用来解决此类数据的存储问题。

7.2.1 二维数组的定义

在 C 语言中,二维数组是包含两个下标的数组,其定义形式如下:

类型标识符　数组名[行大小][列大小]

例如 int a[4][5]、float b[5][6]等都是合法的定义形式。数组定义中的类型标识符标明了二维数组元素的类型;数组名只要是 C 语言中合法的标识符即可;与一维数组一样,行大小和列大小均可以用常量、常量表达式、符号常量、已经输入了确定值的变量及表达式来表示。

定义了一个二维数组后,与一维数组一样元素的下标是从 0 开始的。

在定义 int a[4][5]中,数组中的合法元素如下

a[0][0]	a[0][1]	a[0][2]	a[0][3]	a[0][4]
a[1][0]	a[1][1]	a[1][2]	a[1][3]	a[1][4]
a[2][0]	a[2][1]	a[2][2]	a[2][3]	a[2][4]
a[3][0]	a[3][1]	a[3][2]	a[3][3]	a[3][4]

与一维数组一样,在定义一个二维数组时常量表达式 1 和常量表达式 2 部分也可以用符号常量来表示。

7.2.2 二维数组的初始化及应用

二维数组的初始化通常分成下面几种情况:
(1)定义二维数组的同时给全部元素赋初值,如 int a[2][3]={1,2,3,4,5,6,}。

在上述定义中,定义了一个包含 6 个 int 型数据的二维数组,并且赋了 6 个初值。

  注 如果在定义一个二维数组的同时给全部元素赋初值,则可以省略第一维下标的大小。如 int [ ][3]={1,2,3,4,5,6}与上述定义的效果是一样的。

  (2)定义二维数组的同时给部分元素赋初值,如 int a[2][3]={1,2,3,4}。

在上述定义中,定义了一个包含 6 个元素的二维数组,但赋了 4 个初值,由于二维数组是按照行进行存储的,因此没有赋值的两个元素 a[1][1]和 a[1][2]在编译时系统自动为其赋初值 0。

  (3)定义数组的同时按照行给数组全部元素赋初值,如 int b[3][4]={{1,2,3,4},{5,6,7,8},{9,10,11,12}}。

在上述定义中,定义了一个 3 行 4 列的二维数组,并且每一行元素的初值都用一对{}括起来,每一行元素之间应该使用","隔开。采用这种形式给数组元素赋初值时,也可以给每一行的部分元素赋初值,这时候如果数组元素是数值型的,那么对没赋初值的元素,在编译时系统自动为其赋初值 0。

  (4)从键盘上输入数值对数组进行初始化。在 C 语言中由于二维数组包括行和列两个下标,因此从键盘上输入数值,初始化时需要用循环嵌套来实现。

  【例 7-5】定义一个包含 4 行 4 列的二维整型数组,要求从键盘上输入数据,对数组进行初始化,然后求出该二维数组所有元素的和以及每一行元素的平均值。

  题目分析 二维数组所有元素的求和问题很简单,只需要定义一个累加器变量,然后把所有元素累加到该累加器就可以了。题目的难点是求每一行元素的平均值,解决的方法是求出每一行元素的和,然后再除以这一行元素的个数。我们在此可以定义两个变量 sum 和 s,分别用来保存二维数组中所有元素的和以及每一行的和。需要注意的是,在求下一行和的时候一定要对 s 变量清零。

  本程序的代码如下

```c
#include <stdio.h>
#include <stdlib.h>
int main( )
{
    int sum,s,i,j,a[4][4];
    float aver;
    printf("请输入 16 个整数给二维数组:\n");
    sum=0;
    for(i=0;i<4;i++)      /*变量 i 用来控制二维数组的行*/
     for(j=0;j<4;j++)     /*变量 j 用来控制二维数组的列*/
      {
        scanf("%d",&a[i][j]);
        sum+=a[i][j];
      }
```

/* 以上程序段用来对二维数组初始化及求出所有元素的和 */
```
        for(i = 0;i<4;i + +)
         {
            s = 0;
            for(j = 0;j<4;j + +)
            s + = a[i][j];
            aver = (float) s/4;
            printf("第%d行元素的平均值为:%.1f\n",i,aver);
         }
/* 以上程序段用来求每一行元素的平均值 */
   return 0;
}
```

程序运行截图如下:

```
请输入 16 个整数给二维数组:
1       2       3       4
5       6       7       8
9       10      11      12
13      14      15      16
第 0 行元素的平均值为:2.5
第 1 行元素的平均值为:6.5
第 2 行元素的平均值为:10.5
第 3 行元素的平均值为:14.5
```

【例 7 - 6】定义一个 5 行 5 列的二维数组,然后从键盘上输入数据,对数组进行初始化,求出该二维数组四周元素的和。

题目分析 假设输入的数组元素是以下数据

1	2	3	4	5
6	7	8	9	10
11	12	13	14	15
16	17	18	19	20
21	22	23	24	25

四周元素指的是矩形框以外的数据。要想求出该二维数组四周元素的和,最简单的方法是求出所有元素的和,然后再减去中间矩形框里元素的和。除此之外,也可以使用条件去判断数组元素是不是边框上的元素,如果是边框上的元素再进行累加。但如果使用这种方法,将会使程序变得复杂,程序的逻辑性会变得很差。因此还是推荐使用第一种方法来求解。

例7-6程序的代码如下

```
#include <stdio.h>
#include <stdlib.h>
int main()
{
    int a[5][5],s,s1,i,j;    /* s用来存放所有元素的和,s1用来存放中间元素的和 */
    s = s1 = 0;
    printf("请输入25个整数对二维数组进行初始化:\n");
    for(i = 0;i<5;i++)
      for(j = 0;j<5;j++)
      {
        scanf("%d",&a[i][j]);
        s += a[i][j];
      }

    for(i = 1;i<4;i++)
      for(j = 1;j<4;j++)
      {
        s1 += a[i][j];
      }
    printf("四周元素的和为%d\n",s-s1);
    return 0;
}
```

假设输入的原始数据为1,2,3,…,23,24,25这25个整数,程序的运行结果为

```
请输入25个整数对二维数组进行初始化:
1       2       3       4       5
6       7       8       9       10
11      12      13      14      15
16      17      18      19      20
21      22      23      24      25
四周元素的和为208
```

【例7-7】利用二维数组打印出如下形式的杨辉三角形的前面8行。杨辉三角形的形式如下

```
1
1    1
1    2    1
1    3    3    1
1    4    6    4    1
1    5    10   10   5    1
1    6    15   20   15   6    1
1    7    21   35   35   21   7    1
```

题目分析 如果把这个杨辉三角形用二维数组来处理的话,它只是 8 行 8 列的二维数组的对角线以下的元素。通过分析这些数组元素的规律,我们可以概括出杨辉三角形的数组元素符合以下基本特点:第 0 列及对角线上的元素全为 1,除此之外其余元素都是由该元素上面的元素与上面元素的前一个元素的和组成。现在问题就迎刃而解了,假设二维数组的名称为 a,行下标用 i 表示,列下标用 j 表示,则当 j==0 或 i==j 时,a[i][j]=0,否则 a[i][j]=a[i-1][j]+a[i-1][j-1]。另外需要注意的是,由于杨辉三角形只用到了二维数组的下三角,因此列下标 j 的取值范围应该为 0~i,i 的取值范围毋庸置疑应该是 0~8。

例 7-7 程序代码如下

```c
#include "stdio.h"
#include "stdlib.h"
#define N 8
int main()
{
    int i,j,a[N][N];
    for(i=0;i<N;i++)
     for(j=0;j<=i;j++)
      if(j==0 || i==j)
       a[i][j]=1;
      else a[i][j]=a[i-1][j]+a[i-1][j-1];
    for(i=0;i<N;i++)
    {
       for(j=0;j<=i;j++)
        printf("%-5d",a[i][j]);
       printf("\n");
    }
    return 0;
}
```

程序运行结果如下

```
1
1    1
1    2    1
1    3    3    1
1    4    6    4    1
1    5    10   10   5    1
1    6    15   20   15   6    1
1    7    21   35   35   21   7    1
```

7.3 字符数组

字符型数据是 C 语言中三种基本数据类型之一。我们知道，在 C 语言中字符常量是使用一对单引号('')引起来的字符，并且以 ASCII 码形式存储在机器内部，字符变量是专门用来保存字符常量的。在实际应用过程中，我们经常会遇到对一长串字符进行存储和处理的情况，如："I am a teacher and you are students.""This flower is very beautiful!"在 C 语言中没有字符串这种数据类型，字符串都是存储在字符数组中的，因此字符数组就是专门用来存储字符型数据的数组。

7.3.1 字符数组的定义

在 C 语言中，字符数组和普通的一维数组的定义形式一样，所不同的只是数组元素是字符型的，定义形式如下

```
char 字符数组名[数组长度]
```

字符数组名只要是 C 语言中合法的标识符就可以。同普通的一维数组一样，字符数组的长度也分两种情况。

1. 动态定义字符数组的长度

```
int n;
scanf(" % d",&n);
char s[n];
```

在上面例子中，首先定义了整型变量 n，再从键盘上输入整数给变量 n，最后定义了字符数组的 s 大小为 n 个元素。

2. 指定字符数组的长度

同普通一维数组一样，字符数组在定义时可以直接指定长度。字符数组的长度可以是整型常量、符号常量或者是常量表达式。

char c1[10]; /*定义了一个包含10个元素的字符数组*/（合法的字符数组定义）

7.3.2 字符数组的初始化

字符数组的初始化就是给字符数组赋初值。字符数组的初始化分成以下几种情况。

1. 在定义数组的同时，逐个字符对字符数组初始化

char c1[12] = {'G','o','o','d',' ','m','o','r','n','i','n','g'};
注：在定义字符数组的同时给全部元素赋初值可以省略字符数组的大小。如
char c1[ ] = {'G','o','o','d',' ','m','o','r','n','i','n','g'};
也是合法的定义。

2. 定义字符数组的同时整体给字符数组赋初值

char c2[13] = {"good morning"}; /*预留一个元素用来存储字符串的结束标志*/
char c2[13] = "good morning"; /*给字符数组整体赋值时,可以省略大括号*/

7.3.3 字符数组的输入和输出

字符数组的输入可以利用循环，采用逐个字符输入的方式，也可采用 scanf 函数整体输入。两种方式均可以。

图 7.1 是采用逐个字符输入的方式，字符数组的下标是从 0 开始的，因此循环的初始值也是从 0 开始的；图 7.2 是采用对字符数组的整体输入，由于数组名代表着数组的起始地址，因此数组名前不加地址运算符 &。

```
#include "stdio.h"
int main( )
{
char c1[12];
    int i;
    for(i=0;i<12;i++)
    scanf("%c",&c1[i])
    printf("%s",c1);
    return 0;
}
```

图 7.1 逐个字符输入方式

```
#include "stdio.h"
int main( )
{
    char c1[12];
    scanf("%s",c1);
    printf("%s",c1);
    return 0;
}
```

图 7.2 整体输入方式

字符数组的输出和输入一样，可以采用逐个字符输出的方式，也可以采用整体输出的方式。上面两个程序都是采用把字符数组作为一个字符串整体输出。也可以采用逐个字符输出的方式，输出形式可以更改为

for(i = 0;i<12;i + +)
printf("%c",c1[i]);

7.3.4 字符串的结束标志

在图 7.1 的程序中，假设输入的字符串是"good morning"，如果按照程序中整体输出的方式来输出，则输出结果后面会产生一些乱码字符；如果按照逐个字符的形式来输出，则输出的就是正确结果"good morning"。为什么会出现上述情况？这是因为字符串"good morning"的长度为 12，而字符数组的大小也为 12，如果采用逐个字符的方式输出，是一个字符接一个字符进行输出，就不会产生乱码；如果采用整体输出的方式，由于字符串的长度为 12，字符数组的大小为 12，因此没有空的数组元素用来保存字符串的结束标志，这时候就会出现字符串异常结束的情况，后面会产生一些乱码。为了避免上述情况的出现，在字符数组中存储一个长度为 n 的字符串，往往在定义字符数组时将字符数组的长度定义成至少 $n+1$，也就是说字符数组中至少要预留一个元素用来保存字符串的结束标志。

在 C 语言中字符串的结束标志是转义字符 '\0'，这是一个八进制 ASCII 码为 0 的字符，是一个空操作符，专门用来标识字符串的结束。有了这个约定后，如果要正确地存储字符串 "good morning"，那么定义字符数组时应该将字符数组的大小至少定义为 13。这时字符数组就按照如下形式来存储：

'g'	'o'	'o'	'd'	' '	'm'	'o'	'r'	'n'	'i'	'n'	'g'	'\0'

另外，如果我们定义了一个包含 10 个元素的字符数组，而赋的初值只有 5 个有效字符，则后面的 5 个元素都是字符串的结束标志，在字符串整体输出时，只输出第一个字符串结束标志之前的有效字符。

7.3.5 字符串处理函数

由于字符串的应用广泛，为了方便用户对字符串进行处理，C 语言的库函数中提供了一些字符串的处理函数，这些函数都包含在头文件 string.h 中。下面我们介绍一下 C 语言中常用的字符串处理函数。

1. 字符串输入函数 gets( )

调用形式为　gets(字符数组名)

例　char str[20];

　　gets(str);

上述程序段定义了一个包含 20 个元素的字符数组，然后使用 gets 函数给字符数组输入初始值。注意，输入时有效字符的个数不能超过 19 个，否则在输出时就会产生乱码，也就是我们前面所说必须预留一个元素用来存储字符串的结束标志。

2. 字符串输出函数 puts( )

调用形式为　puts(字符数组名或指向字符串的指针)

例　charstr[20];

　　gets(str);

```
    puts(str);  /*输出的是字符数组名*/
```
再看下面的程序段：
```
char * str = "I am a teacher";
puts(str); /*输出的是指向字符串的指针*/
```
(在指针一章中详细叙述)

3. 字符串连接函数 strcat( )

调用形式为　　strcat(字符数组1,字符数组2)

该函数的功能是将字符数组2连接到字符数组1的后面。该函数在使用时，由于要将字符数组2连接到字符数组1的后面，因此要将字符数组1定义得足够大，以便容纳下字符数组1和字符数组2的有效长度，且要预留一个元素用来存储字符串的结束标志，否则在输出时就有可能产生乱码。

具体用法如下

```
#include "stdio.h"
#include "string.h"
void main()
{
    char str1[20],str2[5];
    pringtf("Please input str1:\n");
    gets(str1);
    pringtf("Please input str2:\n");
    gets(str2);
    strcat(str1,str2);
    puts(str1);
}
```

当输入字符串"good"和"morning"后程序的运行结果如下

```
Please input str1:
good
Please input str2:
morning
good moring
```

4. 字符串拷贝函数 strcpy

调用形式为　　strcpy(字符数组名1,字符数组名2)

该函数的功能是把字符数组2中的字符串拷贝到字符数组1中。串结束标志'\0'也一同拷贝。字符数组2也可以是一个字符串常量。这时相当于把一个字符串赋予一个字符数组。

典型用法如下

```
#include "stdio.h"
#include "stdlib.h"
#include "string.h"
int main( )
{
    char st1[15],st2[ ] = "C Language";
    strcpy(st1,st2);
    puts(st1);
    printf("\n");
    return 0;
}
```

5. 字符串比较函数 strcmp

调用形式为　strcmp(字符数组名1,字符数组名2)

功能　按照 ASCII 码顺序比较两个数组中的字符串,本函数会返回一个整型数据。

　　　字符串1＝字符串2,返回值＝0;

　　　字符串1>字符串2,返回值>0;

　　　字符串1<字符串2,返回值<0。

本函数也可用于比较两个字符串常量的大小以及字符数组和字符串常量的大小。

6. 测字符串长度函数 strlen

调用形式为　strlen(字符数组名)

本函数用来测试一个字符串的实际长度,长度中不包含字符串的结束标志。

7.3.6　字符数组的应用举例

字符数组在 C 语言中有相当广泛的应用基础,下面我们通过几个典型的例题来学习一下字符数组的应用。

【例7-8】定义两个长度不超过40个字符的字符数组,从键盘上输入字符串对字符数组进行初始化,统计字符数组1中对应字符大于字符数组2中对应字符的次数,以及字符数组2中对应字符大于字符数组1中对应字符的次数。

题目分析　现假设用户定义的两个字符数组分别为 str1 和 str2。还需要定义三个初始值为0的整型变量 time1、time2 和 time3,其中 time1 用来表示 str1 中字符大于 str2 中对应字符的次数;time2 用来表示 str2 中字符大于 str1 中对应字符的次数;time3 用来表示 str1 中字符和 str2 中对应字符一样大的次数。程序的整体思路是,采用循环依次从 str1 和 str2 中取出对应字符进行比较。若要统计 str1 大于 str2 的次数及 str2 大于 str1 的次数,首先需要分别求出 str1 和 str2 的长度(假设 str1 的长度为 L1,str2 的长度为 L2),然后依次比较 str1[0]与 str2[0]、str1[1]与 str2[1]直到 str1[L1-1]与 str2[L1-1]的大小。这时还需要分两种情况去考虑:如果 L1>=L2,循环的初始值为0,循环的终止值应该为 L2-1,由于 str2[L1] 位置上的字符为'\0',我们认为 str1 后面的字符均大于 str2,那么 str1 大于 str2 对应字符的次数为 L1 - time2 - time3;如果 L1＜L2,循环的初始值为 0,循环的终止值应该为 L1 - 1,由于 str1[L1] 位置上的字符为'\0',我们认为 str2 后面的字符均大于 str1,那么 str2 大于 str1 对应字符的次数为 L2 - time1 - time3。

程序代码如下

```c
#include "stdio.h"
#include "stdlib.h"
#include "string.h"
int main()
{
    char str1[40],str2[40];
    int time1,time2,time3,L1,L2,i;
    time1 = time2 = time3 = 0;
    printf("请输入第一个字符串:\n");
    gets(str1);
    printf("请输入第二个字符串:\n");
    gets(str2);
    L1 = strlen(str1);
    L2 = strlen(str2);
    if(L1 >= L2)
    {
        for(i = 0;i<L2;i++)
            if(str2[i]>str1[i])
                time2++;
            else if(str2[i] == str1[i])
                time3++;
            time1 = L1 - time2 - time3;
    }
    if(L1<L2)
    {
        for(i = 0;i<L1;i++)
            if(str1[i]>str2[i])
                time1++;
            else if(str1[i] == str2[i])
                time3++;
            time2 = L2 - time1 - time3;
    }
```

```
        printf("数组1大于数组2中对应字符的次数为%d次\n",time1);
        printf("数组2大于数组1中对应字符的次数为%d次\n",time2);
        return 0;
}
```

程序的运行结果如下

> 请输入第一个字符串：
> I am a chinese.
> 请输入第二个字符串：
> I love china.
> 数组1大于数组2中对应字符的次数为4次
> 数组2大于数组1中对应字符的次数为4次

【例7-9】定义两个字符数组arr1和arr2,arr1的长度不超过80个字符,arr2的长度不超过8个字符,从键盘上输入字符串对字符数组进行初始化,编写程序求出arr2在arr1中出现的次数。假设arr1为"this is a book,that is a pen,isn't?",arr2为"is",则arr2在arr1中出现的次数为4次。

题目分析　　程序的整体思路:若要求出arr2在arr1中出现的次数,首先应该求出arr1和arr2的实际长度(假设arr1的长度为L1,arr2的长度为L2),然后依次在arr1中从位置i开始取L2个字符组成一个新的字符串和arr2进行比较,如果两个字符串相等则次数加1。现在有两个问题需要解决:一是i的范围问题,i的初始值为0是毋庸置疑的,终止值应该为L1-L2(想想为什么);二是在C语言中没有截取子串的函数,我们该如何从arr1中取字符组成一个新的字符串呢？我们不妨转换思维,再定义一个和arr2一样大的字符数组arr3,这时候每次只需要从arr1的第i个位置开始一次取出一个字符放入arr3中,一共取L2个字符,当每一次L2个字符取完后就形成了一个新的字符串arr3,现在再比较arr3和arr2的大小,如果两个字符串一样大,则次数加1,那么问题就迎刃而解了。

例7-9的程序代码如下

```
#include "stdio.h"
#include "stdlib.h"
#include "string.h"
int main()
{
    char arr1[80],arr2[8],arr3[8];
    int i,j,k,L1,L2,time=0;
    printf("请输入第一个字符串(<80):\n");
    gets(arr1);
    printf("请输入第二个字符串(<8):\n");
```

```
        gets(arr2);
        L1 = strlen(arr1);
        L2 = strlen(arr2);
        for(i = 0;i< = L1 - L2;i + + )
        {
            k = 0;
            for(j = i;j<i + L2;j + + )
            arr3[k + + ] = arr1[j];
            arr3[k] = ´\0´;/ * 想想为什么？ * /
             if(strcmp(arr2,arr3) = = 0)
            time + + ;
        }
        printf("arr2 在 arr1 中出现的次数为：% d\n",time);
        return 0;
}
```

程序运行结果如下

> 请输入第一个字符串(<80)：
> this is a book.that is a pen,isn´t?
> 请输入第二个字符串(<8)：
> is
> arr2 在 arr1 中出现的次数为:4

7.4　数组的综合应用

在 C 语言中，数组有很广泛的应用基础，也是 C 语言中的一个重点和难点。前面三节中我们分别学习了 C 语言中的一维数组、二维数组和字符数组，在这一节中我们将通过两个综合案例来加深一下对 C 语言中数组的理解。

【例 7 - 10】一维数组的平衡点是这样定义的：如果一维数组的某个元素之前的所有元素之和等于这个元素之后的所有元素之和，那么数组中的这个元素被称为平衡点。编写程序求出一维数组的平衡点，如果该数组没有平衡点也应输出相应的信息。

案例分析　假设该一维数组的名称为 a，元素个数为 N，那么数组下标的范围为 0 到 N－1，现在我们假设该数组有平衡点，那么平衡点可能出现的位置是 1 到 N－2，因为题目限定了平衡点之前必须有元素，平衡点之后也必须有元素。如果我们用 i 来表示平衡点的位置，那么 i 的范围为 1≤i≤N－2；用 sum1 来表示 i 之前元素的和，用 sum2 来表示 i 之后的元素的和，如果 sum1＝sum2，那么 a[i]就是该数组的一个平衡点。要解决的另一个问题是当数组没有平衡点时如何输出的问题。为了很好地解决该问题,我们可以定义一个标志变量 flag,并且赋初始值为 0(表示没有平衡点),如果有一个平衡点的话,我们给 flag 变量赋 1。如果当循环结束后 flag 变量的值还等于 0,则说明该数组没有平衡点。

程序代码如下:

```c
#include "stdlib.h"
#include "stdio.h"
#include "stdio.h"
#define N 10
int main()
{
    int a[N],i,j,k,sum1,sum2,flag=0;
    printf("请输入10个整数对数组进行初始化:\n");
    for(j=0;j<N;j++)
      scanf("%d",&a[j]);
    for(i=1;i<=N-2;i++)
    {  sum1=sum2=0;
       for(j=0;j<i;j++)
         sum1+=a[j];
       for(k=i+1;k<N;k++)
         sum2+=a[k];
       if(sum1==sum2)
       {
         flag=1;
         printf("a[%d]是数组的一个平衡点。\n",i);
       }
    }
    if(flag==0)
      printf("该数组没有平衡点!\n");
    return 0;
}
```

该案例的运行结果如下:

①
```
请输入10个整数对数组进行初始化:
1 2 3 4 5 8 5 4 3 3
a[5]是数组的一个平衡点。
```

② 请输入10个整数对数组进行初始化：
1 2 3 4 5 6 7 8 9 10
该数组没有平衡点!

【例7-11】在一次歌唱比赛中,进入决赛的有10位选手,现有7个评委为这10位选手打分,要求每个选手的最终得分是这7个评委打的分数中去掉一个最高分再去掉一个最低分后的平均分,编写程序求出每个选手的最终得分。评委打的分数从键盘输入。

案例分析 该题目是要求7个评委为10位选手打分,我们不妨定义一个10行7列的二维数组用来记录每个评委为每位选手打的分数,那么每一行的元素值就是每个评委为选手打的分数。现在问题的关键就转换成了如何求出每一行元素的和以及最大值和最小值,其中求每一行元素的最大值和最小值是该问题的一个难点。我们在前面一维数组里学习了利用打擂法来求一维数组的最大值,其实利用相同的方法照样可以求出一维数组的最小值。(算法不再赘述)

本案例的代码如下

```c
#include "stdlib.h"
#include "stdio.h"
int main()
{
    float cj[10][7],aver,max,min,sum;
    int i,j;
    for(i=0;i<10;i++)
    {
        sum=0.0;
        printf("\n请评委为第%d个选手打分:",i+1);
        for(j=0;j<7;j++)
        {
            scanf("%f",&cj[i][j]);
            sum+=cj[i][j];
        }
        max=min=cj[i][0];
        for(j=1;j<7;j++)
            if(cj[i][j]>max)
                max=cj[i][j];
            else if(cj[i][j]<min)
                min=cj[i][j];
        printf("第%d个选手的最终得分为:%.1f\n",i+1,(sum-max-min)/5);
    }
}
```

```
    return 0;
}
```

习　题

一、选择题

1. 判断字符串 a 和 b 是否相等,应当使用(　)。
   A. if(a==b)　　　B. if(a=b)　　　C. if(strcpy(a,b))　　D. if(strcmp(a,b))
2. 以下正确的定义语句是(　)。
   A. int a[1][4]={1,2,3,4,5};　　　　　　B. float x[3][]={{1},{2},{3}};
   C. long b[2][3]={{1},{1,2},{1,2,3}};　　D. double y[2][3]={0};
3. 以下各组选项中,均能正确定义二维实型数组 a 的选项是(　)。
   A. float a[3][4];　　float a[ ][4];　　　float a[3][ ]={{1},{0}};
   B. float a(3,4);　　float a[3][4];　　　float a[ ][ ]={{0},{0}};
   C. float a[3][4];　　static float a[ ][4]={{0},{0}};
   D. float a[3][4];　　float a[3][ ];　　　float a[ ][4];
4. 下面程序段是输出两个字符串中对应相等的字符。横线处应填入(　)。
   ```
   char x[] = "programming";
   char y[] = "Fortran";
   int i = 0;
   while(x[i]! = '\0' && y[i]! = '\0')
     if(x[i] = = y[i])  printf("%c",     );
     else i++;
   ```
   A. x[i++]　　　B. y[++i]　　　C. x[i]　　　D. y[i]
5. 有下面的程序段,则(　)。
   ```
   char a[3],b[] = "china";
   a = b;
   printf("%s",a);
   ```
   A. 运行后将输出 China　　　　B. 运行后将输出 Ch
   C. 运行后将输出 Chi　　　　　D. 编译出错

二、编程题

1. 定义一个包含 20 个元素的整型数组用来保存学生的考试成绩,成绩的初始值从键盘输入,求出全班同学的平均成绩及高于平均成绩的人数。
2. 从键盘上输入 10 个字符串,找出最长的字符串。
3. 有两个均包含 5 个元素的整型数组 a 和 b,并且这两个数组的元素都是从小到大排列的。

要求将这两个整型数组合并到数组 c 里,使合并后的 c 数组元素仍然是按照从小到大排列。

4. 定义一个 6 行 6 列的二维整型数组,数组元素从键盘输入,将这个二维数组转秩存放。即原来的行变成转秩后的列,原来的列变成转秩后的行。
5. 定义一个长度不超过 40 个元素的字符数组,数组元素从键盘输入。要求将这个字符数组中奇数位置上的字符变成它前一个偶数位置上的字符。
6. 编写一个程序,不使用 strcat 函数将两个字符串连接起来。

第 8 章　模块化程序设计与函数

前面我们学习了 C 语言程序设计中的数据类型、运算符和表达式以及控制语句,能够编写简单的 C 语言程序,编写的程序代码一般都在 main 函数中,定义的是 main 函数的功能。实际上 C 语言程序是由一个个函数构成的,除了 main 函数之外,还有库函数和用户自定义函数。本章我们就开始学习函数的定义,调用和函数之间数据传递的相关知识,进一步提高我们的程序设计能力。

8.1　模块化程序设计与函数概述

8.1.1　模块与函数

当编程实现一个规模较大、功能较多的软件时,如果把所有的程序代码都写在主函数(main 函数)中,主函数就会显得冗长庞杂,头绪混乱,不便于程序的编写、阅读和维护,所以人们一般采用"自顶向下,逐步细化"的模块化程序设计方法,即将一个规模较大的软件按照功能分割成一些小模块,这些小模块相对独立、结构清晰、功能单一、接口简单,很容易用一个或多个函数编程实现这些小模块的功能,再把这些小模块"积木式"地组合成所需的全部程序,这样就大大降低了软件开发的难度。

C 语言程序结构非常符合模块化程序设计思想,函数就是模块化程序设计的具体体现,而主函数(main 函数)代表 C 语言程序运行的入口位置,属于顶层函数,相当于主控模块。功能模块与 C 语言函数的关系如图 8.1 所示。

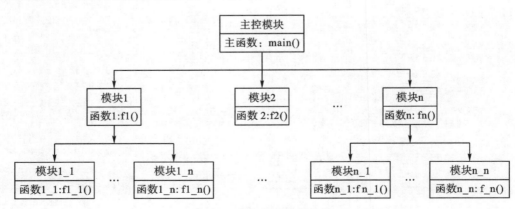

图 8.1　模块与函数结构图

8.1.2 函数的结构与主函数

函数是结构上相互独立,具有特定功能的程序代码段(程序模块)。函数编写一次就可以多次调用,减少了代码的编写量,增强了代码的可复用性,使得程序代码更简洁,结构更清晰,易于理解与维护。

一个函数由函数首部和函数体两部分构成。如 8-1-1 程序代码所示的文件中主要定义了两个函数,分别为 max 函数和 main 函数,它们都是由函数首部和函数体构成的,代码是由用户自己编写好的;另外程序代码中出现的 scanf 函数和 printf 函数是编译系统提供的标准库函数,它们的代码在安装编译软件时已经存在于函数库中,不需要用户再对它们进行定义,只需要调用即可。

由 8-1-1 程序代码可知,max 函数的功能是接收两个任意整数,返回其中的最大值,并由 main 函数调用 max 函数来实现这一功能。由于 scanf 函数、max 函数和 printf 函数的函数名依次出现在了 main 函数的函数体中,所以 main 函数为主调函数(调用其他函数的函数),其他 3 个函数为被调函数(被其他函数调用的函数),程序运行时 main 函数依次对这 3 个函数进行了调用,实现了这些函数的功能,即从键盘输入 2 个整数,求这 2 个整数中的最大值,最后输出最大值。

//8-1-1 程序代码:求任意两个整数的最大值

```
#include <stdio.h>
#include <stdlib.h>
int max(int x, int y)   // max 函数的函数首部
{
    int  z;
    if(x>y)   z = x;
    else      z = y;
    return    z;
}                       // max 函数的函数体

int main( )             // main 函数的函数首部
{
    int a,b,c;
    scanf("%d,%d",&a,&b);
    c = max(a,b);       //main 函数的函数体
    printf("max = %d\n", c);
    return 0;
}
```

若输入 3,7,则程序运行结果如下:

```
3.7
max = 7
```

在 C 语言中，main 函数被称为主控函数或主函数，它在源程序中的位置没有特殊的限制，可以出现在任何地方，但它一定是 C 语言程序执行的第一个函数，代表的是程序的入口，所以 main 函数有且仅有一个，它可以调用 C 语言中的其他函数，但不能被其他函数所调用，main 函数是被操作系统调用的。不管在源程序中 main 函数出现的位置如何，程序的执行总是从 main 函数开始的，在 main 函数中完成对其他函数的调用，并且随着 main 函数执行的结束而结束整个程序的运行。

8.1.3 函数的分类

函数按照不同的标准，可以分为不同的种类。

1. 从用户使用的角度来看

(1)标准库函数，由 C 语言编译系统提供，它们的代码是已经编写好的，用户可以直接调用，调用时要用 include 预处理命令包含该函数所在函数库的头文件。

(2)用户自定义函数，函数的代码由用户自己编写。

2. 从函数的结构形式上看

(1)无参函数，即函数定义时函数首部中函数名后的括弧里没有任何参数。输入库函数中 getchar 函数的函数原型"int getchar(void);"，函数名 getchar 后面的括弧里没有任何参数或参数为空(void 类型)，所以 getchar 函数就是一个典型的无参函数。

(2)有参函数，即函数定义时函数首部中函数名后的括弧里有参数。程序 8-1-1 中 max 函数的函数首部为"int max(int x，int y)"，函数名 max 后面的括弧里有两个参数，分别为整型变量 x 和 y，所以 max 函数就是一个典型的有参函数。

8.2 无参函数的定义和调用

8.2.1 无参函数的定义

函数的使用和变量一样，必须"先定义，后使用"。函数在调用前，必须是已经存在的函数，它的代码是事先编写好的。例如，定义一个 add 函数，其功能是求任意两数之和。如何编写呢？很多同学可能不会编写，不知道如何定义 add 函数；但是如果把问题改为编写一个程序，求任意两数之和，相信大家都可以编写出来，程序代码如 8-2-1 所示。

```
//8-2-1 程序代码:求任意两数之和
#include <stdio.h>
#include <stdlib.h>
void main()        // main 函数的函数首部
```

```
{ float x,y,sum;      // main 函数体内变量的声明部分
  scanf("%f,%f",&x,&y);
  sum = x + y;                    //main 函数体内语句的执行部分,实现该函数的功能
  printf("sum = %f\n", sum);
}
```

那么如何定义 add 函数呢？我们只需把以上程序代码中 main 函数首部"void main( )"中的 main 函数名改为 add,即变为"void add( )",即可完成对 add 函数的定义；然后在 main 函数中调用 add 函数,实现 add 函数的功能。

//8-2-2 程序代码:求任意两数之和

```
#include <stdio.h>
#include <stdlib.h>
void add( )        // add 函数的函数首部
{ float x,y,sum;   // add 函数体内变量的声明部分
  scanf("%f,%f",&x,&y);
  sum = x + y;                    //add 函数体内语句的执行部分,实现该函数的功能
  printf("sum = %f\n", sum);
}

void main( )
{
  add( );    //main 函数调用 add 函数
}
```

若输入 3,4.26,则程序运行结果如下：

```
3,4.26
sum = 7.260000
```

在程序 8-2-2 中,add 函数就是典型的无参函数。无参函数定义的一般结构为

```
类型标识符  函数名()   //函数首部
{                    //函数体
  声明部分
  执行部分
}
```

结合 8-2-2 程序对无参函数的结构说明如下：

(1)函数首部部分。

①类型标识符可以是基本数据类型中的任何一种数据类型,如 int、float、double、char

等,其作用是定义函数返回值的类型。当函数执行后不需要返回值或不允许返回值时,函数类型标识符用 void 表示。函数类型标识符可以省略,省略后系统默认为 int 型,但标准 C 语言中不建议省略函数类型。8-2-2 程序中 add 函数和 main 函数的函数体中都没有 return 语句,函数没有返回值,即返回值为空,所以函数定义为 void 空类型。一般情况下,main 函数的函数体中有返回语句 return 0,所以把 main 函数的函数类型定义为 int 型。

②函数名是用户给函数起的一个名字,其命名规则同变量名、数组名一样要符合 C 语言中标识符命名的规则,最好做到"见名知意"。

(2)用一对花括号括起来的内容称为函数体。函数体一般包含三个部分:

①函数体内数据对象定义或声明部分,是对在函数体内使用的数据对象(如变量、数组等)的定义,有些数据对象在函数外已经定义,在被定义的函数中使用时,需要进行声明。

②函数语句执行部分实现该函数的功能,是一个程序段,要依据实现某种功能的算法进行设计。

③函数若有返回值,则使用"return(返回值);"语句,括号中的返回值是一个需要传递给主调函数的数据对象。如果函数体仅是一对花括号,没有任何语句,就是空函数,例如

```
void empty( )  //空函数
{      }
```

8.2.2 无参函数的调用

无参函数调用的一般形式:函数名()

8-2-2 程序中 main 函数对 add 函数的调用语句:add( );

8.2.3 函数的返回值

如果函数有返回值,则需要在函数中使用 return 语句。return 语句的一般形式为

return(常量/变量/表达式);或 return 常量/变量/表达式;

说明 ①执行 return 语句时,先计算出括号中表达式的值,再将该值返回给主调函数中的调用表达式。一般而言,函数的类型和函数返回值的数据类型是一致的,比如在下面 8-2-3 程序中,add 函数和其函数体中变量 sum 的数据类型都为 float 型;如果函数的类型与 return 语句的表达式的类型不一致,则以函数的类型为准,返回时自动进行数据转换。

②一个函数中可以有多条 return 语句,但只有一个 return 语句起作用,即函数最多只有一个返回值(要么没有返回值,为 void 类型);return 语句一旦执行意味着函数将会结束。

例如求 2 个数中的最大值:if(x>y)   return x;
                        else   return y;

在 8-2-2 程序中如果 add 函数返回变量 sum 的值,则程序变为

//8-2-3 程序代码:求任意两数之和

#include <stdio.h>

```c
#include <stdlib.h>
float add( )       // add 函数的函数首部
{
    float x,y,sum;
    scanf("%f,%f",&x,&y);
    sum = x + y;
    return sum;    //返回 sum 的值
}
int main( )
{
    float t;
    t = add( );    //main 函数调用 add 函数,用变量 t 接收 add 函数的返回值
    printf("sum = %f\n", t);
    return 0;
}
```

8.3 有参函数的定义和调用

8.3.1 有参函数的定义

如果一个函数需要接收外部的数据,则要把该函数定义成一个有参函数。例如 add 函数接收主调函数 main 传递过来的两个实数,则 add 函数定义成:

//8-3-1 程序代码:求任意 2 数之和

```c
#include <stdio.h>
#include <stdlib.h>
float add(float x, float y)// add 函数首部中定义的形式参数 x 和 y
{
    return x + y;    //返回表达式 x + y 的值
}
int main( )
{
    float a,b,sum;
    scanf("%f,%f",&a,&b);
    sum = add(a,b);    //main 函数调用 add 函数,add 函数名后括号中的实际参数 a 和 b
    printf("sum = %f\n", sum);
    return 0;
}
```

若输入为 2.23,5.46   则程序运行结果如下:

```
2.23,5.46
sum = 7.690000
Process returned 0 (0×0)   execution time:22.586 s
Press any key to continue
```

上面例 8-3-1 程序中 main 函数调用 add 函数,调用时 add 函数名后面括号中出现的变量 a,b 称为实际参数,简称实参;add 函数定义时,函数首部的函数名后面括号中出现的变量 x,y 称为形式参数,简称形参,形参用来接收外部传给 add 函数的数据。

有参函数定义的一般结构:

类型标识符 函数名(类型标识符 形参名1,类型标识符 形参名2,……)//函数首部
{   //函数体
    声明部分
    执行部分
}

和无参函数的定义相比较,有参函数定义时需要在函数的函数首部定义形式参数(简称形参)。形参用来接收函数调用时所传递的数据,可以是变量名、数组名等;因为在函数定义时,不表示具体数据,只表示虚设的数据对象,所以称为形式参数。当形参多于 1 个时,形参之间要用逗号分隔,就构成形参表。

8.3.2 有参函数的调用

有参函数调用的一般形式:函数名(实参表)

8-3-1 程序中 main 函数对 add 函数的调用语句为 sum=add(a,b);

如果调用无参函数,则"实参表"可以没有,但括号不能省略。如果实参表包含多个实参,则各参数间用逗号隔开。按函数调用在程序中出现的形式和位置来分,可以有以下 3 种函数调用方式:

①函数调用语句。把函数调用单独作为一条语句。8-2-2 程序中 main 函数对 add 函数的调用语句为 add();这时不要求被调函数带回值,只要求函数完成一定的操作。

②函数表达式。函数调用出现在另一个表达式中,例如"c= max(a,b);",其中 max(a,b) 是对 max 函数的一次调用,它是赋值表达式中的一部分。这时要求函数带回一个确定的值以参加表达式的运算。例如,c=2 * max(a,b);

③函数参数。函数调用作为另一个函数调用时的实参。例如求三个数中的最大值,m=max(max(a,b),c);其中 max(a,b)是一次函数调用,它的值作为 max 另一次调用的实参。经过赋值后 m 的值是 a、b、c 三者中的最大者。

8.3.3 函数间参数的传递

从函数的调用过程可知,函数调用时,实参把数据传递给形参,形参接收实参数据。C

语言与其他一些高级语言有所不同,函数的参数传递是单向的,即只能是实参将数据传递给形参,形参数据不能传递给实参。也就是说,函数调用返回后,对形参数据引用是无效的。函数参数传递的单向性的实质在于:在函数中定义的形参,函数未被调用时,系统并不给它们分配存储单元,只有调用发生时,系统才给形参分配存储单元。调用结束后,形参所占的存储单元即被释放,形参中的数据也就无效了。

注意 函数调用时,实参的个数必须与形参相等,类型必须一致。实参与形参是对应位置传递数据的。8-3-1 程序中函数调用时实参和形参的关系如图 8.2 所示。

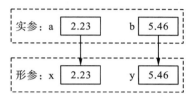

图 8.2 实参和形参的关系

初学者往往容易把实参和形参混淆,我们通过以下 4 个方面加以区分:

(1)实参和形参出现的位置不同。实参出现在主调函数中,当主调函数调用一个函数时,被调函数的函数名后面括弧中出现的参数为实参。8-3-1 程序中 main 函数调用 add 函数,调用语句:sum=add(a,b);出现在 main 函数的函数体中,add 函数名后面括号中出现的变量 a,b 即为实参。形参出现在函数定义时有参函数的函数首部中。

(2)作用不同。实参用来向被调函数传递数据,函数调用时将实参的值单向传递给形参,所以调用前实参必须有确定的值。实参可以是常量、变量或表达式,如"c= max(2,a+b);"调用时把常量、变量或表达式的值单向传递给形参。形参用来接收主调函数传来的数据,一般为变量、指针变量、数组名等,不能为常量。

(3)实参和形参是两个独立实体,它们之间只有单向的值传递关系,传递后形参的值不论怎么改变,都不会影响实参。

(4)实参和形参应个数相等、类型一致、一一对应。若类型不一致时,则以形参的类型为准,自动进行数据类型转换。

课堂练习 自定义 power 函数,其功能是求实数 x 的 n 次方,比如 1.5^2。编程时同学们要思考 power 函数的函数类型,形参的个数及类型,如何实现 power 函数的功能,如何调用 power 函数等。参考程序如下:

```
//8-3-2 程序代码:
#include <stdio.h>
#include <stdlib.h>
float power(float x, int n)        //定义 power 函数
{
    int i;
    float y = 1;
```

```
    for(i=1;i<=n;i++)
       y=y*x;
    return y;
}
int main( )
{
    printf("%f",power(1.5,2));    //调用 power 函数求 $1.5^2$，并输出
    return 0;
}
```

程序运行结果如下：

```
2.250000
```

【课程思政】 有参函数接收外部数据，按一定的算法对数据加工处理后进行输出，我们每个大学生也要继承和发扬中华民族优良传统，吸收一切外来的优秀文化知识融为一炉，创新创业，共建人类命运共同体。在党的二十大报告中明确指出："坚持和发展马克思主义，必须同中华优秀传统文化相结合"，把马克思主义基本原理同中国具体实际相结合。我们要扩大对外开放，吸收和借鉴西方国家有利于我们的文化成果；同时要有信心，做到有进有出，向国外讲好中国故事，传播中国声音，提供中国方案。

8.4 对被调函数的声明和函数原型

8.4.1 函数调用的条件

我们发现在前面8.1、8.2、8.3节所有的程序实例中被调函数的程序代码一定在主调函数的上方，程序8-3-2中power函数定义在main函数上方而不是下方，否则编译时就会出现语法错误，这是因为函数调用时要符合调用条件。

在一个函数中调用另一个函数需要具备如下条件：

（1）被调函数必须是已经定义的函数（是标准库函数或用户自己定义的函数），即它的程序代码在调用前是已经编写好的。

（2）如果调用标准库函数，则应该在程序文件开头用include命令将有关调用库函数时所需的信息"包含"到本文件中。例如，前几章中已经用过的命令：

```
#include <stdio.h>或#include "stdio.h"
```

其中"stdio.h"是一个"头文件"。在stdio.h文件中包含了输入输出库函数的声明。如果不包含"stdio.h"文件中的信息，就无法使用输入输出函数库中的函数。同样，使用数学函数库中的函数，应该用#include <math.h>。h是头文件所用的后缀，表示是头文件（header file）。

(3) 如果调用用户自己定义的函数,应该在调用前对被调函数进行声明。C 语言规定,程序中使用到的任何数据对象都要事先进行声明。对于函数而言,所谓"声明"是指向编译系统提供被调函数的必要信息:函数名,函数的返回值的类型,函数参数的个数、类型及排列次序,以便编译系统在函数调用时进行检查。例如,检查形参与实参类型是否一致,调用方式是否正确等。

8.4.2 对被调函数的声明

函数声明的一般形式:

类型标识符　函数名(类型标识符 1 形参名 1,类型标识符 2 形参名 2,…);

形参名还可以省略,简化形式为

类型标识符　函数名(类型标识符 1 ,类型标识符 2 ,…);

例如在程序 8-4-1 中,如果 power 函数定义在 main 函数下方,则在 main 函数中调用 power 函数前需要对其进行声明。

对被调函数的声明又叫函数原型,声明时注意以下两种情况:

(1) 声明省略。编译系统对源程序的编译是从上到下进行的,如果被调函数定义在主调函数的上方,则对被调函数的声明就可以省略。程序 8-3-2 中 power 函数声明省略。

(2) 外部声明。声明写在函数的外面。

```
//8-4-1 程序代码:函数的声明
#include <stdio.h>
#include <stdlib.h>
int main( )
{
  float power(float x, int n); //对 power 函数进行声明
  printf(" %f",power(1.5,2)); //调用 power 函数求 1.5$^2$,并输出
  return 0;
}
float power(float x, int n) //定义 power 函数
{
  int i;
  float y = 1;
  for(i = 1;i< = n;i + + )
    y = y * x;
  return y;
}
//8-4-2 程序代码:外部声明
#include <stdio.h>
```

```c
#include <stdlib.h>
float power(float x, int n);  //外部声明
int main()
{
  printf("%f",power(1.5,2));  //调用 power 函数求 1.5², 并输出
  return 0;
}
float power(float x, int n)  //定义 power 函数
{
  int i;
  float y = 1;
  for(i = 1; i <= n; i++)
    y = y * x;
  return y;
}
```

8.5 函数的嵌套调用和递归调用

8.5.1 函数的嵌套调用

函数的嵌套调用是指在调用一个函数的过程中,被调函数又调用另一个函数。简单来说就是 a 函数调用 b 函数,b 函数又调用 c 函数。

```c
//8-5-1 程序代码:
#include <stdio.h>
#include <stdlib.h>
int main()
{
  void a1();  //对 a1 函数进行声明
  a1();  //调用 a1 函数
  return 0;
}
void a1()
{
  void a2();  //对 a2 函数进行声明
  printf("********社会主义核心价值观********\n");
  a2();  //调用 a2 函数
```

}
 void a2( )
{
   printf("   富强、民主、文明、和谐\n");
   printf("   自由、平等、公正、法治\n");
   printf("   爱国、敬业、诚信、友善\n");
}

程序运行结果如下：

```
* * * * * * *社会主义核心价值观* * * * * * *
        富强、民主、文明、和谐
        自由、平等、公正、法治
        爱国、敬业、诚信、友善
```

程序 8-5-1 中表示的是两层嵌套（连 main 函数共 3 层函数），如图 8.3 所示其执行过程是

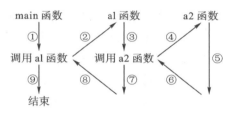

图 8.3　嵌套调用的执行过程

①程序从 main 函数开始执行，main 函数调用 a1 函数；
②流程转去 a1 函数，执行 a1 函数的程序代码；
③a1 函数在执行过程中调用 a2 函数；
④流程转去 a2 函数，执行 a2 函数的程序代码；
⑤如果 a2 函数中再无其他嵌套的函数，a2 函数执行结束；
⑥流程返回到 a1 函数，a1 函数对 a2 函数的调用结束；
⑦执行 a1 函数中尚未执行的语句，直到 a1 函数执行结束；
⑧流程返回到 main 函数，main 函数对 a1 函数的调用结束；
⑨执行 main 函数中其余的语句直到程序结束。

从上面嵌套调用的执行过程可以看出：main 函数调用 a1 函数，a1 函数又调用 a2 函数，a2 函数执行完返回 a1 函数，a1 函数执行完再返回 main 函数；所以嵌套调用具有"先调后返，或后调先返"的特点。

8.5.2　函数的递归调用

函数的递归调用是指在调用一个函数的过程中又出现直接或间接地调用该函数本身的

情况。C语言的特点之一就在于允许函数的递归调用,如下所示。

(1) 直接递归,如图 8.4 所示。

```
void a( )
{
  …
  a( );   //a 函数自己调用自己
  …
}
```

图 8.4　直接调用本函数

(2) 间接递归,如图 8.5 所示。

```
void a( )          void b( )
{ …               { …
  b( ); //调用 b 函数    a( ); //调用 a 函数
  …                …
}                  }
```

图 8.5　间接调用本函数

图 8.4 和图 8.5 这两种递归调用都是无终止的自身调用,显然在程序中不应出现这种无终止的递归调用,只应出现有限次数的、有终止的递归调用;这可以用 if 语句来控制,只有在某一条件成立时才继续执行递归调用,否则就不再继续。

【例 8-1】　用递归的方法求 $n!$ (假设 $n=5$,求 5 的阶乘)

问题分析　我们知道 $5!=5×4!$,即要求 $5!$,必先知道 $4!$;而 $4!=4×3!$,即要求 $4!$,必先知道 $3!$;依次类推,当递推到 $1!$(或 $0!$)时,我们知道 $1!=1$;而 $2!=2×1!$,我们回推得到 $2!$、$3!$、$4!$、$5!$。在这个问题的求解过程中,我们把求 $n!$ 转换为求 $(n-1)!$,而且在转换的过程中问题的规模越来越小,最终会在某个规模级别上得到确切的解,在这个解的基础上再逐步回推到规模为 n 时的解,这样全部问题便得到了解决。下面用 fact 函数来表示求阶乘的函数,如图 8.6 所示

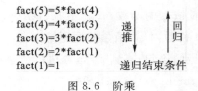

图 8.6　阶乘

由递归结束条件把递归调用分为递推和回归两个过程。可以用数学公式描述如下。

fact(n) = 1　　　　　　(n = 1 或 n = 0)

fact(n) = n * fact(n - 1)　　(n>1)

//8-5-2 程序代码:

```
#include <stdio.h>
#include <stdlib.h>
```

```
int fact( int n )    //定义 fact 函数用来求阶乘
{
    int y;
    if(n = = 1||n = = 0) y = 1;      //递归结束的条件
    else y = n * fact(n - 1);        //递归调用,求(n - 1)!
    return y;
}
int main( )
{
    int n,t;
    scanf(" % d",&n);
    t = fact(n);   //main 函数调用 fact 函数,求 n!
    printf(" % d!  = % d", n,t);
    return 0;
}
```

程序运行结果如下：

```
3
3!  = 6
```

求 fact(3)的递归调用,程序执行过程如图 8.7 所示。

递归是一种用来解决结构自相似问题的基本方法之一。由上述描述可以看出,解决整个问题分为两步进行：特殊情况,即规模降低到一定程度后出现的直接解;与原问题相似,但比原问题的规模小。一个问题若采用递归的方法来解决,分为以下三个步骤：

(1)确定问题的边界条件或边界值,即递推的终结条件,确定递推到何时终止,否则问题求解将进入死圈。

(2)给出递归模式：即给出将大问题分解成小问题的模式,也就是给出规模为 n 时解与规模为 $n-1$ 时的解之间的关系,分析出递推公式。

(3)编写程序,利用递归函数调用实现递推公式求解。

【例 8-2】 前面有 $n(n \geqslant 1)$ 级阶梯,一次可以走 1 级阶梯,也可以一次走 2 级阶梯,还可以一次走 3 级阶梯,请问 n 级阶梯的走法有多少种？

问题分析 $n=1$,共 1 种走法：{1}; $n=2$,共 2 种走法：{1,1},{2}; $n=3$,共 4 种走法：{1,1,1},{1,2},{2,1},{3}。我们可以看到,除了 $n=1$、$n=2$、$n=3$ 三种情况是固定的走法外；走 n 阶台阶时,可以在 $n-3$ 个台阶的基础上一次走 3 个台阶,也可以在 $n-2$ 个台阶的基础上一次走 2 个台阶,还可以在 $n-1$ 个台阶的基础上走 1 个台阶；也就是 $f(n)=f(n-1)+f(n-2)+f(n-3)$,把求 n 级阶梯的走法问题转换为求 $n-1$、$n-2$、$n-3$ 级阶梯的走法问题,最终递推到递归结束的条件上。建立数学描述公式如下：

$$\begin{cases} f(n)=n & (n=1 \text{ 或 } n=2) \\ f(3)=4 & (n=3) \\ f(n)=f(n-1)+f(n-2)+f(n-3) & (n>3) \end{cases}$$

```c
//8-5-3 程序代码:走阶梯
#include <stdio.h>
#include <stdlib.h>
int f(int n)//定义 f 函数用来求 n 级阶梯的走法
{
    if(n==2||n==1) return n;
    else if(n==3) return 4;
    else return f(n-1)+f(n-2)+f(n-3);
}
int main( )
{
    int n;
    scanf("%d",&n);
    printf("%d级阶梯的走法:%d种", n,f(n));//调用 f 函数,求 n 级阶梯的走法
    return 0;
}
```

程序运行结果如下:

```
7
7 级阶梯的走法:44 种
```

8.6 变量的作用域范围

8.6.1 变量的作用域范围

我们见到的一些程序其中包含两个或多个函数,分别在各自的函数中定义了变量,自然会提出一个问题:在一个函数中定义的变量,在其他函数中能否被引用? 在不同位置定义的变量,在什么范围内有效? 这就是变量的作用域问题。

从变量值的引用特性来说,变量的作用域是变量值可引用的范围;从变量的存储特性来说,变量的作用域是变量占据所分配存储单元的周期。变量作用域与变量的定义位置有关,按不同方式定义的变量,其作用域是不同的。根据变量定义位置的不同将变量分为"局部变量"和"全局变量"。

1. 局部变量

在一个函数或复合语句内部定义的变量称为内部变量,它只能在本函数或复合语句内部使用,不能在函数或复合语句以外的地方使用,即它的作用范围只限在本函数或复合语句内部。内部变量也称为局部变量。局部变量是自动类型(auto)变量,它只有使用时才在内存中分配存储空间,函数调用完或复合语句执行完就释放。局部变量出现的地方一般有3个,它们是函数形式参数表中(①),函数体内部(②)和复合语句内部(③)。

//8-6-1 程序代码

```
#include <stdio.h>
#include <stdlib.h>
void f1( int a )    //①a,b,c 为局部变量;只在 f1 函数内部有效
{
    int b = 20,c = 21;
    printf("a = %d,b = %d,c = %d\n",a,b,c);
}
int main( )
{
    int a = 10,b = 11,c;    //②a,b,c 为局部变量;只在 main 函数内部有效
    f1(5);    //调用 f1 函数
    {
        int a = 1,b = 2,c;    //③a,b,c 为局部变量;只在该复合语句内部有效
        c = a + b;
        printf("a = %d,b = %d,c = %d\n",a,b,c);
    }
    c = a + b;
    printf("a = %d,b = %d,c = %d\n",a,b,c);
    return 0;
}
```

程序运行结果如下:

```
a = 5,b = 20,c = 21
a = 1,b = 2,c = 3
a = 10,b = 11,c = 21
```

程序 8-6-1 执行时,main 函数调用 f1 函数,把实参"5"的值单向传给 f1 函数的形参 a,形参 a 接收的值就是"5";流程转到 f1 函数去执行,f1 函数调用 printf 函数,输出 a、b、c 的值为 5、20、21;f1 函数调用完毕,流程返回到 main 函数当中,f1 函数的局部变量 a、b、c(程序 8-6-1 中①)所分配的内存单元全部释放;流程接着执行 main 函数中的复合语句,这时

在复合语句内部定义的变量 a、b、c(程序 8-6-1 中③)和 main 函数内部定义的变量 a、b、c(程序 8-6-1 中②)同名。C 语言规定当同名的变量作用域重叠时,作用域范围小的起作用,即复合语句内部定义的变量 a、b、c 把 main 函数内部定义的变量 a、b、c 屏蔽了,所以计算输出 a、b、c 的值为 1,2,3;复合语句执行完毕,在复合语句内部定义的变量所占用的内存单元全部释放;程序流程最后执行的赋值语句 c=a+b;是 main 函数中定义的变量 a、b、c(如程序 8-6-1 中②)起作用,所以输出结果为 10,11,21。

结合上面实例可以看出:

(1)主函数中定义的变量(程序 8-6-1 中②)只在主函数中有效,并不因为在主函数中定义而在整个文件或程序中有效。主函数也不能使用其他函数中定义的变量。

(2)不同函数或复合语句中可以使用同名的变量,它们代表不同的对象,互不干扰。程序 8-6-1 中的①、②和③,虽然变量名相同,但它们作用域不一样,在内存中占据不同的存储单元,互不混淆。

(3)形式参数也是局部变量。例如上面 f1 函数中的形参 a,也只在 f1 函数中有效。

(4)在一个函数内部,可以在复合语句中定义变量,但这些变量只在本复合语句中有效。

2. 全局变量

全局变量是指定义在所有函数之外的变量,也称为外部变量。全局变量不属于某一个函数,它属于整个源程序文件,被一些函数所共有;其作用域(作用范围)从它在源程序文件中定义处开始直到所在的源程序文件结束为止,如图 8.8 所示。

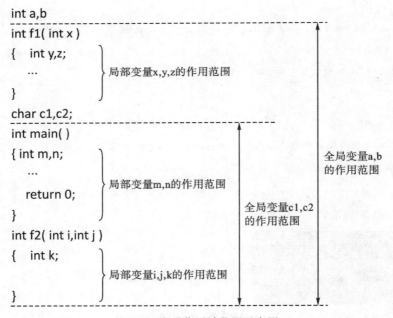

图 8.8 变量作用域范围示意图

//8-6-2 程序代码:

#include <stdio.h>

```c
#include <stdlib.h>
int x = 1, y = 2;      //①x,y 是全局变量
int max( int x, int y )    //②形参 x,y 是局部变量;只在 max 函数内部有效
{
    int z;    //③z 是局部变量;只在 max 函数内部有效
    z = x>y? x:y;
    return z;
}
void f1( )
{ y = x + 6;    //④x,y 是全局变量,在①中已经定义
}
int main( )
{
    int x = 3;    //⑤x 是局部变量;只在 main 函数内部有效
    f1();    //⑥调用 f1 函数,给全局变量 y 重新赋值
    printf("max = %d\n",max(x,y));    //⑦y 是全局变量,在①中已经定义
    return 0;
}
```

程序运行结果如下:

```
max = 7
Process returned 0 (0×0)   execution time:0.203 s
Press any key to continue
```

程序 8-6-2 中,故意重复使用 x 和 y 作变量名,请大家区分不同的 x 和 y 的含义和作用范围。程序第 3 行(程序 8-6-2 中①)定义了全局变量 x 和 y,并使之初始化。程序执行时 main 函数调用 f1 函数(程序 8-6-2 中⑥);流程转到 f1 函数中执行,f1 函数使用全局变量 x,y,并给全局变量 y 重新赋值为 7;f1 函数调用完毕,流程返回 main 函数,接着调用 printf 函数进行输出,而 max 函数作为 printf 函数的参数要首先求参数的值,即调用 max 函数;调用 max 函数时,把程序 8-6-2 中⑦中实参 x,y 的值(当前为 3,7)单向传给 max 函数首部中的形参 x,y(程序 8-6-2 中②),max 函数调用后返回两个整数中最大值。同样此程序中,同名的全局变量和局部变量作用域重叠时,在重叠区域局部变量起作用,全局变量被屏蔽。

局部变量都定义在函数的内部,它们的有效使用范围被局限于所在的函数内,因此主调函数只有通过参数传递,才能把实参数据传递给函数使用。同样,形参的改变也不会影响到实参,这种变量的有效使用范围,减少了函数的耦合性,最大程度确保了各函数之间的独立性,避免函数之间相互干扰。

局部变量虽然保证了函数的独立性,但程序设计有时还要考虑不同函数之间的数据交

流,及各函数的某些统一设置。当一些变量需要被多个函数共同使用时,参数传递虽然是一个办法,但必须通过函数调用才能实现,并且函数只能返回一个结果,这会使程序设计受到很大的限制。全局变量就很好地解决了多个函数间的变量共用问题,使函数间有直接传递数据的通道。

大家可能认为使用全局变量比使用局部变量自由度大,一旦定义,所有函数都可直接使用,连函数参数都可省略,甚至函数返回结果个数也不受限制,不需要使用 return 语句,可以直接通过全局变量回送结果。从表面上看,全局变量确实能实现这些要求,但对于规模较大的程序,过多使用全局变量会带来副作用,导致各函数间相互干扰。全局变量虽然可以用于多个函数之间的数据交流,但一般情况下,应尽量使用局部变量和函数参数。

8.7 案例应用

函数是由函数首部和函数体封装起来的、结构上相互独立的、具有特定功能的子程序。程序员使用函数来减少代码的重复量,并用于组织或实现程序的模块化。一旦定义了函数,它可以在程序的任意位置被调用。函数首部定义部分出现的参数为形参,函数调用中出现的参数为实参。本章重点介绍了函数的概念、定义和调用方法,解释了参数以及函数的返回值;讨论了嵌套调用和递归调用,最后说明了局部变量和全局变量使用的优缺点。综合本章学习内容,我们就可以编写一些功能较多的程序。

【例 8-3】 输入不超过 100 人的某班 C 语言程序设计课考试成绩,编程实现以下功能:①求最大、最小和平均成绩;②成绩排序;③输出成绩中优秀(A 等 90~~100)和不及格学生(D<60)的成绩并统计人数。

//8-7-1 程序代码:

```
#include <stdio.h>
#include <stdlib.h>
int i,n=0,a[100]={0};//定义全局变量
void a1(int n);  //外部声明函数
void a2(int n,int y);
void a3(int n);
int main( )
{
    int y,score;
    printf(" * * * * * * * * * * * * * * * * * * * * * * * * * * * * * * * * * * * * * * * * * * * * \n");
    printf(" * * * 函数综合应用 * * * \n");
    printf(" * * * * * * * * * * * * * * * * * * \n");
    printf("请输入学生成绩,分数超过 100 分将自动去除,输入负数时结束:\n");
```

```
    scanf("%d",&score);
    for(i=0;i<100&&score>=0;)
     { if(score>=0&&score<=100) { n++;a[i]=score;i++; }
       scanf("%d",&score);
     }
    printf("您输入的学生成绩为:\n");
    for(i=0;i<n;i++)
    { printf("%6d",a[i]);
      if((i+1)%6==0) printf("\n");
    }
    printf("\n");
    printf("选择:1、求最大、最小和平均成绩\n");
    printf("     2、从大到小排序\n");
    printf("     3、从小到大排序\n");
    printf("     4、输出A、D两个等级的成绩\n");
    printf("     5、结束\n");
    scanf("%d",&y);
    while(y!=5)
    {
      switch(y)
       { case 1: a1(n); break;
         case 2:
         case 3: a2(n,y); break;
         case 4: a3(n); break;
         default:break;
       }
      scanf("%d",&y);
    }
 return 0;
}
void a1(int n) //求最大、最小和平均成绩
{ int sum=0,max,min,m,ni;
  max=min=a[0];
  m=ni=0;
   for(i=0;i<n;i++)
    {    sum+=a[i];
      if(a[i]>max) {max=a[i];m=i;}
```

```
           if(a[i]<min) {min = a[i];ni = i;}
        }
    printf("the average is:%f\n",sum * 1.0/n);
    printf("the max number is a[%d]:%d\n",m,max);
    printf("the min number is a[%d]:%d\n",ni,min);
}
void a2(int n,int y) //从大到小排序
{ int j,t;
    for(i = 0;i<n-1;i++) //选择法排序
    for(j = i+1;j<n;j++)
        if(a[i]<a[j]) {t = a[i];a[i] = a[j];a[j] = t;}
    if(y = = 2)
     for(i = 0;i<n;i++)
      { printf("%6d",a[i]); if((i+1)%6 = = 0) printf("\n"); }
    else
      for(j = 0,i = n-1;i> = 0;i--,j++)
      { printf("%6d",a[i]); if((j+1)%6 = = 0) printf("\n"); }
        printf("\n");
}
void a3(int n) //输出 A、D 两个等级的成绩并统计人数
{ int t;
 printf("总学生人数:%d\n",n);
 printf("其中优秀学生成绩(A 等 90～～100)为:\n");
 for(t = 0,i = 0;i<n;i++)
     if(a[i]> = 90&&a[i]< = 100)
     { printf("%6d",a[i]);t++; if(t%6 = = 0) printf("\n"); }
 if(t<6) printf("\n");
 printf("总共 A 等学生有%d 人。\n",t);
printf("其中不及格学生成绩(D 等<60)为:\n");
 for(t = 0,i = 0;i<n;i++)
     if(a[i]<60)
     { printf("%6d",a[i]);t++; if(t%6 = = 0) printf("\n"); }
 if(t<6) printf("\n");
printf("总共 D 等学生有%d 人。\n",t);
}
```

程序运行结果如下:

```
**************************************
****            函数综合应用           ****
**************************************
请输入学生成绩,分数超过100分将自动去除,输入负数时结束:
82 15 53 67 92 71 103 98 36 -1
您输入的学生成绩为:
        82      45      53      67      92      74
        98      36
选择: 1、求最大、最小和平均成绩
      2、从大到小排序
      3、从小到大排序
      4、输出A、D两个等级的成绩
      5、结束
1
the average is:68.375000
the max number is a[6]:98
the min number is a[7]:36
2
        98      92      82      74      67      53
        45      36
3
        36      45      53      67      74      82
        92      98
4
总学生人数: 8
其中优秀学生成绩（A等90~100）为:
        98      92
总共A等学生有2人。
其中不及格学生成绩（D等<60）为:
        53      45      36
总共D等学生有3人。
```

习　题

一、单选题

1. 以下说法中正确的是(　　)。

    A. C语言程序总是从第一个函数开始执行

    B. C语言程序总是从 main()函数开始执行

    C. 在 C 语言程序中,要调用的函数必须在 main()函数中定义

    D. C语言程序中的 main()函数必须放在程序的开始部分

2. 若已定义的函数有返回值,则以下关于该函数调用的叙述错误的是(　　)。

    A. 函数调用可以作为独立的语句存在

    B. 函数调用可以作为一个函数的实参

    C. 函数调用可以出现在表达式中

    D. 函数调用可以作为一个函数的形参

3. 有函数定义:void fun(int n, double x) { …… },若以下选项中的变量都已正确定义并赋值,则对函数 fun 的正确调用语句是(　　)。

    A. fun(int y,double m);　　　　　B. k＝fun(10,12.5);

    C. fun(x,n);　　　　　　　　　　D. void fun(n,x);

4. 下列说法正确的是(　　)。

A. 被调用函数必须先调用,后声明
B. 用户自定义函数的类型若未指出,则系统默认为 void
C. 形参可以是任意表达式
D. 实参可以是任意表达式

5. 函数的嵌套调用是指( )。
   A. 直接调用本函数
   B. 在定义函数时,又定义另一个函数
   C. 间接调用本函数
   D. 被调用函数又调用另一个函数

6. 以下叙述正确的是( )。
   A. 函数可以嵌套定义但不能嵌套调用
   B. 函数既可以嵌套定义也可以嵌套调用
   C. 函数既不可以嵌套定义也不可以嵌套调用
   D. 函数可以嵌套调用但不可以嵌套定义

7. 函数的递归调用是指( )。
   A. 主调函数调用其他函数
   B. 直接或间接调用本函数
   C. 间接调用本函数
   D. 直接调用本函数

8. 有以下程序输出结果是( )。

```
#include <stdio.h>
int main( )
{   int a = 24, b = 16, c;
    int abc(int u, int v);    //对被调函数 abc 的声明
    c = abc(a,b);   printf("%d\n", c);
    return 0;
}
 int abc(int u, int v)    //辗转相除法求最大公约数
{   int w;
    while(v) { w = u % v;   u = v;   v = w;}
    return u;
}
```

A. 6   B. 7   C. 8   D. 9

9. 下面叙述中错误的是( )。
   A. 主函数中定义的变量在整个程序中都是有效的
   B. 在其他函数中定义的变量在主函数中也不能使用
   C. 形式参数也是局部变量
   D. 复合语句中定义的变量,只在该复合语句中有效

10. 下列叙述错误的是( )。
    A. 在同一文件中,全局变量可以和局部变量同名

B. 全局变量的作用域从定义点到该文件结束

C. 函数可以返回一个值,也可以什么值都不返回

D. 在函数进行参数传递时,形参为局部变量,实参为全局变量

二、填空题

1. 设有函数调用语句 f(x1,x1+x2,f1(x1,x2));则函数 f 实参的数目有_____个。
2. 函数调用有三种方式,语句调用、表达式调用和_____调用方式。
3. 求两个数中较大的数,请补全下面程序。

    ＃include "stdio.h"
    intmax(int x,int y)
    ｛ int z;
       if(_____)z = x;
       else z = y;
       return(z);
    ｝
    intmain(   )
    ｛ int a,b,c;
       scanf("％d,％d",&a,&b);
       c = _____;
       printf("max =％d\n",c);
       return 0;
    ｝

4. 函数 a1 的功能是求一维数组中所有元素的平均值并返回给主调函数。请补全程序。

    float a1(   )
    ｛ float b[10],sum = 0,aver;
       int i;
       for(i = 0;i<10;i++)
          scanf("％f ",&b[i]);
       for(i = 0;i<10;i++)
          sum +=_____;
       aver = sum/10;
       return_____;
    ｝

5. 已知部分程序如下,请补全程序。(本题要求掌握函数的定义、声明、和调用的方法)

    ＃include "stdio.h"

```
    int main( )
    {   void  a1( );      {//对被调函数a1的声明
        _____        //对被调函数a2的声明
        a1( );            // main 函数调用 a1 函数
        _____        // main 函数调用 a2 函数
        return 0;
    }
    _____a1(  )         //定义 a1 函数的类型
    {  printf("###############\n");  }
    void  a2(  )
    {  printf("    How do you do\n");  }
```

6. 用递归调用求 $n!$ 阶乘,请补全程序。

```
    long fac(int n)
    {   long y;
        if(_____) y = 1;
        else y = _____;
        return (y);
    }
```

7. 以下程序的输出结果为_____。

```
    #include "stdio.h"
    int x1 = 10, x2 = 20;
    void sub(int,int);
    int main( )
    {   int x3 = 30, x4 = 40;
        sub(x3,x4);
        printf("%d,%d\n",x1,x2);
        return 0;
    }
    void sub(int x,int y)
    {   x1 = x;  x2 = y;   }
```

三、编程题

1. 编程求 1!＋2!＋…＋n!,其中 n 的值通过键盘输入,请调用填空题第 6 小题中 fac 函数实现该程序的功能。

2. 编写一个 s 函数,其功能如下。(本题要求能理解利用函数来实现具有独立功能的程序模块) $s = 1 + \dfrac{1}{1+2} + \dfrac{1}{1+2+3} \cdots + \dfrac{1}{1+2+3+\cdots+n}$

3. 编写一个 s 函数,计算 $s = 1k + 2k + 3k + \cdots + nk (0 < k < 5)$,其中 n 和 k 均为整数。

4. 用递归求年龄。有 5 个人坐在一起,问第 5 个人多少岁,他说:"比第 4 个人大 2 岁。"问第 4 个人多少岁,他说:"比第 3 个人大 2 岁。"问第 3 个人,他还说:"比第 2 个人大 2 岁。"问第 2 个人,他说:"比第 1 个人大 2 岁。"最后问第 1 个人,他说:"10 岁。"请问第 5 个人多大。

5. 用递归求猴子吃桃问题。猴子第一天摘下若干个桃子,当即吃了一半,还不过瘾,又多吃了一个。第二天早上又将剩下的桃子吃掉一半,又多吃了一个。以后每天早上都吃了前一天剩下的一半零一个。到第十天早上再想吃时,就只剩一个桃子了。问第一天共摘了多少个桃子?

第 9 章 指 针

指针作为 C 语言中的学习重点与难点之一,它是一种非常重要的数据类型,也是 C 语言的精华所在。利用指针可以有效地表示复杂的数据结构,实现动态内存分配,更方便、灵活地使用数组、字符串以及实现为函数间各类数据的传递提供简洁便利的方法。正确而灵活地运用指针,可以编写出简练紧凑、功能强而执行效率高的程序。但是由于指针概念较复杂,使用较灵活,初学者常常感到困惑,使用不好反而会带来一些麻烦,因此学习时必须从指针的概念入手,了解什么是指针,在 C 语言程序中如何定义指针变量,它与其他类型的变量有什么区别,多上机、多编程,通过实践掌握指针在变量、数组、函数等诸多方面的应用。

9.1 指针变量的定义和引用

9.1.1 地址与指针

地址属于一个与存储器硬件特性相关的概念。在高级语言中,编程人员不涉及计算机的硬件特性,对硬件资源的分配与处理由编译系统来完成。我们在前面学习变量、数组、函数时,仅是按语言规定进行定义,按所定义的符号名称进行引用,未涉及按地址引用的问题。事实上,程序在编译时,系统给定义的数据对象或函数都要分配相应的存储单元,符号名称也具有相应的地址值,符号名实际上标识了一个存储单元的地址。

计算机对存储器是按地址进行访问的。存储器中包含了大量的存储单元,每个基本存储单元的大小都是相同的,为 1 个字节,所以又叫字节单元。为了能够方便地访问需要的存储单元,每一个字节单元都有一个编号,这个编号称为地址。要访问某一单元,只要给出该单元的地址,就能准确引用该单元信息。打个通俗的比方,一栋教学楼包含许多教室,为了能方便地寻找教室,给每一个教室编一个门牌号码,知道了门牌号码就能准确地找到该教室。由此可知,地址就是对存储单元的指向,即给出地址就能访问存储单元,访问存储单元必须要有地址。我们把 C 语言中这种地址和存储单元之间一一对应的关系就形象地称为指针。指针就是存储单元的地址,反过来说,地址就是存储单元的指针。因此,指针就是对存储单元引用的一种机制。

程序必须装入内存才能运行,数据也要装入内存才能处理。内存地址的编号是唯一的,从 0 开始,即第一个字节单元编号为 0,以后各单元按顺序连续编号,如图 9.1 所示。如有定义:

```
char c1;
int a = 5,b;
double c;
```

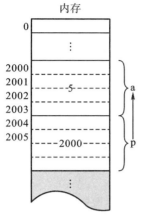

图 9.1 内存单元示意图

则程序运行时给字符变量 c1 分配 1 个字节,给整型变量 a、b 各分配 4 个字节的内存空间,在 C 语言中 double 型数据占 8 个字节,因此给变量 c 分配 8 个字节的存储空间(变量在内存中所占的字节数以 code::blocks 或 Visual C++ 6.0 编译系统为准)。假设给变量 a 分配的内存单元地址是 2000、2001、2002、2003,那么起始地址 2000 就是变量 a 的地址。要清楚区分变量名、变量的值和变量的地址。

C 语言对数据的处理往往是直接使用变量,变量具有三要素:名字、类型和值。每个变量都通过变量名与相应的存储单元相联系,具体分配哪些单元给变量(或者说该变量的地址是什么)不需要程序员去考虑,C 语言编译系统会完成变量名到对应内存单元地址的转换。变量的值则是指相应存储单元存储的内容,如图 9.1 中变量 a 的值为"5"。

通过变量名访问存储单元,实际上程序经过编译以后已经将变量名转换为变量的地址,对变量值的存取都是通过地址进行的。假如有输入语句 scanf("％d",&a);在执行时把键盘输入的值直接送到地址为 2000 开始的整型存储单元中。这种直接按变量名或地址访问存储单元的方式称为"直接访问"。

我们还可以采用另一种"间接访问"的方式,这种方式是通过定义一种特殊的变量,用来专门存放内存或变量的地址,然后根据该地址值再去访问相应的存储单元。如图 9.1 所示,系统为特殊变量 p(用来存放地址的)分配的内存单元地址是 2004,p 中保存的是变量 a 的地址,即 2000,当要读取变量 a 的值"5"时,不是直接通过变量名 a,也不是直接通过保存"5"的内存单元地址 2000 去取值;而是先通过变量 p 得到 p 的值 2000,即 a 的地址,再根据地址 2000 读取它所指向内存单元的值"5"。这种间接通过变量 p 得到变量 a 的地址,然后再存取变量 a 的值的方式称为间接访问。通常称变量 p 指向变量 a,变量 a 是变量 p 所指向的对象,变量 p 就是指针变量。

打个比方,为了开一个 A 抽屉,有两种办法:一种是将 A 钥匙带在身上,需要时直接找出该钥匙打开抽屉,取出所需的东西。另一种办法是为安全起见,将该 A 钥匙放到另一抽屉 B 中锁起来。如果需要打开 A 抽屉,就需要先找出 B 钥匙,打开 B 抽屉,取出 A 钥匙,再打开 A 抽屉,取出 A 抽屉中之物,这就是"间接访问"。

9.1.2 指针变量的定义和初始化

变量的地址也叫该变量的指针。如果有一个变量专门用来存放另一变量的地址(即指针),则称它为"指针变量"。指针变量是一种特殊类型的变量,专门用来存放地址,不能用来存放数值;而普通变量专门用来存放数值,不能用来存放地址。

1. 指针变量的定义

指针变量仍应遵循先定义,后使用的原则。定义时应指明指针变量的类型及变量名,其定义的一般形式为

           类型标识符 *指针变量名;
例如   int *p1,*p2;   //定义了两个指向整型变量的指针变量 p1、p2
       float *a,*b;   //定义了两个指向浮点型变量的指针变量 a、b
       double *c;   //定义了一个指向 double 型变量的指针变量 c
       char *d;   //定义了一个指向字符型变量的指针变量 d

指针变量同普通变量一样,具有变量的三要素即变量名、变量类型和变量的值。说明如下:

(1)定义时,指针变量名前的"*",仅用来和普通变量进行区分,表示该变量的类型为指针型变量,"*"后的才是指针变量名。也可认为 p1、p2 的类型为"int *"。

(2)在定义指针变量时必须指定变量的类型。指针变量的类型不是指指针变量本身的类型,而是用来说明此指针变量所指向的对象的类型。如图 9.1 中要指向 int 型的变量 a,指针变量 p 也要定义为 int 型。

(3)指针变量并不固定指向某个对象,但可以指向同类型的不同对象。尽管不同类型的指针指向不同类型的对象,但是无论何种类型的指针变量,它们都是用来存放地址的,因此指针变量自身所占的内存空间大小和它所指向对象的数据类型无关。尽管不同类型的变量所占内存空间的大小是不同的,但是不同类型的指针变量所占内存空间的大小却是相同的。一般而言,32 位机器上,一个指针变量在内存中占 4 个字节,例如程序 9-1-1。

//9-1-1 程序代码:不同类型的指针变量占据相同字节的内存空间

```
#include <stdio.h>
#include <stdlib.h>
int main()
{   char   *p1;   //定义字符型指针变量 p1
    int    *p2;   //定义整型指针变量 p2
    double *p3;   //定义 double 型指针变量 p3
    printf("%d,%d,%d",sizeof(p1),sizeof(p2),sizeof(p3));//求 p1、p2、p3 所占
                                                        字节数
    return 0;
}
```

用 sizeof 函数求不同类型的指针变量在内存中所占字节数,程序运行结果如下:

    4,4,4
    Process returned 0 (0×0)   execution time:0.202 s

(4)指针变量中只能存放地址(指针),不要将一个整数赋给一个指针变量。例如,假设 p 为指针变量:

p=2000; //该赋值语句有语法错误,2000 是整数而不是地址,变量 p 中不能保存整数

(5)为方便起见,在以后的讨论中,如果未加声明,按习惯把指针变量简称为指针。

2. 指针变量的初始化

在定义指针的同时给指针一个初始值,称为指针变量的初始化,例如

int a = 5;
int * p1 = &a;   //定义 p1 的同时将变量 a 的地址赋给指针变量 p1
int * p2 = p1;   //定义 p2 的同时将指针变量 p1 的值(变量 a 的地址)赋给 p2

第一行先定义了整型变量 a,并为之分配 4 个字节的内存空间,保存的值为"5";第二行定义指针变量 p1 的同时通过取地址运算符"&"把已定义的变量 a 的地址值取出保存在指针变量 p1 中,从而使指针变量 p1 在定义时就指向变量 a。第三行在定义指针变量 p2 的同时把指针变量 p1 中保存的值(变量 a 的地址)赋给 p2,使得 p2 也指向变量 a,如图 9.2 所示。

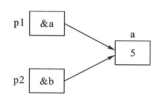

图 9.2 指针初始化示意图

假设 int 型变量 a 已经定义,那么指针变量 p1 的初始化 int * p1＝&a;可以等价地写成:

int * p1;   //先定义指针变量 p1
p1 = &a;   //然后再给指针变量 p1 赋值

在进行指针初始化的时候需要注意以下几点:

(1)把一个变量的地址作为初始化值赋给指针变量时,该变量必须在此之前已经定义。因为变量只有在定义后才被分配存储单元,它的地址才能赋给指针变量。

(2)可以用初始化了的指针变量给另一个指针变量作初始化值。

(3)可以将一个指针变量初始化为空值。例如

int * p1＝NULL; 或 int * p1＝'\0'; 或 int * p1＝0;

当指针变量刚定义时,它的值是不确定的,因而指向一个不确定的内存单元,若这时引用指针变量,可能产生不可预料的后果(破坏程序或数据)。为了避免这些问题的产生,除了上面介绍的给指针变量赋一个确定的地址值之外,还可以给指针变量赋空值,说明该指针不指向任何变量。空指针值用 NULL 表示,NULL 是在头文件 stdio.h 中预定义的常量,其值为 0,在使用时应加上预定义行 #include〈stdio.h〉。

9.1.3 指针变量的引用

1. 取地址运算符和指针运算符

(1)"&":取地址运算符,是一个单目运算符,优先级为 2 级,右结合性,功能是取变量或数组元素在内存中所占存储单元的地址,它的返回值是一个整数(地址)。若 a 为变量,则 &a 表示取变量 a 的地址。

(2)" * ":指针运算符(或"间接访问"运算符),是一个单目运算符,优先级为 2 级,右结合性,其后跟的变量一定是指针变量。若 p 为指针变量且已赋值,则 * p 表示指针变量 p 所指向的对象。

```
//9-1-2程序代码
#include <stdio.h>
#include <stdlib.h>
int main()
{
    int a=5,*p;    //①定义整型变量a,初始化的值为"5";同时定义整型指针变量p
    p=&a;          //②求变量a的地址并把该地址值赋给指针变量p,p就指向了a
    *p=a+6;        //③给变量a再次赋值
    printf("%d,%d",a,*p);//④输出变量a和*p的值
    return 0;
}
```

程序运行结果如下:

```
11,11
Process returned 0 (0×0)   execution time:0.031 s
```

在9-1-2程序代码中,①中出现的*p和其后③、④中出现的*p,尽管形式相同,但两者的含义完全不同。①是对指针变量进行定义,p前的"*"只是标识符,不是运算符,用"*"来表示其后的变量p是指针类型;而③、④中p前出现的"*"是指针运算符,对变量p进行指针运算,表示p所指向的对象。由于②中把变量a的地址赋给了指针变量p,p就指向了a,a是p所指向的对象,所以可以用*p来引用a,*p和a是等价的。语句"*p=a+6;"等价于"a=a+6;",即a的值变为11。④中通过变量名a和*p对变量a所在的内存单元进行直接和间接访问,由于访问的是同一块内存空间,所以输出的结果是相同的。

(3)关于"&"和"*"运算符的说明。(假设已有定义int a,*p=&a;)

①&*p含义是什么? 运算符"*"与"&"具有相同的优先级,结合方向都是从右到左。这样,&*p即&(*p);先通过指针运算*p来引用a,*p和a等价,&(*p)和&a等价,即变量a的地址。由于"&"和"*"是一对互逆的运算符,它们的功能在一起运算时相互抵消,所以&*p就等价于p,也等价于&a。通过键盘给变量a输入数据,以下的输入语句都是正确的。

```
scanf("%d",&a);
scanf("%d",&*p);
scanf("%d",p);
```

②*&a的含义是什么? *&a即*(&a),先进行&a运算,得a的地址;再进行*运算,表示该地址指向的对象,还是变量a本身;即*&a和a等价,a又和*p等价。所以输出变量a的值,以下的输出语句都是正确的。

```
printf("%d",a);
```

```
printf("%d",*&a);
printf("%d",*p);
```

2. 指针变量的引用

指针变量有两种引用方式。

(1) 通过指针变量引用它所指向的对象,也就是说,通过指针变量实现变量值的间接引用。

(2) 指针变量也是变量,其值也可以引用,只不过引用的是地址(指针)。例如程序 9-1-3 和程序 9-1-4。

//9-1-3 程序代码:指针变量引用方式 1

```
#include <stdio.h>
#include <stdlib.h>
int main()
{
    int m = 1,n = 2, *p = &m, *q = &n,t;   //①定义指针变量p、q并进行初始化
    t = *p; *p = *q; *q = t;    //②交换变量m、n的值
    printf("m = %d,n = %d\t",m,n);//③输出变量m、n的值
    printf("*p = %d,*q = %d",*p,*q);//④输出*p、*q的值
    return 0;
}
```

程序运行结果如下:

```
m=2,n=1    *p=2,*q=1
Process returned 0 (0×0)   execution time:0.050 s
```

在 9-1-3 程序代码中,①中定义了普通变量 m、n、t 和指针变量 p、q,并对它们进行了初始化,使得指针 p、q 分别指向了变量 m、n;如图 9.3(a)所示。②中进行指针运算,*p 引用变量 m,*q 引用变量 n,t 是中间变量,赋值语句"t= *p; *p= *q; *q=t;"等价于"t= m; m=n; n=t;",即把 m 和 n 的值进行交换,如图 9.3(b)所示。③和④中分别用"直接引用"和"间接引用"的方式对变量 m、n 的值进行输出。

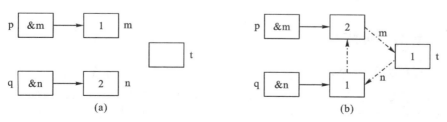

图 9.3 指针变化示意图 1

//9-1-4 程序代码:指针变量引用方式 2

```
#include <stdio.h>
#include <stdlib.h>
int main()
{
    int m=1,n=2,*p=&m,*q=&n,*t;//①定义指针变量p、q、t,并对p、q进行初
                                                                始化
    t=p;p=q;q=t;//②交换指针变量p、q的值
    printf("m=%d,n=%d\t",m,n);//③输出变量m、n的值
    printf("*p=%d,*q=%d",*p,*q);//④输出*p、*q的值
    return 0;
}
```

程序运行结果如下：

```
m=1,n=2    *p=2,*q=1
Process returned 0 (0×0)    execution time:0.267 s
```

和9-1-3程序代码不同的是,9-1-4程序中①中定义的t是指针变量,变量之间的关系如图9.4(a)所示。②中利用中间变量t,对指针变量p和q的值进行交换,交换后p指向了n,q指向了m,如图9.4(b)所示。③中对变量m、n的值进行输出。④中对p和q的指向对象n、m的值进行输出。

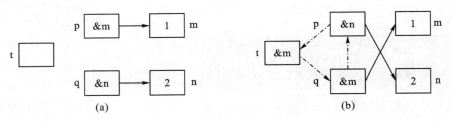

图9.4 指针变化示意图2

9.2 指向数组的指针

9.2.1 指针与一维数组

一个变量有地址,一个数组包含若干个元素,每个数组元素都在内存中占用存储空间,它们都有相应的地址。指针变量既然可以指向变量,当然也可以指向数组和数组元素(把数组起始地址或某一元素的地址放到一个指针变量中)。所谓数组的指针是指数组的起始地址,数组元素的指针是指数组元素的地址。由于数组的各元素在内存中是连续存放的,所以利用指向数组或数组元素的指针来使用数组,将更加灵活、快捷。

1. 指向一维数组的指针

定义形式：

int a[5]={1,2,3,4,5};//①定义一维数组a并且初始化

int *p；//②定义指针变量p

p=a；//③将数组的起始地址赋给p,p指向数组a

C语言规定,数组名是一个常量指针(地址常量),它的值为该数组的起始地址(首地址),即数组中第一个元素的地址。所以和③功能等价的语句为"p=&a[0]"。经常把②和③的功能用指针变量的初始化实现："int *p=a;或 int *p=&a[0];"。

说明：

①数组名不代表整个数组,只代表数组首元素的地址。上述③中"p=a;"的作用是"把数组a的首地址赋给指针变量p",而不是"把数组a各元素的值赋给p"。

②数组名a是常量指针,而p是指针变量。两者虽然此时都指向数组的首元素a[0],但有明显的区别。a是常量指针,其值在数组定义时已确定,不能改变,不能对a进行赋值,所以不能进行a++,a=a+1等类似的操作。而p是指针变量,其值可以改变,当给p赋不同元素的地址值时,p指向不同元素,"p++;p=p+2;"等操作都是合法的。

2. 引用一维数组元素时指针的运算

如有定义:int a[5]={1,2,3,4,5},*p=a;则建立如图9.5所示关系,并以此为基础进行下面指针的算术运算和关系运算。

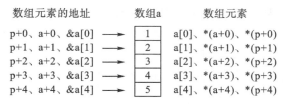

图9.5 指针和数组元素示意图

(1)指针的算术运算。

① p+i、p−i的含义是什么？假设数组a的首地址是2000,由于数组a是int型,即数组中每个元素在内存中占4个字节,所以&a[1]为2004、&a[2]为2008,…,a[i]的地址为"数组首地址+下标i×sizeof(数组类型)"。a[4]的地址计算为a+4×sizeof(int),结果为2016。

一个指针可以加减一个整数n,但其结果不是指针值直接加或减n,而是与指针(所指对象)的数据类型有关。指针变量的值(地址)应增加或减少"n×sizeof(指针类型)"。

图9.5中指针变量p和数组a具有相同的数据类型,并且p中保存的是数组a的首地址,则表达式p+1的值为"a+1×sizeof(int)",即2004;所以表达式p+1是数组元素a[1]的地址、p+i就是数组元素a[i]的地址,如图9.5中左边"数组元素的地址"所示。

如果指针变量p已指向数组中的一个元素,则p+1指向同一数组中的下一个元素,p−1

指向同一数组中的上一个元素。

② *(p+i)、*(p-i)的含义是什么？*(p+i)或*(a+i)是指针p+i或a+i所指向的数组元素,即a[i]。例如,*(p+3)或*(a+3)就是a[3];所以a[3]、*(a+3)和*(p+3)三者等价。如图9.5中右边"数组元素"所示。实际上,在编译时,对数组元素a[i]就是按*(a+i)处理的,即按数组首元素的地址加上相对位移量得到要找的元素的地址,然后找出该单元中的内容。

既然*(a+i)与a[i]等价,那么*(p+i)就与p[i]等价。

同样,如果*p表示数组中的一个元素,则*(p+1)表示同一数组中的下一个元素,*(p-1)表示同一数组中的上一个元素。

③指针变量的自增p++、++p;自减p--、--p运算。上面讨论p+i时,如果指针变量p没有被再次赋值,那它的值始终就是数组a的首地址。而自增p++、++p和自减p--、--p运算都要给指针变量p重新赋值,p++或++p等价于p=p+1;p--或--p等价于p=p-1。如果指针变量p已指向数组中的一个元素,自增p++、++p运算执行后,指针变量p中保存的地址为同一数组中下一个元素的地址,指针p指向同一数组中的下一个元素;自减p--、--p运算执行后,指针变量p中保存的地址为同一数组中上一个元素的地址,指针p指向同一数组中的上一个元素。

p++和++p都可以使指针指向下一个元素,但引用元素时就有区别了。若p=&a[2];*(p++)是先引用元素a[2],后使p指向a[3];而*(++p)是先使p指向a[3],再引用元素a[3]。

④数组元素的相对距离。如果指针变量p1和p2都指向同一数组,如执行p2-p1,结果是p2-p1的值(两个地址之差)除以数组元素所占的字节数。假设,p2指向int型数组元素a[4],p2的值为2016;p1指向a[1],其值为2004,则p2-p1的结果是(2016-2004)/4=3。这个结果是有意义的,表示p2所指向的元素与p1所指向的元素之间相差3个元素。

//9-2-1程序代码:通过数组元素的地址求2个元素之间的相对距离

```
#include <stdio.h>
#include <stdlib.h>
int main()
{
    int a[5]={1,2,3,4,5},*p1,*p2;
    p1=&a[1]; p2=&a[4];//给指针变量p1、p2赋值
    printf("p2-p1=%d",p2-p1);//输出p2和p1的差值
    return 0;
}
```

程序运行结果如下:

```
p2-p1=3
Process returned 0 (0×0)   execution time:0.252 s
```

(2)指针的关系运算。与基本类型变量一样,指针可以进行关系运算。在关系表达式中允许对两个指针进行比较。若 p、q 是两个同类型的指针变量,则 p>q,p<q,p==q,p!=q,p>=q 等都是允许的。指针的关系运算在指向数组的指针中广泛运用。假设 p、q 是指向同一数组的两个指针,执行 p>q 的运算,其含义为若表达式结果为真(非 0 值),则说明 p 所指元素在 q 所指元素之后,或者说 q 所指元素距离数组第一个元素更近些。在指针进行关系运算之前,指针必须指向确定的变量或存储区域,即指针要有初始值;另外,只有相同类型的指针才能进行比较。

3. 通过指针引用一维数组元素

引用一个数组元素,可以用下面两种方法:
(1)下标法,如 a[i]。
(2)指针法,如 *(a+i) 或 *(p+i),其中 a 是数组名,p 是指向数组的指针变量。
//9-2-2 程序代码:一维数组元素的引用

```
#include <stdio.h>
#include <stdlib.h>
int main()
{
    int a[5],i,*p=a;  //定义指针变量p并初始化,使p指向数组a
    int sum=0;  //累和的变量清0
    printf("请输入 5 个整数:");
    for(i=0;i<5;i++)  //给数组a输入数据
        scanf("%d",p++);  //指针变量表示当前元素的地址,数据输入后移动指针
    for(i=0;i<5;i++)
        a[i]*=2;       //下标法引用数组元素
    printf("数组元素的值乘以 2,输出为:\n");
    for(i=0;i<5;i++)
        printf("%4d",*(a+i));  //通过数组名和下标i,用指针法引用数组元素
    p=a;         //指针p重新指向数组a的第1个元素
    for(i=0;i<5;i++)
        sum+=*(p+i);        //通过指针p和下标i,用指针法引用数组元素
    printf("\n 各数组元素的和是:%d\n",sum);
    printf("输出大于 0 的数组元素为:\n");
    for(p=a;p<=&a[4];p++)  //地址比较
        if(*p>0)printf("%4d",*p);  //指针法引用数组元素
    return 0;
}
```

程序运行结果如下:

```
请输入5个整数:2 4 -3 6 5
数组元素的值乘以2,输出为:
   4   8  -6  12  10
各数组元素的和是:28
输出大于0的元素组为:
   4   8  12  10
```

在9-2-2程序中,定义"int a[5],*p=a;"后,a[i]就可以用p[i]来表示。由于数组名"a"是地址常量,其值不能改变;p却是指针变量,其值可以改变,所以当p=&a[2]时,*p就和*(p+0)、p[0]、a[2]等价;*(p-1)就和p[-1]、a[1]等价;*(p+1)就和p[1]、a[3]等价;即用指针变量访问数组元素的时候,"下标"有可能会出现小于0的整数,例如9-2-3程序。

//9-2-3程序代码:

```
#include <stdio.h>
#include <stdlib.h>
int main()
{
    int a[5] = {1,2,3,4,5},i,*p = &a[2];
    for(i = -2;i<3;i++)      //满足循环条件的i取值范围:-2、-1、0、1、2
        printf("%4d",p[i]);
    return 0;
}
```

程序运行结果如下。

```
   1   2   3   4   5
```

下标法和指针法的各自特点:

(1)下标法直观,能直接标明是第几个元素,如a[3]是第4个元素,而指针法*p代表第几个元素呢?显然没有下标法直观,难以一眼判断出来,这要根据指针p的当前值才能确定,在程序的编写过程中要特别小心,以免出错。

(2)指针法效率较高,能直接根据指针变量中保存的地址值访问其指向的数组元素,而下标法a[i],先要转换成地址a+i,再由地址访问对应的存储单元,即元素。

9.2.2 指针与多维数组

指针变量可以指向一维数组中的元素,也可以指向多维数组中的元素。多维数组的指针,在概念上和使用方法上,比一维数组的指针要复杂一些。在这里,我们主要以二维数组的指针为例来学习多维数组指针的使用。

1. 按数组元素次序引用二维数组

一维数组的指针表示法实际上是利用数组名或指向某个数组元素的指针按数组在内存

中顺序存放的规则表示的。二维数组同样可以采用与一维数组相似的指针表示法,即利用指针法来按二维数组元素在内存中的"按行"顺序存放规则逐个引用。

//9-2-4 程序代码:

```
#include <stdio.h>
#include <stdlib.h>
int main()
{
    int a[3][4]={{1,2,3,4},{5,6,7,8},{9,10,11,12}},i,*p;
    p=&a[0][0];       //①把二维数组中第一个元素的地址赋给p,等价于p=a[0];
    for(i=0;i<3*4;i++)    //②数组a中有12个元素,循环12次,逐个访问每个元素
    {
        printf("%4d",*(p+i)); //③ *(p+i)等价于p[i]
        if((i+1)%4==0)printf("\n"); //④每行输出4个元素,换行
    }
    return 0;
}
```

程序运行结果如下:

```
   1   2   3   4
   5   6   7   8
   9  10  11  12
```

在9-2-4 程序中,完全按照指针法访问一维数组的方式来逐个访问二维数组中的每个元素。①中二维数组第一个元素的地址实际就是二维数组的首地址,所以 &a[0][0]、a、a[0]、&a[0]的值都是相同的,但表示的含义并不相同,不要把 a、&a[0]赋给 p。循环语句②中由于指针变量 p 中保存的值始终是二维数组的首地址,所以移动指针通过下标 i 的值来实现;i 值每增加 1,p+i 就指向二维数组 a 的下一个元素。我们也可以改变 p 的值移动指针,如下面程序段所示。

```
int a[3][4]={{1,2,3,4},{5,6,7,8},{9,10,11,12}},n=0,*p;
for(p=&a[0][0];p<=&a[2][3];p++)   //循环条件还可以写为:for(p=a[0];
                                  p<a[0]+12;p++)
{
    printf("%4d",*p);
    n++;       //n用来记录输出元素的个数
    if(n%4==0)printf("\n");   //每输出4个元素,换行
}
```

2. 按行指针和列指针引用二维数组

在 C 语言中,可将一个二维数组看成是由若干个一维数组组成的。例如,若有如下定义:int a[3][4];则二维数组的逻辑存储结构如图 9.6 所示。

	第0列	第1列	第2列	第3列
第0行	a[0][0]	a[0][1]	a[0][2]	a[0][3]
第1行	a[1][0]	a[1][1]	a[1][2]	a[1][3]
第2行	a[2][0]	a[2][1]	a[2][2]	a[2][3]

图 9.6 二维数组 a 的逻辑存储结构

由于二维数组同一行元素,行下标相同,所以第 0 行的元素 a[0][0]、a[0][1]、a[0][2]、a[0][3]可以看成是一维数组 a[0]的 4 个元素,把 a[0]看成一个数组名;而 C 语言规定数组名代表数组的首地址,这样 a[0]即代表第 0 行的首地址,也就是第 0 行第 0 列元素的地址 &a[0][0]。该行的其他元素地址也可用数组名加序号来表示:a[0]+1、a[0]+2、a[0]+3。

以此类推,a[1]、a[2]分别可以看成第 1 行、第 2 行一维数组的数组名。这样 a[1]是第 1 行首地址,即等于 &a[1][0]。该行各元素的地址可以用 a[1]+0、a[1]+1、a[1]+2、a[1]+3 表示。第 2 行各元素的地址可以用 a[2]+0、a[2]+1、a[2]+2、a[2]+3 表示。根据一维数组的地址表示方法,首地址为数组名,因此,a[0]、a[1]、a[2]分别代表 3 行的首地址,而 a[0]可以表示为 *(a+0),a[1]可表示为 *(a+1),a[2]可以表示为 *(a+2),即为指针形式的各行(一维数组)的首地址。

二维数组 a 中 3 行的首地址 a[0]、a[1]、a[2];还可以看成是一个一维数组中的 3 个元素,a 就是它的数组名,a 代表数组中第一个元素的地址(&a[0])。a+1 代表数组中第二个元素的地址(&a[1]);同理,a+2 表示 a[2]的地址(&a[2])。a 每次增 1 就会跨过二维数组 a 的一行,所以 a 就是一个行指针,如图 9.7 所示。

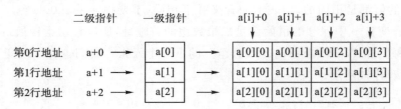

图 9.7 二维数组 a 的行指针和列指针

其中任意元素 a[i][j]的地址可以表示为 a[i]+j 或 *(a+i)+j,而元素值则表示为 *(a[i]+j)或 *(*(a+i)+j)。如 a[0][2]元素可表示为 *(a[0]+2)或 *(*(a+0)+2),a[2][1]可表示为 *(a[2]+1)或 *(*(a+2)+1),这就是二维数组元素的指针表示形式。注意区分一个二维数组元素的 3 种表示形式:a[i][j]、*(a[i]+j)和 *(*(a+i)+j)。

注意 不要把 &a[i]简单地理解为 a[i]元素的物理地址,因为在二维数组中并不存在 a[i]这样一个实际的数据存储单元。它只是一种地址的计算方法,能得到第 i 行的首地址,&a[i]和 a[i]的值是一样的,但它们的含义是不同的。&a[i]或 a+i 指向行,而 a[i]或

*(a+i)指向列。当列下标j为0时,&a[i]和a[i](即a[i]+j)值相等,即它们代表同一地址,但应注意它们所指向的对象是不同的,即指针的类型是不同的。在一维数组中a+i指向的是一个数组元素的存储单元,在该单元中有具体值。而对二维数组,a+i不是指向具体存储单元而是指向行。

下面总结一下二维数组元素的表示方法(以 $m \times n$ 数组 a 的第 i 行第 j 列元素为例)。

(1)下标法:a[i][j]

(2)指针法:*(*(a+i)+j)

　　　*(&a[0][0]+n*i+j)　　其中n表示二维数组的列数

(3)混合表示法:

　　*(a[i]+j)

　　(*(a+i))[j]

```
//9-2-5程序代码:求二维数组元素的最大、最小值

#include <stdio.h>
#include <stdlib.h>
int main()
{
    int a[3][4] = {{1,2,3,4},{-5,6,7,8},{9,10,11,12}},i,j,max,min,*p;
    max = min = a[0][0];  //给max、min赋初值
    for(i = 0;i<3;i++)  //按行输出数组a中所有元素
    {
        for(j = 0;j<4;j++)
            printf("%4d",a[i][j]);  //下标法访问二维数组
        printf("\n");  //每输出一行元素后换行
    }
    //指针法1,求数组元素的最大值
    for(i = 0;i<3;i++)
        for(j = 0;j<4;j++)
            if(max< *(*(a+i)+j)) max = *(*(a+i)+j);
    printf("max = %d\n",max);
    //指针法2,求数组元素的最小值
    p = a[0];  //②把二维数组a第0行的首地址赋给p,或写成p = &a[0][0];
    for(i = 0;i<3;i++)
        for(j = 0;j<4;j++)
        { if(min> *p) min = *p;
            p++;
        }
    printf("min = %d\n",min);
```

```
    return 0;
}
```

程序运行结果如下:

```
   1  2  3  4
  -5  6  7  8
   9 10 11 12
max = 12
min = -5
```

在 9-2-5 程序中,能不能使 p=a;把 *(*(a+i)+j)写成 *(*(p+i)+j)呢？答案是不能。因为 a 指向的是行,代表的是行指针,a+1 会移动 1 行(例 9-2-5 中会越过数组 a 中一行 4 个元素);指针变量 p 是"int *"这种类型,所以 p+1 仅仅只能移动 1 列(例 9-2-5 中只能越过数组 a 中 1 个元素),所以我们只能把指向列的地址 a[0]赋给 p,或把 &a[0][0]赋给 p。若想要把 a 赋给 p,我们需要把 p 定义成行指针。

3. 行指针

行指针:指向一个一维数组(或二维数组一行)的指针。

定义形式为

　　类型标识符　(*指针变量名)[元素个数];

其中,"类型标识符"为指针所指向数组的数据类型,"*"表示变量是指针变量,"[元素个数]"表示一维数组的长度,也就是二维数组的列数。注意,"(*指针变量名)"两边的小括号不可缺少,否则就成了指针数组。例如

　　int (*p)[4];//①行指针,指向一个长度为 4 的一维数组
　　int *p[4];//②指针数组,详见本章 9.5.1 节

分析　①中"( )"的优先级别最高,所以 p 先和"*"结合,即它是一个指针变量,再和[4]结合,所以①中定义的是一个指向长度为 4 的一维数组的指针。②中"[ ]"的优先级别比"*"高,因此 p 先与[4]结合,p[4]是定义数组的形式,然后再与前面的 * 结合,*p[4]就是指针数组,即数组 p 中有 4 个元素,p[0]、p[1]、p[2]、p[3],每个数组元素都相当于一个"int *"类型的指针变量。

```
//9-2-6 程序代码:使用行指针访问二维数组

#include <stdio.h>
#include <stdlib.h>
int main()
{
    int a[3][4] = {{1,2,3,4},{5,6,7,8},{9,10,11,12}},i,j;
    int (*p)[4];    //定义了一个行指针 p,能够指向一个长度为 4 的一维数组
```

```
p = a;    //p指向二维数组a的第0行,等价于p = &a[0];
for(i = 0;i<3;i + + )//按行输出数组a中所有元素
{
   for(j = 0;j<4;j + + )
      printf(" % 4d", * ( * (p + i) + j));   //指针法访问二维数组
   printf("\n");   //每输出一行元素后换行
}
return 0;
}
```

程序运行结果如下:

```
   1   2   3   4
   5   6   7   8
   9  10  11  12
```

9.2.3 指针与字符串

在C语言中,字符串是通过字符数组进行存储的,只是在数组最后一个有效字符后加存一个字符串结束符'\0'。例如 char c[ ]="china";//定义了一维字符数组c并进行初始化。

字符数组名表示字符串的首地址,只不过数组名是一个常量指针,其表示形式和一维数组类似,c+i是第i个字符的地址,*(c+i)是第i个元素,即c[i]。根据数组指针的概念,字符指针就是指向字符串的指针,就是字符串的首地址,其定义形式为

char * 指针变量名;

如有定义 char c[ ]="china", * p=a;则如图9.8所示。

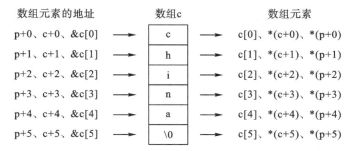

图 9.8 指针和字符数组示意图

1. 指针与字符数组

//9-2-7程序代码:用指针访问数组中保存的字符串

#include <stdio.h>

```c
#include <stdlib.h>
int main()
{
    char c[ ] = "china", *p;
    int n;
    printf("用c格式逐个输出数组中的每个字符:");
    for(p = c; *p! = '\0'; p++)
        printf("%c",*p);  //通过字符指针逐个引用该数组中的每个字符
    printf("\n");  //字符串输出结束后换行
    //统计字符串的有效长度
    n = p - c;  //计算字符串的有效长度,当前p已经指向串结束符'\0'
    printf("该字符串的长度为:%d\n",n);
    p = c;  //重新把字符数组c的首地址赋给p
    printf("用s格式整体输出数组中的字符串:");
    printf("%s",p);
    return 0;
}
```

程序运行结果如下:

> 用c格式逐个输出数组中的每个字符:china
> 该字符串的长度为:5
> 用s格式整体输出数组中的字符串:china

2. 指针与字符串常量

//9-2-8程序代码:用指针访问字符串常量

```c
#include <stdio.h>
int main()
{
    char *p = "I love my country!";
    printf("%s",p);
    return 0;
}
```

在例9-2-8中,编译系统将自动把存放字符串常量的存储区首地址赋给指针变量,使之指向该字符串的第一个字符,程序运行结果如下:

> I love my country!

3. 使用字符指针和字符数组的区别

(1)字符数组由若干个元素组成,每个元素中放一个字符,而字符指针变量中存放的是地址(字符串第1个字符的地址),绝不是将字符串放到字符指针变量中。

(2)赋值方式。可以对字符指针变量赋值,但不能对数组名赋值。因为数组名是一个地址常量(常量指针)。

(3)如果定义了字符指针变量,应当及时把一个字符变量(或字符数组元素)的地址赋给它,使它指向一个字符型数据,如果未对它赋予一个地址值,它并未具体指向一个确定的对象。此时如果向该指针变量所指向的对象输入数据,可能会出现严重的错误。

```
char *p;
scanf("%s",p); //企图从键盘输入一个字符串,使p指向该字符串,错误
```

9.3 指针作为函数的参数

当调用有参函数的时候,主调函数把实参的值单向传递给形参,按照所传值的数据类型的不同,参数传递的方式可分为"值传递"和"地址传递"两种类型。在第8章中我们调用有参函数的实例都是属于"值传递",本节主要讨论"地址传递"的情况。

9.3.1 指针变量作为函数的参数

函数的参数不仅可以是整型、实型、字符型等数据类型,还可以是指针类型,它的作用是将一个变量的地址传送到另一个函数中。

```
//9-3-1程序代码:
#include <stdio.h>
void swap1( int x,int y)    //对形参x,y的值进行交换
{ int t;
  t = x; x = y; y = t;
}
void swap2(int *p1,int *p2)   //对形参p1,p2所指向对象的值进行交换
{ int t;
  t = *p1; *p1 = *p2; *p2 = t;
}
int main( )
{
  int a,b;
  a = 7; b = 15;
  printf("调用 swap 函数前:a = %d b = %d\n", a, b);
  swap1(a,b);    //①调用swap1函数,把变量a,b的值传给形参x,y;值传递
```

```
    printf("调用 swap1 函数后:a = % d b = % d\n", a, b);
    swap2(&a,&b);    //②调用 swap2 函数,把变量 a,b 的地址传给形参 p1,p2;地址传递
    printf("调用 swap2 函数后:a = % d b = % d\n", a, b);
    return 0;
}
```

程序运行结果如下:

```
调用 swap 函数前:a = 7 b = 15
调用 swap1 函数后:a = 7 b = 15
调用 swap2 函数后:a = 15 b = 7
```

当 main 函数调用 swap1 函数时(程序 9-3-1 中①),把实参 a、b 的值单向传给形参 x、y;值传递后,实参 a、b 和形参 x、y 之间再无关系。在 swap1 函数中,无论形参 x、y 的值如何改变,对实参 a、b 的值没有任何影响,如图 9.9 所示。

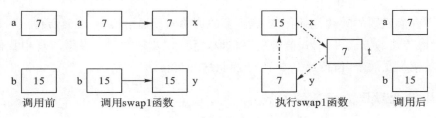

图 9.9　swap1 函数调用过程示意图

当 main 函数调用 swap2 函数时(程序 9-3-1 中②),实参的值是变量 a、b 的地址,实参的值单向传给形参 p1、p2;同样,地址传递后,实参和形参之间再无关系。但由于形参 p1、p2 分别接收的是变量 a、b 的地址,所以 p1 指向了 main 函数中的变量 a,*p1 就等价于 a;p2 指向了 main 函数中的变量 b,*p2 就等价于 b;swap2 函数利用指针变量完成了对 main 函数中变量 a、b 值的交换,如图 9.10 所示。

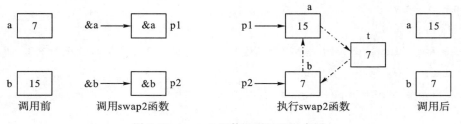

图 9.10　swap2 函数调用过程示意图

9.3.2　数组名作为函数的参数

调用函数时,如果用数组元素作为实参,向形参传递的是数组元素的值,即值传递;如果数组名作为实参,向形参传递的是数组的首地址,即地址传递。例如 9-3-2 程序,从键盘任意输入 10 个整数,求平均值。

//9-3-2 程序代码：

```
#include <stdio.h>
#include <stdlib.h>
float average(int b[ ],int n) //①第1个形参还可定义成:int *b
{
    float sum=0; //累和的变量sum清零
    int i;
    for(i=0;i<n;i++) //求数组b中所有元素的和
        sum+=b[i]; //②等价于语句:sum+=*(b+i);
    return sum/n; //求数组b的平均值并返回
}
int main( )
{   int a[10],i,n=0;
    float aver;
    for(i=0;i<10;i++) //从键盘任意输入10个整数,保存到数组a中
    {   scanf("%d",&a[i]); //逐个访问数组a中的所有元素,输入数据
        n++; //统计输入数据的个数
    }
    aver=average(a,n); //③调用average函数,实参a是数组的首地址
    printf("输入数据的平均值是:%f\n",aver);
    return 0;
}
```

程序运行结果如下：

```
2 4 6 8 9 12 -5 23 5 10
输入数据的平均值是:7.400000
```

当 main 函数调用 average 函数时（程序 9-3-2 中③），数组名 a 作为实参，传递的是数组 a 的首地址，所以用来接收地址值的形参（程序 9-3-2 中①）定义为指针变量"int *b"或者数组名"int b[ ]"。这样"数组 a"和"数组 b"就具有相同的首地址，其实是同一块存储空间，即 b[0]等价于 a[0]、b[1]等价于 a[1]、b[i]等价于 a[i]。程序 9-3-2 中②对数组 b 的访问等同于对数组 a 的访问，即对数组 a 的所有元素求和。

9.3.3 字符指针作为函数的参数

字符指针做函数的参数，参数间传递地址值，使实参和形参指针共同指向同一个字符串存储区。如果在被调函数中改变字符串的内容，主调函数中指针指向的字符串也会跟着改变。例如 9-3-3 程序，输入一个字符串，逆序后输出（输入"abcd"，输出"dcba"）。

```c
//9-3-3程序代码:
#include <stdio.h>
#include <string.h>    //字符串处理函数所在函数库的头文件
void reverse(char * p1)    //reverse函数的功能是对字符串逆序
{ char * p2,t;//定义字符指针p2
  p2 = p1 + strlen(p1) - 1;//给p2赋值,使p2指向字符串中最后一个有效字符
  while(p1<p2)
  { t = * p1;* p1 = * p2;* p2 = t;//交换p1、p2所指向的字符数组元素的值
    p1 + + ;p2 - - ;//移动指针
  }
}
int main( )
{ char c1[100], * p = c1;//定义字符指针p并初始化
  printf("请输入一个长度不超过100个字符的字符串:\n");
  gets(p);//向数组c1中输入一个字符串
  reverse(p);//调用reverse函数,把实参p的值传给形参p1
  puts(p);//输出数组c1中保存的字符串
  return 0;
}
```

程序运行结果如下:

```
请输入一个长度不超过100个字符的字符串:
abcd
dcba
```

9.4 指向函数的指针与指针函数

9.4.1 函数指针变量的定义和使用

1. 函数指针变量的定义

一个函数包括一组指令序列,存储在某一段内存中,这段内存空间的起始地址称为函数的入口地址,通过函数名可以得到这一地址。反过来,也可以通过该地址找到这个函数,故称函数的入口地址为函数的指针。可以定义一个指针变量,其值为该函数的入口地址,指向这个函数,这样通过这个指针变量也能调用该函数。这种指针变量称为指向函数的指针变量,其定义的一般形式为

类型标识符 (* 指针变量名)(函数参数列表);

说明

(1)"类型标识符"表示被指向函数的返回值的类型。"*"表示后面定义的变量是指针变量。最后的小括号表示指针变量所指向的是函数。

(2)"(*指针变量名)"两边的括号不能少,否则就成了指针函数(即返回指针值的函数)。

(3)"函数参数列表"只需写出各个形式参数的类型即可,也可以与函数原型的写法相同。

例如　int(*p)(int,int);

定义 p 是一个指向函数的指针变量,它可以指向函数的类型为整型且有两个整型参数的函数。p 的类型用 int(*)(int,int)表示。

2. 函数指针变量的使用

我们可以通过函数名调用函数,也可以通过函数指针变量调用函数。通过函数指针变量调用函数的一般形式为

(*指针变量名)(实参列表);

```
//9-4-1 程序代码:求 3 个实数的最大值
#include<stdio.h>
float max(float x,float y)  //max 函数求 2 个实数的最大值
{ return x>y? x:y;
}
int main( )
{
    float a,b,c,m,(*p)(float,float);    //①定义了函数指针变量 p
    printf("请输入 3 个实数:");
    scanf("%f,%f,%f",&a,&b,&c);
    m=max(a,b);        //②调用 max 函数,求 a,b 的最大值并赋给 m
    p=max;             //③给函数指针变量 p 赋值,使 p 指向 max 函数
    m=(*p)(m,c);       //④用函数指针变量 p 调用 max 函数,求 m,c 的最大值并赋给 m
    printf("max=%f\n",m);
    return 0;
}
```

程序运行结果如下:

```
请输入 3 个实数:-4,7.3,2.6
max=7.300000
```

通过程序 9-4-1 可以看出:

(1) 函数指针变量调用函数的过程,首先定义一个和被调函数的类型和参数个数相一致的函数指针变量(程序 9-4-1 中①);然后在调用前给函数指针变量赋值(程序 9-4-1 中③),使 p 指向该函数;最后通过函数指针变量 p 调用该函数(程序 9-4-1 中④)。语句"m=(*p)(m,c);"功能等价于"m=max(m,c);"。

(2) float (*p)(float,float);表示定义一个指向函数的指针变量,它不是固定指向哪一个函数,而只是表示定义了这样一个类型的变量,它是专门用来存放函数的入口地址的。

(3) 在给函数指针变量赋值时,只需给出函数名而不必给出参数,如 p=max;。

(4) 用函数指针变量调用函数时,只需将(*p)代替函数名即可(p 为指针变量名),在(*p)之后的括号中根据需要写上实参。如"m=(*p)(m,c);"。

(5) 对指向函数的指针变量,像 p+n、p++、p-- 等运算是无意义的。

9.4.2 指针函数

一个函数可以返回一个字符值、整型值、实型值等,也可以返回指针型的数据。返回值为指针的函数就称为指针函数。指针函数的定义形式为

类型标识符　*函数名(形式参数表)

例如

```
int * fun(int a, int b)
{
    函数体语句
}
```

fun 就是一个指针函数,要求函数返回值为一个 int 型指针,这说明在函数体中有返回指针或地址的语句,形如 return (& 变量名);或 return (指针变量);等。

【例 9-1】 输入一个 1~7 的整数,输出与之对应的星期名(通过指针函数实现)。

```
//9-4-2 程序代码:
#include <stdio.h>
char name[8][20]={"Illegal day","Monday","Tuesday","Wednesday","Thursday",
                  "Friday","Saturday","Sunday"};
char *day_name(int n)    //定义 char 类型的指针函数
{ if(n<1||n>7) return name[0];
  else return name[n];
}
int main( )
{ int n;
  char *p;
  scanf("%d",&n);
```

```
        p = day_name(n);    //①调用 day_name 函数,返回一个"char *"类型的指针
        printf("%s\n", p);
        return 0;
}
```

程序运行结果如下:

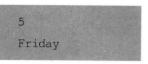

在例 9-1 中,我们定义了一个全局变量即二维字符数组 name,调用 day_name 函数后,返回数组 name 某一行(每一行相当于一个一维字符数组)的首地址。

注意　指针函数使用时,不要返回局部对象的指针。理由是被调函数执行结束后,原来分配给被调函数的所有局部对象的存储空间立即被系统收回(释放),因此函数终止意味着局部变量的引用将指向不再有效的内存区域,导致程序可能会出现不可控风险。

9.5　指针数组与多级指针

9.5.1　指针数组

每一个元素都为指针类型的数组称为指针数组。指针数组中的每个元素都相当于一个指针变量。定义一维指针数组的一般形式为

类型标识符　*数组名[数组长度]

其中,"类型标识符"为数组元素所指向的变量的类型,"*"表示数组是指针数组。

例如 int *p[4];//定义了一个长度为 4 的指针数组 p,数组中有 4 个元素,p[0]、p[1]、p[2]、p[3];每一个数组元素都是"int *"型的指针变量。指针数组要和行指针区分开来,如"int (*p)[4];"就是一个指向长度为 4 的一维数组的行指针,详见本章 9.2.2 节。

指针数组应用较广泛,特别是对字符串的处理。如前所述,字符串的处理往往使用数组的形式。当处理多个字符串时,通过建立二维字符数组来实现,每行存储一个字符串。由于字符串有长有短,用数组会浪费一定的空间。若使用字符指针数组来处理,将更方便、灵活,如程序 9-5-1 所示。

```
//9-5-1 程序代码:
#include <stdio.h>
#include <string.h>
int main()
{
    char *p[4] = {"Apple","Banana","Pear","Orange"};//①定义了指针数组 p 并初始化
    int i;
```

```
    printf("常见的水果种类有:\n");
    for(i = 0;i<4;i++)
        puts(p[i]);
    return 0;
}
```

程序运行结果如下:

```
常见的水果种类有:
Apple
Banana
Pear
Orange
```

在程序 9-5-1①中,定义了一个具有 4 个元素的字符型指针数组 p,每个数组元素都可以指向一个字符数组或字符串,如图 9.11 所示。

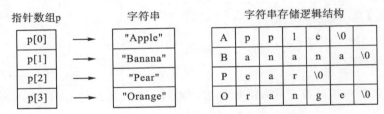

图 9.11 指针数组与字符串存储示意图

9.5.2 多级指针

1. 指向指针的指针

指针不但可以指向基本类型变量,还可以指向指针变量,这种指向指针型数据的指针变量称为指向指针的指针,或称多级指针(多重指针)。下面以二级指针(双重指针)为例来说明多级指针的定义与使用。二级指针的定义形式如下

类型标识符 ＊＊指针变量名

例如

int a = 5,＊p,＊＊pp;
p = &a;
pp = &p;

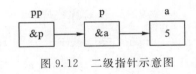

图 9.12 二级指针示意图

定义了一级指针 p 和二级指针 pp,pp 指向 p,p 又指向 a,如图 9.12 所示。

这样一来,＊pp 就代表指针变量 p,＊p 就代表变量 a,＊(＊pp)或 ＊＊pp 同样代表变量 a。

既然指针变量 p 和 pp 中存放的都是地址,那么能不能把变量 a 的地址赋给 pp 呢?答案是不能。因为 pp 中存放的是一个整型指针变量的地址,而不是普通变量的地址。二级指针与一级指针是两种不同类型的数据,尽管它们保存的都是地址,但不可以相互赋值。

使用二级指针可以在建立复杂的数据结构时,提供较大的灵活性。理论上还可以定义更多级的指针,例如可以定义三级指针:

int ***p;

但在实际使用时一般只用两级,多了反而容易引起混乱,给编程带来麻烦。

//9-5-2 程序代码:二级指针的使用

```
#include <stdio.h>
#include <stdlib.h>
int main()
{
    int a = 5, *p, **pp;
    p = &a;      //一级指针 p 指向 a
    pp = &p;     //二级指针 pp 指向指针 p
    printf("*p = %d\n", *p);        //一级指针引用变量 a
    printf("**pp = %d\n", **pp);    //二级指针引用变量 a
    return 0;
}
```

程序运行结果如下:

```
*p = 5
**pp = 5
```

由于 *p 与 **pp 都代表变量 a,所以输出结果相同。p 直接指向 a,*p 是一级指针引用;pp 直接指向 p,再通过 p 指向 a,pp 间接指向 a,**pp 是二级指针引用。

2. 二维数组的多级指针形式

在 9.2.2 节指针与多维数组中,我们讨论了按行指针和列指针引用二维数组,现在从多级指针的角度探讨一下二维数组的引用。若有定义:int a[3][4];如 9.2.2 节图 9.7 所示,二级指针、一级指针和数组元素的三个层次的指针等价关系,说明如下:

(1) 虽然 a、*a 的值相同,但含义不同。a 是行元素数组的首地址,又称为行指针,同时 a 是二级指针;而 *a 是首行第一个元素的地址,又称为列地址,是一级指针。

(2) 由于有 a[i] 等价于 *(a+i) 的关系,因此既可以用下标表示法,也可以用指针表示法,或者是混合运用。例如 a[i][j] 等价于 *(*(a+i)+j),也可以写成 *(a[i]+j)。如表 9.1 所示为二维数组中指针的等价关系。

表 9.1 二维数组中指针的等价关系

二级指针		一级指针			数组元素		
a a+0	&a[0]	*a 或 *(a+0)	a[0]	&a[0][0]	**a	a[0][0]	*(a[0]+0)
		*a+1	a[0]+1	&a[0][1]	*(*a+1)	a[0][1]	*(a[0]+1)
		*a+j	a[0]+j	&a[0][j]	*(*a+j)	a[0][j]	*(a[0]+j)
a+1	&a[1]	*(a+1)	a[1]	&a[1][0]	**(a+1)	a[1][0]	*(a[1]+0)
		*(a+1)+1	a[1]+1	&a[1][1]	*(*(a+1)+1)	a[1][1]	*(a[1]+1)
		*(a+1)+j	a[1]+j	&a[1][j]	*(*(a+1)+j)	a[1][j]	*(a[1]+j)
a+i	&a[i]	*(a+i)	a[i]	&a[i][0]	**(a+i)	a[i][0]	*(a[i]+0)
		*(a+i)+1	a[i]+1	&a[i][1]	*(*(a+i)+1)	a[i][1]	*(a[i]+1)
		*(a+i)+j	a[i]+j	&a[i][j]	*(*(a+i)+j)	a[i][j]	*(a[i]+j)

程序 9-5-3，输出二维数组中每行第一个元素的值。

//9-5-3 程序代码：

```
#include <stdio.h>
#include <stdlib.h>
int main()
{
    int i,a[3][3] = {{1,2,3},{4,5,6},{7,8,9}};
    for(i = 0;i<3;i++)
        printf("%4d",**(a+i));
    return 0;
}
```

程序运行结果如下：

```
   1   4   7
```

3. 二级指针与指针数组

与二维数组名类似，指针数组名也是二级指针，用数组下标能完成的操作也能用指针完成。

【例 9-2】 如图 9.13 所示有一个指针数组 p1，其元素分别指向一个整型数组 a 的元素，用二级指针变量 p2，输出整型数组 a 的各元素值。

//9-5-4 程序代码：

#include <stdio.h>
#include <stdlib.h>

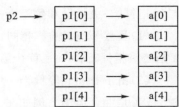

图 9.13 二级指针与指针数组

```
int main( )
{
    int i,a[5] = {2,4,6,8,10};
    int *p1[5] = {&a[0],&a[1],&a[2],&a[3],&a[4]};
    int **p2 = p1;    //定义二级指针 p2,使 p2 指向指针数组 p1
    for(i = 0;i<5;i++)
        printf("%4d", **(p2++));   //①先输出数组 a 中元素的值,再移动二级指针
    return 0;
}
```

程序运行结果如下：

```
    2   4   6   8  10
Process returned 0 (0x0)   execution time:0.207 s
```

在程序 9-5-4①中,也可以利用循环变量 i 来移动二级指针,语句"printf("%4d", **(p2++));"功能等价于"printf("%4d", **(p2+i));"。

9.6 动态内存分配与指向它的指针变量

9.6.1 动态内存分配的含义

C 语言允许建立内存动态分配区域,以存放一些临时用的数据,这些数据不必在程序的声明部分定义,也不必等到函数结束时才释放,而是需要时随时开辟,不需要时随时释放。这些数据是临时存放在一个特定的自由存储区,称为堆(heap)区。可以根据需要向系统申请所需大小的空间。由于未在声明部分定义它们为变量或数组,因此不能通过变量名或数组名去引用这些数据,只能通过指针来引用。

动态内存分配可以实现"动态数据",即不需要事先定义使用的数据对象,而在程序运行过程中按照实际需要向系统提出存储分配需求,然后通过指针运算方式使用从系统中分配到的存储空间。

9.6.2 动态内存分配的标准库函数

为了解决动态内存分配问题,C 标准库中提供了一系列用于存储分配的函数。存储分配函数的原型在头文件 stdlib.h 和 malloc.h 中均有声明,使用动态存储分配的应用程序中需要包含这两个头文件之一。在与存储分配相关的库函数中,最常用的有 malloc、calloc、free 这三个函数。

1. 动态存储空间分配函数 malloc

函数原型为 void * malloc(unsigned int size);

功能 在内存的动态存储区域中分配一个长度为 size 个字节的连续空间,函数返回所分配空间的第一个字节的地址,即起始位置的地址。如果存储器中没有足够的空间分配,即存储分配失败时返回空指针(NULL)类型。例如

malloc(100);//开辟 100 个字节的动态存储空间,函数返回其分配空间的起始地址

注意 此函数是一个指针函数,其指针的类型为 void,只能提供一个分配区域的起始地址值,在应用程序中应根据需要进行相应的类型转换。

2. 数组动态存储空间分配函数 calloc

函数原型为 void * calloc(unsigned n, unsigned size);

功能 在内存的动态存储区域中分配一个长度为 n×size 个字节的连续空间,函数返回所分配空间的起始地址;如果分配不成功,则返回 NULL。例如

p=calloc(20,4);//开辟 20×4 个字节的动态存储空间,把起始地址赋给指针变量 p

calloc 函数可以为一维数组开辟动态存储空间,n 为数组元素的个数,每个元素的长度为 size,这就是动态数组。

3. 动态存储空间释放函数 free

函数原型为 void free(void * p);

功能 释放指针变量 p 所指向的动态存储空间。p 应是最近一次调用 malloc 或 calloc 函数时得到的函数返回值。free 函数无返回值。例如

free(p);//释放指针变量 p 所指向的已分配的动态存储空间。

注意 使用 free 函数只能释放由 malloc 类函数动态分配的存储区域,不能用 free 函数试图去释放显式定义的存储区域(如数组等)。

9.6.3 void 指针类型

C99 允许使用类型为"void"的指针类型。可以定义一个类型为"void"的指针变量(即"void *"型变量),它不指向任何对象。把 void 指针赋给不同类型的指针变量(或相反)时,编译系统会自动进行类型转换,不必用户自己进行强制类型转换。例如

```
void * p1;
int a = 3, * p2;
p1 = &a;              //等价于 p1 = (void *)&a;
printf("%4d", * p1);  //①有语法错误
```

语句①有语法错误,因为指针变量 p1 虽然保存了 a 的地址,但 p1 为 void 类型,它不指向任何对象,所以不能引用变量 a。要用指针输出 a 的值,可以使用 p2。如用以下代码代替语句①:

```
p2 = p1;    //等价于 p2 = (int *)p1;
printf("%4d", * p2);
```

本节我们通过下面这个简单程序,初步了解如何建立内存动态分配和使用"void"类型

指针。

【例 9-3】 建立动态数组,输入 5 个学生的成绩,检查其中有无不及格的成绩,并输出。

//9-6-1 程序代码:

```c
#include <stdio.h>
#include <stdlib.h>  //包含动态内存分配库函数的头文件
void check(int *p)   //定义 check 函数,输出不及格的成绩
{
    int i;
    printf("不及格的成绩为:\n");
    for( i=0; i<5; i++)
        if(p[i]<60) printf("%4d",p[i]);
}
int main( )
{ int i, *p1;
//用 malloc 函数开辟动态内存区,将地址转换为 int * 型,然后放在 p1 中
    p1 = (int *)malloc(5*sizeof(int));  //也可以用 p1 = malloc(5*sizeof(int));
    for( i=0; i<5; i++)
        scanf("%d",p1+i);  //输入 5 个学生的成绩
    check(p1);  //调用 check 函数
    return 0;
}
```

程序运行结果如下:

```
80 45 67 92 59
不及格的成绩为:
  45   59
```

在程序 9-6-1 中,程序没有定义数组,而是开辟了一段自由动态分配区域,给动态数组使用。在调用 malloc 函数时,没有给出具体的值,而是用 5*sizeof(int);因为一共有 5 个学生的成绩,每个成绩都是一个整数,但在不同编译系统中存放一个整数的字节数是不同的,为了程序具有通用性,故用 sizeof 运算符测定在本系统中整数的字节数。

习 题

一、单选题

1. 若有定义 int n=17, *p=&n, *q=p;,则以下非法的赋值语句是( )。

A. p=q;   B. *p=*q;   C. n=*q;   D. p=n;

2. 设有定义 int a,*pa=&a;以下语句中能正确为变量 a 读入数据的是(　　)。
   A. scanf("%d",&pa);   B. scanf("%d",a);
   C. scanf("%d",pa);   D. scanf("%d",*pa);

3. 以下程序中调用 printf 函数输出变量 a 的值方法是错误的,其错误原因是(　　)。
   ```
   #include <stdio.h>
   int main( )
   { int *p,a=5;
     p=&a;
     printf("output a:");
     printf("%d",p);
     return 0;
   }
   ```
   A. p 表示变量 a 的地址,*p 才表示的是变量 a 的值
   B. *p 表示的是变量 a 的地址
   C. p 表示的是变量 a 的值
   D. *p 只能用来说明 p 是一个指针变量

4. 有以下程序
   ```
   #include <stdio.h>
   int main( )
   { int a=7,b=8,*p,*q,*r;
     p=&a; q=&b;
     r=p; p=q; q=r;
     printf("%d,%d,%d,%d\n",*p,*q,a,b);
     return 0;
   }
   ```
   程序运行后的输出结果是(　　)。
   A. 8,7,8,7   B. 7,8,7,8   C. 8,7,7,8   D. 7,8,8,7

5. 若有定义 int a[8];则以下表达式中不能代表数组元素 a[1]的地址的是(　　)。
   A. &a[0]+1   B. &a[1]   C. &a[0]++   D. a+1

6. 在定义语句 int *f( );标识符 f 代表的是(　　)。
   A. 一个用于指向整型数据的指针变量
   B. 一个用于指向一维数组的行指针
   C. 一个用于指向函数的指针变量
   D. 一个返回值为指针型的函数名

7. 以下程序运行后的输出结果是(　　)。
   #include <stdio.h>

```
int ss(char *s)
{ char *p = s;
  while(*p) p++;
  return(p-s);
}

int main()
{ char *a = "abded";
  int i;
  i = ss(a);
  printf("%d\n",i);
  return 0;
}
```
A. 8   B. 7   C. 6   D. 5

8. 有以下程序输出结果是(   )。
```
#include <stdio.h>
void fun(char *a, char *b)
{ a = b;
  (*a)++;
}
int main()
{ char c1 = 'A',c2 = 'a',*p1,*p2;
  p1 = &c1;   p2 = &c2;
  fun(p1,p2);
  printf("%c%c\n",c1,c2);
  return 0;
}
```
A. Ab   B. aa   C. Aa   D. Bb

9. 若有定义 int a[5]={10,20,30,40,50},*p=a;则执行*p++后(*p)++的值是(   )。

A. 10   B. 11   C. 20   D. 21

10. 语句"int (*ptr)();"的含义是(   )。

A. ptr 是指向一维数组的指针变量

B. ptr 是指向 int 型数据的指针变量

C. ptr 是指向函数的指针,该函数返回一个 int 型数据

D. ptr 是一个函数名,该函数返回值是指向 int 型数据的指针

二、填空题

1. 若有定义 int a[ ]={3,8,6,9,5,2};*p=a;,则表达式*(p+3)的值是_____。
2. 在 C 语言中,指针运算符"*"的结合性(运算方向)是_____。
3. 数组元素作函数参数进行的是值传递,数组名作函数参数进行的是_____传递。
4. 以下程序运行后的输出结果是_____。

```
#include "stdio.h"
int main( )
{ int a=5,*p=&a;
  *p=a+*p;
  printf("a=%d\n",a+2);
  return 0;
}
```

5. 以下程序运行后的输出结果是_____。

```
#include <stdio.h>
int main( )
{ int a[ ]={1,2,3,4,5,6},*p;
  p=a;*(p+3)+=2;
  printf("%d,%d\n",*p,*(p+3));
  return 0;
}
```

6. 以下程序运行后的输出结果是_____。

```
#include <stdio.h>
int main( )
{ char *p,s[ ]="6543210";
  for(p=s;*p!='\0';)
  { printf("%s\n",p);
    p++;
    if(*p!='\0') p++;
    else break;
  }
  return 0;
}
```

7. 以下程序的输出结果为_____。

```
#include "stdio.h"
void swap1( int x,int y)
{ int w;
```

```
        w = x; x = y; y = w;
    }
    void swap2 (int *p1,int *p2)
    { int *p;
        p = p1; p1 = p2; p2 = p;
    }
    int main( )
    { int a,b;
        a = 8; b = 11;
        swap1(a,b);
        swap2(&a,&b);
        printf("a = %d b = %d\n", a, b);
        return 0;
    }
```

8. 以下程序的输出结果为 _____。

```
    #include "stdio.h"
    void f(int y, int *x)
    { y = y + *x; *x = *x + y; }
    int main( )
    { int x = 2,y = 4;
        f(y,&x);
        printf("%d %d\n", x, y);
        return 0;
    }
```

9. 以下程序的输出结果为 _____。

```
    #include "stdio.h"
    int main( )
    { int a[ ] = {1,2,3,4,5,6,7,8,9,10,11,12};
        int *p[4],i;
        for(i = 0;i<4;i++)
            p[i] = &a[i*3];
        printf("%d\n", p[3][1]);
        return 0;
    }
```

三、编程题

1. 有 n 个人围成一圈,按顺序排号。从第一个人开始报数(从 1 到 3 报数),凡报到 3 的人退出圈子,问最后留下的是原来第几号的那位。
2. 将一个10行5列数组a每一行中最大值取出存放到一个一维数组b中,输出数组a和数组b的值,要求所有数组操作通过两种以上的指针方式表示。
3. 定义一个函数,实现将3个整型形式参数按降序排序后输出;在main函数中利用指向函数的指针变量调用该函数,对从键盘输入的3个整数进行排序。
4. 用返回指针值的函数实现将数组a[6]={1,2,3,4,5,6}中所有元素平方。
5. 使用malloc函数为整型指针变量p分配存储空间,输入一个整数存入该地址空间,并判断该数是否为完数。

第 10 章 结构体和共用体

在 C 语言中,通过定义基本类型数据的整型、字符型、实型普通变量,可以对一个普通的整数、字符或者小数进行存储。对于同种类型数据构成的一组数据,可以定义相应类型的数组来进行存放。但当需要对多种不同类型数据构成的复杂数据集进行存放时,使用普通变量或数组实现存储就显得比较困难。

表 10.1 某班部分学生成绩表

学号	姓名	性别	数学	英语	C 语言	平均成绩
101	ZhangSan	M	80	90	88	86.0
102	LiShi	M	82	89	81	84.0
103	WangWu	F	92	78	79	83.0
104	HeLiu	M	89	81	65	78.3
105	ZhouQi	F	98	69	85	84.0
……	……	……	……	……	……	……

例如,当我们想对表 10.1 某班部分学生成绩表中数据进行存储时,若使用单个普通变量的形式存储,当数据规模增大时,这种形式需要定义大量单个变量,这显然是不合适的。于是我们会想到采用数组的方式存储。采用数组形式时,由于数组中元素必须具有相同数据类型,因此我们必须定义多个数组才能满足存储需求。

例如,可以定义两个二维字符数组 number[ ][ ]和 name[ ][ ]分别用于存储学号和姓名,定义一个一维字符数组 sex[ ]用来存储性别,再定义一个二维实型数组 score[ ][ ]来存放数学、英语、C 语言三门课程成绩及平均成绩。由此可以看出,采用数组数据结构解决该问题的数据存储比较麻烦,同时在后期对数据进行诸如查询、排序、汇总等处理操作时,需要对多个数组进行元素同步,操作难度也会增加。

上述解决方案中,我们对表格数据的处理是按照列来进行数据组织的,如果可以按行组织数据,把每一行记录看成一个整体数据,则一个班的学生数据就可以用一个一维数组来存放,该数组的元素即某一个学生的相关信息。这种假设的前提是需要一种构造数据类型,可以将不同类型数据构造成一个复杂变量。值得说明的是,C 语言允许用户构造一个数据类型,它可以包含不同类型的数据,这种构造类型就是本章介绍的结构体(structure)。

针对表 10-1 中数据,我们可以定义一个结构体类型 struct student,它包括学号、姓名、性别、3 门课程成绩和平均成绩 5 个成员。这样一来,要存放一个学生的信息就定义一个结构体变量,要存放 30 个学生的信息就定义一个具有 30 个元素的结构体数组。

例如，要求对上表中一个班的学生成绩进行排名可通过以下程序段实现：

```c
/*声明结构体类型*/
struct student
    {
    char num[5];          /*学号*/
    char name[10];        /*姓名*/
    char sex;             /*性别:M 男,F 女*/
    int score[3];         /*3门课程成绩*/
    float average;        /*平均成绩*/
    };

/*主函数*/
int  main( )
    {
    void enter( struct student a[], int n );
    void sort(struct student a[],int n );
    void print(struct student a[],int n );
    int n;
    struct student stu[30];        /*定义结构体数组*/
    printf("请输入该班学生人数 n(n<=30):");
    scanf("%d",&n );
    enter( stu,n );         /*调用输入函数*/
    sort( stu,n );          /*调用排序函数*/
    print( stu,n );         /*调用输出函数*/
    return 0;
    }

/*输入函数*/
void enter( struct student a[], int n )
    {
    int i,j,sum;
    printf( "请输入%d个学生信息(学号,姓名,性别,3门课成绩):\n",n );
    for( i=0;i<n;i++ )
        {
        printf( "请输入第%d个学生的学号   姓名   性别:\n",i+1 );
        scanf("%s %s %c",a[i].num,a[i].name,&a[i].sex );/*引用成员输入学号、姓名、性别*/
```

```c
        printf( "请输入第%d个学生的3门课成绩:\n",i+1 );
        sum = 0;
        for( j = 0;j<3;j++ )
            {
            scanf( "%d",&a[i].score[j] );          /*输入3门课成绩*/
            sum = sum + a[i].score[j];             /*求每个学生总成绩*/
            }
        a[i].average = sum/3.0;                    /*求每个学生平均成绩*/
        }
    }

/*选择法排序函数*/
void sort( struct student a[],int n )
    {
    int i,j,p;
    struct student temp;        /*定义结构体变量作为交换时的中间变量*/
    for( i = 0;i<n-1;i++ )
        {
        p = i;
        for( j = i+1;j<n;j++ )
            if( a[j].average>a[p].average )        /*引用结构体成员*/
                p = j;
        if( p! = i )
            {
            temp = a[i];   a[i] = a[p];   a[p] = temp;
            }
        }
    }

/*输出函数*/
void print( struct student a[],int n )
    {
    int i,j,mc;              /*mc表示名次*/
    printf( "\n按平均成绩排名的名次表:\n" );
    printf( "学号\t姓名\t性别\t成绩1\t成绩2\t成绩3\t平均成绩\t名次\n" );
    mc = 1;
    for( i = 0;i<n;i++ )
```

```
            {
        printf("%s\t%s\t%c\t",a[i].num,a[i].name,a[i].sex);
        for(j=0;j<3;j++)
            printf("%d\t",a[i].score[j]);
        printf("%6.1f\t\t%d\n",a[i].average,mc++);
            }
    }
```

程序中首先定义了一个结构体类型 struct student,包含五个成员。

第一个成员学号,是一个字符串,定义为具有 5 个元素的字符数组 num;

第二个成员姓名,同样是一个字符串,定义为具有 10 个元素的字符数组 name;

第三个成员性别,可以用 M 表示男,用 F 表示女,均为字符,定义为字符变量 sex;

第四个成员成绩,包含三门课程的成绩,定义为具有 3 个元素的整型数组 sc;

最后一个成员平均成绩,是根据三名课程成绩求得,有可能是一个小数,定义为实型变量 average。

这样,通过该结构体类型,就可以表示出学生的完整信息项。

在主函数中,首先通过说明性语句 struct student stu[30];使用已经定义的结构体类型 struct student 定义了具有 30 个元素的结构体数组 stu[ ],这样一来,每个元素就可以存放一个学生的记录信息。接下来,通过在主函数中依次调用 enter( )、sort( )、print( )三个函数,以结构体数组名 stu 和整型变量 n 作为实际参数实现了学生数据的输入、排序和输出功能。

C 语言不仅可以由用户自己构造数据类型,还允许给已存在的数据类型起一个别名。在学习结构体之前,先来介绍用户自定义类型的相关知识。C 语言提供了 typedef 这个关键字,它可以给变量类型起一个易记且意义明确的新名字,并且能简化一些比较复杂的类型声明。

一般形式为　typedef 类型名　用户自定义标识符;

在 typedef 语句中,类型名是 C 语言提供的类型,如 int,char,double,struct,union 等,自定义标识符是用作类型的别名。

注意 typedef 仅仅是给已经存在的"类型名"取一个别名,并未产生新的数据类型。

【例 10 - 1】　typedef int USER;

USER　a,b;

相当于 int　a,b;

【例 10 - 2】　typedef double * X;

X　p,a[10];

相当于 char * p, * a[10];

10.1 结构体

结构体是一种较复杂但却非常灵活的构造型数据类型。所谓构造型数据类型，是指由基本类型按照一定的规则组合、派生、演变出来的复杂数据类型。例如数组，它是由类型相同、存储空间连续的一组数据构造出来的复杂数据。而本节所介绍的结构体，是把描述一个实体不同属性的相关数据项组织在一起，构成一个数据对象进行存储和处理的一种构造类型。一个结构体类型可以由若干个不同类型的数据项组成，构成结构体的各个数据项称为结构体成员。不同的结构体类型可根据需要，由不同的成员组成。对于某个具体的结构体类型，成员的数量必须固定，这一点与数组不同；但该结构体中各个成员的类型可以不同，这是结构体与数组的重要区别。因此，当需要把一些相关信息组合在一起时，采用结构体这一类型就很方便。例如，我们常用的"日期"可由以下三部分描述：年（year）、月（month）、日（day），它们都可以选用整型数据表示。可以把三个成员组成一个整体，并给它取名为data，这就是一个简单的结构体。再以学生属性为例，假设包含如表10.2所示数据项。

表 10.2　学生记录中字段名与成员名对应表

字段名	成员名	成员类型	存储空间/Byte
姓名	name	字符串	12
性别	sex	字符型	1
年龄	age	整型	4
成绩	score	实型	4

可以将这四个成员组成一个名为student的整体，这就构成了一个稍复杂些的数据类型，即结构体类型。

在实际应用中，我们可以使用一个结构体变量例如a来存放一个学生的信息，用一个结构体数组例如b[30]来存放30个学生的信息。

值得注意的是，结构体变量和结构体数组等在使用时，必须先定义结构体类型，然后再使用定义好的结构体类型来定义相应的结构体变量或结构体数组，最后利用结构体变量或数组对数据进行存取等访问的操作，这就是利用结构体处理数据的三个步骤。

这就好比在生活中，假设我们通过雕版印刷的方式来印制作业本。首先我们需要根据作业本上出现的不同条目制作雕版，这就相当于定义结构体类型；然后通过做好的雕版在空白纸张上印刷一页纸，相当于通过定义好的结构体类型定义一个结构体变量；如果一次印制几十张纸装订成一个作业本，这就好比通过定义好的结构体类型定义了一个结构体数组。

总结起来，利用结构体类型处理数据的步骤如图10.1所示。

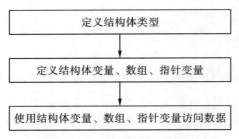

图 10.1　结构体处理数据的步骤

10.1.1　结构体类型的定义

一个结构体类型通常由多个成员构成，对于不同的结构体类型其成员个数和成员类型通常各不相同。也就是说，结构体类型并不是固定的，因此在使用结构体这一数据类型时，首先应该由用户自己定义结构体类型。结构体类型定义的一般形式为

```
struct 结构体标识名
    {   类型名1    成员名1;
        类型名2    成员名2;
        ……
        类型名n    成员名n;
    };
```

说明

- struct 是关键字，是结构体类型的标志。
- 结构体标识名和成员名都是用户定义的标识符。
- 结构体名用来唯一标识结构体，可以省略不写。
- 结构体中所含的成员个数，根据需要可以是任意多个。结构体中的成员名可以和程序中的其他变量同名，不同结构体中的成员也可以同名。
- 结构体中成员的类型可以不同，也可以相同。
- 结构体定义要以分号（;）结尾。
- 结构体类型所占的存储空间是由所有成员决定的，每个成员享有其独立的内存空间，一般用 sizeof() 求结构体占用的空间大小，其结果为构成结构体的所有成员所占存储空间之和。

【例 10-3】　关于日期的结构体类型 struct data 可以定义如下：

```
struct data
{   int year;
    int month;
    int day;
};
```

【例10-4】 关于学生的结构体类型 struct student 可以定义如下：

```
struct student
{   char name[12];
    char sex;
    int age;
    float score;
};
```

注意 结构体定义可以嵌套。例如

```
struct student
{   char name[12];
    char sex;
    struct data
    {   int year;
        int month;
        int day;
    }birthday;
    int age;
    float score;
};
```

本例中，data、student 是自定义的结构体标识名，与 struct 一起构成结构体类型名（struct student、struct data）。其中 year、month、day 是 struct data 的成员名；name、sex、birthday、age 和 score 是 struct student 的成员名。struct data 类型的结构体变量 birthday 是结构体类型 struct student 的一个成员。

10.1.2 结构体类型的变量、数组和指针变量的定义

当定义了结构体类型后，就可以通过以下四种方式定义结构体类型的变量、数组和指针变量。

方式一 紧跟在结构体类型的说明之后进行定义。例如

```
struct student
{   char name[12];
    char sex;
    int age;
    float score;
}std, * ps, stud[5];
```

本例中在定义结构体类型 struct student 的同时，定义了一个结构体变量 std，一个基

类型为结构体类型的指针变量 ps 和具有五个元素的结构体数组,数组名为 stud。

结构体变量中的各成员在内存中按说明中的顺序依次排列。具有这一结构类型的变量只能存放一个学生的信息,其存储结构示意如图 10.2 所示。如果要存放多个学生的数据,就要使用结构体数组。上面例子中,数组 stud 可以存放 5 个学生的信息,它的每一个元素都是一个 struct student 类型的变量,其存储结构示意如图 10.3 所示,值得注意的是,结构体数组的元素亦符合数组的存储特点,即元素存储空间连续。ps 为基类型为 struct student 结构类型的指针变量,ps 可以指向任意的 struct student 类型的变量。

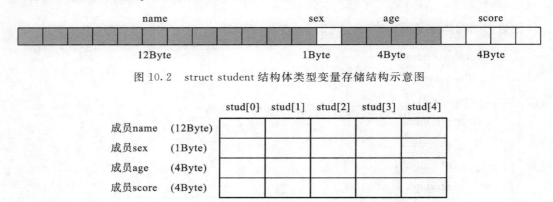

图 10.2　struct student 结构体类型变量存储结构示意图

图 10.3　struct student 结构体类型数组存储结构示意图

方式二　在说明一个无名结构体类型的同时,直接进行定义。例如,以上定义的结构体中可以把 student 略去,写成下面的形式:

```
    struct
    {
        char name[12];
        char sex;
        int age;
        float score;
    }std, * ps, stud[5];
```

这种方式与前一种的区别仅仅是省去了结构体标识名,通常用在只定义一次该类型的变量不需要再次定义此类型结构体变量的情况。

方式三　先说明结构体类型,再单独进行变量定义。例如

```
    struct student
    {
        char name(12);
        char sex;
        int age;
        float score;
```

};
struct student std, * ps, stud[5];

此处先定义了结构体类型 struct student，再用一条单独的语句定义了变量 std、指针变量 ps、数组 stud。使用这种定义方式应注意：不能只使用 struct 而不写结构体标识名 student，因为 struct 不像 int、char 可以唯一标识一种数据类型。定义时必须与结构体标识名共同来定义不同的结构体类型。此外，也不能只写 student 而省略 struct。因为 student 不是类型标识符，由关键字 struct 和 student 一起才能唯一确定以上所定义的结构体类型。

方式四 使用 typedef 说明一个结构体类型名，再用新类型名来定义变量。例如

```
typedef struct
{
    char name[12];
    char sex;
    int age;
    float score;
}STREC;
STREC std, * ps, stud[5];
```

此处，STREC 是一个具体的结构体类型名，它能够唯一地标识这种结构体类型。因此，可用它来定义变量，如同使用 int、char 一样，不可再写关键字 struct。

10.1.3 给结构体变量、数组赋初值

1. 给结构体变量赋初值

所赋初值顺序放在一对花括号中，例如

```
struct student
{
    char name[12];
    char sex;
    int age;
    float score;
}std = {"Li Ming",´M´,25, 87.5};
```

对结构体赋初值时，C 编译程序按每个成员在结构体中的顺序一一对应赋初值，不允许跳过前面成员给后面的成员赋初值，但可以只给前面的若干个成员赋初值。

2. 给结构体数组赋初值

由于数组中的每个元素都是一个结构体，因此通常将其成员的值依次放在一对花括号中，以便区分各个元素。例如

```
    struct student
    {
        char name[12];
        char sex;
        int age;
        float score;
    }stud[3] = {{"Li Ming", 'M', 25, 87.5, "Wan Hua", 'W', 25,85.5), ("Zhang San". 'M',
24,73.5)};
```

结构体数组中各元素之间的地址空间是连续的,且每个元素中的各成员,根据其定义的顺序,其各成员的地址空间也是连续的。

10.1.4 引用结构体变量中的成员

1. 对结构体变量成员的引用

若已定义了一个结构体变量和基类型为同一结构体类型的指针变量,并使该指针指向同类型的变量,则可用以下三种形式来引用结构体变量中的成员。结构体变量名也可以是已定义的结构体数组的数组元素。

- 结构体变量名．成员名
- 指针变量名 －＞成员名
- (＊指针变量名)．成员名

其中点号．称为成员运算符;箭头 －＞称为结构指向运算符,它是由减号－和大于号＞两部分构成,它们之间不得有空格;在第三种形式中,一对圆括号不可少。这些运算符与圆括号、下表运算符的优先级相同,在 C 语言的运算符中优先级最高。

【例 10-5】 给出如下定义和语句:

```
    struct student
    {
        char name[12];
        char sex;
        struct data
        {   int year;
            int month;
            int day;
        }birthday;
        int age;
        float score[4];
    } std, * ps,stud[5];
        ps = &std;
```

(1)若要引用结构体变量 std 中的 sex 成员,可以写成:
std.sex   /*通过结构体变量引用*/
ps->sex   /*通过指针变量引用*/
(*ps).sex   /*通过指针变量引用*/

注意　这时指针变量 ps 必须指向确切的存储单元,即必须要对 ps 进行初始化。最后一种形式中的一对圆括号不可省略,(*ps).sex 不可写成 *ps.sex,因为成员运算符的优先级比星号运算符的优先级要高,因此这就相当于 *(ps.sex),显然这是非法的,因为 ps 不是结构体变量。

(2)若要引用结构体数组 stud 的第 0 个元素 stud[0]的 sex 成员,可以写作 stud[0].sex。注意不能写成 stud.sex,因为 stud 是一个数组名不是变量。

(3)若要引用结构体变量 std 中的数组成员 score[2]时,可写作 std.score[2]或 ps->score[2]. 或(*ps). score[2],不能写成 std. score,因为 score 是一个数组名,C 语言不允许对数组整体访问(字符串除外),只能逐个引用其元素。对于结构体数组 stud 可写成 stud[0].score[2]。

(4)若结构体变量中的成员是作为字符串使用的字符串数组,如结构体中的成员 name,由于可以将其看作"字符串变量",因此其引用形式可以是 std.name 或 ps->name 或(*ps).name。

(5)结构体变量中内嵌结构体变量成员的引用。

访问结构体变量中各内嵌结构体成员时,必须逐层使用成员名定位。例如,引用结构体变量 std 中的出生年份时,可以写作 std.birthday.year 或 ps->birthday.year 或(*ps).birthday.year。注意:birthday 后面不能使用 ->运算符,因为 birthday 不是指针变量。对于多层嵌套的结构体,引用方式与此类似,即按照从最外层到最内层的顺序逐层引用,每层之间用点号隔开。

2. 对结构体变量中的成员进行操作

结构体变量中的每个成员都属于某个具体的数据类型。因此,结构体变量中的每个成员都可以像普通变量一样,对它进行同类变量所允许的任何操作。例如:成员变量 std.name 是字符串型,可以对它进行任何字符串所允许的操作,包括输入输出。

如有上例的说明语句。那么可以按以下方式对结构体变量中的成员进行输入输出。
(1)对结构体变量中的整型 age 成员进行输入输出。
输入
```
scanf("%d",&std.age);
scanf("%d",& stud[0].age);
scanf("%d",& ps->age);
```
输出
```
printf("%d\n", std.age);
printf("%d\n", stud[0].age);
```

```
        printf("%d\n", ps->age);
        printf("%d\n",(*ps).age);
```

(2)对结构体变量中的字符串 name 成员进行输入输出。输入

```
        scanf("%s", std.name);或 gets(std.name);
        scanf("%s", stud[0].name);或 gets(stud[0].name);
        scanf("%s", ps->name);或 gets(ps->name);
```

输出

```
        printf("%s\n", std.name);或 puts(std.name);
```

对其他的数据类型可以依上述方式进行操作。

(3)对结构体成员变量 birthday 的成员 year 进行操作

输入

```
        scanf("%d",&std.birthday.year);
        scanf("%d",&studf0].birthday.year);
        scanf("%d",&ps->birthday.year);
```

输出

```
        printf("%d\n", std.birthday.year);
        printf("%d\n", stud[0].birthday.year);
        printf("%d\n", ps->birthday.year);
```

或者可以直接赋值:std.birthday.year=25;

(4)当通过指针变量来引用结构体成员,并且与++、--等运算符组成表达式时,应当根据运算符的优先级来确定表达式的含义。例如有以下说明和定义:

```
        struct
        {   int a;
            char *s;
        }x,*p=&x;
```

假设变量 x 的成员 a、指针变量 s 已经正确赋值,则表达式++p->a 是使 a 增加 1,而不是 p 增加 1,因为运算符->优先级高于++,该表达式等价于++(p->a)。如果要在访问 a 之前使 p 增加 1,应当写成(++p)->a。表达式(++p)->a 与 p++->a 等价,在访问了 p 所指向变量 x 中的 a 成员之后,指针 p 增加 1。

同理,表达式*(p->s),引用的是变量 x 中 s 所指向的存储单元。*(p->s++)是在引用了 s 所指向的存储单之后,使指针 s 增加 1。表达式(*p->s)++,使 s 所指向的存储单元的值增加 1,而*p++->s 在访问了 s 所指向的存储单元之后,使 p 增加 1。

10.1.5 函数之间结构体变量的数据传递

在调用函数时,可以将结构体变量中的成员作为实参单独传递,也可以将结构体变量作为实参进行整体传送。下面将对传递的具体形式分别进行介绍。

1. 向函数传递结构体变量中单个成员的数据

前面已经指出:结构体变量中的每个成员可以是简单的变量、数组和指针变量,作为成员变量,它们可以参与所属类型允许的任何操作。这一原则在参数传递中仍适用。

2. 向函数传递整个结构体变量中的数据

当把结构体变量中的数据作为一个整体传送给相应的形参时,传递的是实参结构体变量中的值,系统将为结构体类型形参开辟相应的存储单元,并将实参中各成员的值一一对应赋给形参中的成员。函数体内对形参结构体变量中任何成员的操作,都不会影响对应实参中成员的值,从而保证了调用函数中数据的安全。

3. 传递结构体变量的地址

另一种方式是将结构体变量的地址作为实参传递。这时,对应的形参应该是一个基类型相同的结构体类型的指针变量。系统只需为形参指针变量开辟一个存储单元存放实参结构体变量的地址值,而不必另行建立一个结构体变量。这样既可以减少系统操作所需的时间,提高程序执行的效率,又可以通过函数调用,有效地修改实参结构体中成员的值。

【例 10 - 6】 结构体变量地址作实参

```
#include <string.h>
    typedef struct
    {
      char name[12];
      char sex;
      int age;
      float score;
    }STU;
    void fun(STU *ps)
    {
      strcpy(ps->name,"zhang san");
      ps->sex = 'M';
      ps->age = 23;
      ps->score = 87.5;
    }
    int main( )
    {
      STU a = {"li si",'w',21,78};
```

```
        printf("(1)a:%s %c %d \n",a.name,a.sex,a.age,a.score);
    fun(&a);
    printf("(2)a:%s %c %d %f\n",a.name,a.sex,a.age,a.score);
    return 0;
}
```

程序执行后输出为

```
(1) a: li si w 21 78.000000
(2) a: zhang san M 23 87.500000
```

4. 向函数传递结构体变量成员地址

可以将结构体变量成员的地址作为实参传递。

【例 10-7】 结构体变量成员的地址作实参

```
#include <string.h>
typedef struct
{
    char name[12];
    char sex;
    int age;
    float score;
}STU;
void fun(char * pname,int * page)
{
    strcpy(pname,"zhangsan");
    * page = 23;
}
int main()
    STU a = {"li si","W",21,78};
    printf("(3)a:%s %c %d %f\n",a.name,a.sex,a.age,a.score);
    fun(a.name,&a.age);
    printf("(4)a:%s %c %d %f\n",a.name,a.sex,a.age,a.score);
    return 0;
}
```

程序执行后输出为

```
(1) a: li si    W    21    78.000000
(2) a: zhang san    W    23    78.000000
```

5. 结构体作为函数返回值

C 语言中函数的返回值可以是结构体类型,或者返回值是指向结构体变量的指针,即把结构体类型当作普通的基本数据类型来对待。

10.2 共用体

共用体类型定义的关键字是 union,定义形式和变量的定义方式、变量成员的引用用法与结构体完全相同,不同的是结构体变量所占内存的长度是各成员所占内存长度的总和;而共用体的每个成员项存放在同一段内存单元中,所占的内存长度是各成员中的最大长度,如图 10.4 所示。

图 10.4　union 成员占用内存示意图

注意　不能对共用体变量赋值,也不能在定义时对它进行初始化。

例如:

```
union student
{
    char name[8];
    int age;
}Ustd = {"lisi",24};/* 错误 */
```

```
union student
{
    char name[8];
    int age;
}Ustd;
Ustd = {"lisi",243;/* 错误 */
```

【例 10 - 8】　分析下列程序的输出结果

```
typedef struct
{
    char name[12];
    int age;
}Sstd;
typedef union
{
    char sex;
    int height;
}Ustd;
int main()
{
```

```
        Sstd ss = ("zhangsan",20);
        Ustd us;
        us.sex = 'M';
        us.height = 100;    /*d 的 ASCII 码*/
        printf("%d,%d\n",sizeof(ss),sizeof(us));
        printf("%s,%d\n",ss.name,ss.age);
        printf("%c,%d\n",us.sex,us.height);
    }
```

答案:16,4
zhangsan,20
d,100

解析 由于结构体类型所占内存为所有成员占用内存的总和,故为 16,而共用体则是成员中占用内存最大的字节,故为 4。

结构体成员有自己独立的存储空间,所以输出的是初始化的值;而共用体的成员占用同一段内存。故将字符 M 赋值给成员 sex 时,存储空间存放的是 M 的 ASCII 值,当将 100 赋值给成员 height 时,存储空间已经变成 100 了,再用%c 输出时,是将 100 对应的字符输出,如图 10.5 所示。

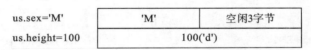

图 10.5 共用体变量 us 存储空间

10.3 链 表

链表是一种常见的重要的数据结构,它是动态进行存储分配的一种结构,是由指针和结构体共同构造产生的复杂数据类型。我们知道,用数组存放数据时,必须事先定义固定的长度(即元素的个数)。比如,有的班级有 100 个人,有的班级只有 30 个人,如果用同一数组先后存放不同班级的学生数据,则必须定义长度为 100 的数组。如果事先难以确定一个班级的最多人数,则必须把数组定义得足够大,以便存放任何班级的同学数据,显然这会浪费内存。链表则没有这种缺点,它根据需要开辟内存单元。图 10.6 表示最简单的一种链表结构。

图 10.6 简单链表结构

链表有一个"头指针"变量,图中以 head 表示,它存放一个地址,该地址指向一个元素。链表中每一个元素称为"结点",每个结点都应包括两部分:用户需要用的实际数据和下一个结点的地址。可以看出,head 指向第一个元素;第一个元素又指向第二个元素——直到最后一个元素,该元素不再指向其他元素,它称为"表尾",它的地址部分存放一个"NULL"(表示"空地址"),链表到此结束。

链表的建立核心:结构体中含有可以指向本结构体的指针成员。前面已知,结构体中的成员可以是各种类型的指针变量。当一个结构体中有一个或多个成员的基类型是本结构体类型时,通常把这种结构体称为可以"引用自身的结构体"。例如

```
struct link
{   char ch;
    struct link * p;
}a;
```

在这里,p 是一个可以指向 struct link 类型变量的指针成员,因此,a.p=&a;是合法的 C 语句,由此构成的存储结构如图 10.7 所示。

图 10.7　存储结构

【例 10-9】　一个简单的链表:

```
#include <string.h>
struct link
{
  int num;
  float score;
  struct link * next;
};
typedef struct link LINK;
int main()
{
  LINK a,b,c,d, * head, * p;

  a.num = 1;   a.score = 60;
  b.num = 2;   b.score = 70;
  c.num = 3;   c.score = 80;
  d.num = 4;   d.score = 90;   /* 给变量中的 num 和 score 成员赋值 */
  head = &a;   /* 让头指针指向第一个元素 */
```

```
    a.next = &b;   b.next = &c;   c.next = &d;   d.next = '\0';
    /*让前一个元素的指针指向后一个元素*/
    p = head;
    while(p)   /*移动 p 使之依次指向 a、b、c、d,输出 num 和 score 中的值*/
    {
      printf("num:%d,score:%f\n",p->num,p->score);
      p = p->next;   /*p 顺序后移*/
    }
    printf("\n");
    return 0;
  }
```

以上程序中所定义的结构体类型 LINK 共有三个成员:成员 num 是整型;成员 score 是实型;成员 next 是指针类型,其基类型为 LINK 类型。

main 函数中定义的变量 a、b、c、d 都是结构体变量,它们都含有 num、score 和 next 三个成员;变量 head 和 p 是指向 LINK 结构体类型的指针变量,它们与结构体变量 a、b、c、d 中的成员变量 next 类型相同。

执行程序中的赋值语句后,head 中存放变量 a 的地址;变量 a 的成员 a.next 中存放 b 的地址,变量 b 的成员 b.next 中存放 c 的地址,变量 c 的成员 c.next 中存放 d 的地址,最后一个变量 d 的成员 d.next 置为 0(NULL),使结点 d 成为表尾。这样就把同一类型的结构体变量 a、b、c、d"链接"到一起,形成了链表,变量 a、b、c、d 称为链表的结点。其存储结构示意如图 10.8 所示。

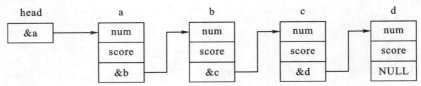

图 10.8 例 10.9 存储结构示意

当链表建立后,就可以根据需要对链表进行操作以实现链表长度的增缩或调整链表的结点顺序。链表操作主要包括删除结点、插入结点、交换结点等。例如,可以对图 10.7 所示链表执行以下述操作。

1. 删除结点

如果要把 b 结点从链表中删除掉,可以使用语句 a.next=b.next;即将 a 结点直接指向 c 结点。这样就把结点 b 从链表中删除掉了。执行删除操作后的链表如图 10.9 所示。

第 10 章 结构体和共用体

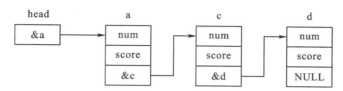

图 10.9 删除结点后的链表存储结构示意

2. 插入结点

如果要在结点 a 和结点 b 中间插入一个新的结点 e 时,可以使用语句 a.next=&e; e.next=&b;即让变量 a 的成员 anext 中存放 e 的地址,变量 e 的成员 e.next 中存放 b 的地址。

3. 交换结点

如果要交换结点 b 和 c 的位置,则可以用语句 b.next=c.next; c.next=&b; a.next= &c,即交换后变量 a 的成员 a.next 中存放 c 的地址,变量 c 的成员 c.next 中存放 b 的地址。

4. 缩短链表

如果要删除 b 结点后的所有结点,使 b 结点成为表尾,则可以使用语句 b.next='\0';,即让 b 结点的 next 成员不再指向其他任何结点。

【例 10-10】下列程序中建立一个带头结点的单向链表,链表中的各结点数据域中的数据递增有序链接。函数 fun 的功能是,把形参 x 的值放入一个新结点并插入链表中,使插入后各结点数据域中的数据仍保持递增有序。

```
#include    <stdio.h>
#include    <stdlib.h>
#define     N    8

typedef   struct list
{   int   data;
    structlist   * next;
}SLIST;

void   fun( SLIST   * h, int   x)   /*插入结点数据并保持数据递增有序*/
{   SLIST  *p, *q, *s;
    s = (SLIST  *)malloc(sizeof(SLIST));
    s->data = x;    /*将形参 x 赋值给结点的数据域*/
    q = h;
    p = h->next;
    while(p! = NULL && x>p->data) {
```

```c
        q = p;        /*将新的结点和原有链表中结点进行比较*/
        p = p->next;
    }
    s->next = p;
    q->next = s;
}

SLIST *creatlist(int *a)    /*创建列表*/
{   SLIST *h,*p,*q;       int i;
    h = p = (SLIST *)malloc(sizeof(SLIST));
    for(i = 0; i<N; i++)
    {   q = (SLIST *)malloc(sizeof(SLIST));
        q->data = a[i];   p->next = q;   p = q;
    }
    p->next = 0;
    return h;
}

void outlist(SLIST *h)    /*输出列表数据*/
{   SLIST *p;
    p = h->next;
    if (p == NULL)   printf("\nThe list is NULL!\n");
    else
    {   printf("\nHead");
        do{ printf("->%d",p->data);   p = p->next; } while(p! = NULL);
        printf("->End\n");
    }
}

int main( )
{   SLIST *head;      int x;
    int a[N] = {11,12,15,18,19,22,25,29};
    head = creatlist(a);
    printf("\nThe list before inserting:\n");   outlist(head);
    printf("\nEnter a number : ");   scanf("%d",&x);
    fun(head,x);
    printf("\nThe list after inserting:\n");   outlist(head);
```

return 0;
}

【例 10-11】 下列程序中建立了一个带头结点的单向链表,在 main 函数中将多次调用 fun 函数,每调用一次,输出链表尾部结点中的数据,并释放该结点,使链表缩短。

```
#include    <stdio.h>
#include    <stdlib.h>
#define    N    8
typedef    struct list
{   int    data;
    struct list    * next;
}SLIST;

void fun( SLIST   * p)
{   SLIST   * t, * s;
    t = p->next;    s = p;
    while(t->next ! = NULL)
    {   s = t;
        t = t->next;    /* 使指针 t 逐一向后移动 */
    }
    printf(" % d ",t->data);   /* 输出链表结点的数据域 */
    s->next = NULL;
    free( t );   /* 将 t 所指向的由 malloc 或 calloc 函数所分配的内存空间释放 */
}

SLIST * creatlist(int   * a)
{   SLIST   * h, * p, * q;         int   i;
    h = p = (SLIST * )malloc(sizeof(SLIST));
    for(i = 0; i<N; i + + )
    {   q = (SLIST * )malloc(sizeof(SLIST));
        q->data = a[i];    p->next = q;    p = q;
    }
    p->next = 0;
    return   h;
}

void outlist(SLIST   * h)
```

```c
{  SLIST  *p;
   p=h->next;
   if (p==NULL)  printf("\nThe list is NULL! \n");
   else
   {  printf("\nHead");
      do{ printf("->%d",p->data);  p=p->next; } while(p!=NULL);
      printf("->End\n");
   }
}

int  main( )
{  SLIST  *head;
   int  a[N]={11,12,15,18,19,22,25,29};
   head=creatlist(a);
   printf("\nOutput from head:\n");  outlist(head);
   printf("\nOutput from tail: \n");
   while (head->next !=NULL){
     fun(head);
     printf("\n\n");
     printf("\nOutput from head again :\n");  outlist(head);
   }
   rerurn  0;
}
```

10.4　综合实例

10.4.1　问题描述

设计一个通信录管理程序，要求程序采用模块化设计方法，程序应采用由主控程序调用各模块实现各个功能的方式。程序应具有如下功能：输入记录、显示记录、查找记录、插入记录、记录排序、删除记录等。数据存储采用外存存储形式，存放于外存的数据应进行加密处理。

10.4.2　设计分析

通信录中的数据可以看作是由多条记录组成的一个二维表格，一行对应一条记录，每条记录都有同样的字段序列。在管理程序中对数据进行组织时，可以使用结构体（struct）来描述记录，结构体中的成员就是记录中的各个字段。通过结构体数组即可以存放通信录中的多条记录。数据在外存进行存取操作时，可以使用按记录存取的方式进行。

例如，可以采用如下形式定义通信录对应的结构体：

```c
#define  SIZE   100
struct   record
{
    char name[20];
    char phone[12];
    char adress[50];
    char postcode[8];
    char e_mail[20];
} student[SIZE];
int mum;
```

10.4.3 解决方案

通过定义以下各函数实现程序功能模块的功能，在主函数中调用各函数。

1. 通信录管理菜单

```c
int  menu_select( )
{
    char s[80];
    int a;
    system("cls");
    printf("\t\t**********欢迎进入通信管理界面********\n\n");
    printf("\t\t\t0.  输入记录\n");
    printf("\t\t\t1.  显示记录\n");
    printf("\t\t\t2.  按姓名查找\n");
    printf("\t\t\t3.  按电话号码查找\n");
    printf("\t\t\t4.  插入记录 \n");
    printf("\t\t\t5.  按姓名排序\n");
    printf("\t\t\t6.  删除记录\n");
    printf("\t\t\t7.  Quit\n");
    printf("\t\t*******************************\n\n");
    do
    {
        printf("Enter you choice(0~7):");
        scanf("%s",s);
        a=atoi(s);
```

```
    }
    while (a<0 || a>7);
    return a;
}
```

2. 输入记录

```
int  adduser(  )
{
    printf("\t\t\t****************请输入用户信息****************\n");
    printf("\t\t\t 输入姓名:\n");
    scanf(" %s",student[num].name);
    printf("\t\t\t 输入电话号码:\n");
    scanf(" %s",student[num].phone);
    printf("\t\t\t 输入地址:\n");
    scanf(" %s",student[num].adress);
    printf("\t\t\t 输入邮编:\n");
    scanf(" %s",student[num].postcode);
    printf("\t\t\t 输入 e-mail:\n");
    scanf(" %s",student[num].e_mail);
    num++;
    printf("\t\t\t 是否继续添加？(Y/N):\n");
    if(getch()=='y' || getch()=='Y')
        adduser();
    return(0);
}
```

3. 显示记录

```
void  list(  )
{
    int i;
    system("cls");
    if(num!=0)
    {
        printf("\t\t\t****************以下为通信录所有信息************\n");
        for (i=0;i<num;i++)
        {
            printf("\t\t\t 姓名:%s\n",student[i].name);
```

```
                printf("\t\t\t 电话：%s\n",student[i].phone);
                printf("\t\t\t 地址：%s\n",student[i].adress);
                printf("\t\t\t 邮编：%s\n",student[i].postcode);
                printf("\t\t\te-mail：%s\n",student[i].e_mail);
                if(i+1<num)
                    system("pause");
            }
            printf("\t\t\t****************************************************\n");
        }
        else
            printf("\t\t\t通信录中无任何记录\n");
        printf("\t\t\t按任意键返回主菜单：\n");
        getch();
        return;
}
```

4. 按姓名查找记录

```
int  searchbyname(   )
{
    int mark = 0;
    int i;
    printf("\t\t\t****************** 按姓名查找 ******************\n");
    char name[20];
    printf("\t\t\t 请输入姓名：\n");
    scanf("%s",name);
    for(i = 0;i<num;i++)
    {
        if (strcmp(student[i].name,name) == 0)
        {
            printf("\t\t\t************* 以下是您查找的用户信息 ************\n");
            printf("\t\t\t 姓名：%s",student[i].name);
            printf("\t\t\t 电话：%s",student[i].phone);
            printf("\t\t\t 地址：%s",student[i].adress);
            printf("\t\t\te-mail：%s",student[i].e_mail);
            printf("\t\t\t****************************************************\n");
            mark++;
            if((i+1)<num)
```

```c
        {
            printf("\t\t\t是否继续查找相同名字的用户信息:(y/n)\n");
            if(getch() = = 'y' || getch() = = 'Y')
            {
                continue;
            }
            else
                return(0);
        }
        else
        {
            printf("\t\t\t按任意键返回主菜单");
            getch();
            return(0);
        }
    }
}
if(mark = = 0)
{
    printf("\t\t\t没有相同姓名的用户记录\n");
    printf("\t\t\t按任意键返回主菜单\n");
    getch();
    return(0);
}
return 0;
}
```

5. 按电话号码查找记录

```c
int searchbyphone(   )
{
    int mark = 0;
    int i;
    printf("\t\t\t****************** 按电话查找 ******************\n");
    char phone[10];
    printf("\t\t\t请输入电话号码:\n");
    scanf(" % s",phone);
    for(i = 0;i<num;i + +)
```

```c
{
if (strcmp(student[i].phone,phone) = = 0)
{
printf("\t\t\t**************以下是您查找的用户信息**********\n");
printf("\t\t\t姓名：%s",student[i].name);
printf("\t\t\t电话：%s",student[i].phone);
printf("\t\t\t地址：%s",student[i].adress);
printf("\t\t\te-mail:%s",student[i].e_mail);
printf("\t\t\t********************************************\n");
printf("\t\t\t按任意键返回主菜单\n");
mark + + ;
getch();
return(0);
}
}
if (mark = = 0)
{
printf("\t\t\t没有改用户的信息\n");
printf("\t\t\t按任意键返回主菜单\n");
getch();
return(0);
}
return(0);
}
```

6. 按电话号码删除记录

```c
void    deletebyphone(   )
{
    int i,j;
    int deletemark = 0;
    char phone[20];
    printf("\t\t\t请输入要删除用户电话号码:\n");
    scanf("%s",phone);
    if(num = = 0)
    {
    printf("\t\t\t对不起,文件中无任何记录\n");
    printf("\t\t\t按任意键返回主菜单\n");
```

```c
        getch();
        return;
    }
    for(i=0;i<num;i++)
    {
        if(strcmp(student[i].phone,phone)==0)
        {
            printf("\t\t\t以下是您要删除的用户记录:\n");
            printf("\t\t\t姓名: %s",student[i].name);
            printf("\t\t\t电话: %s",student[i].phone);
            printf("\t\t\t地址: %s",student[i].adress);
            printf("\t\t\te-mail: %s",student[i].e_mail);
            printf("\t\t\t是否删除? (y/n)");
            if(getch()=='y'||getch()=='Y')
            {
                for(j=i;j<num-1;j++)
                    student[j]=student[j+1];
                num--;
                deletemark++;
                printf("\t\t\t删除成功");
                printf("\t\t\t是否继续删除? (y/n)");
                if(getch()=='y'||getch()=='Y')
                    deletebyphone();
                return;
            }
            else
                return;
        }
        continue;
    }
    if(deletemark==0)
    {
        printf("\t\t\t没有该用户的记录");
        printf("\t\t\t是否继续删除? (y/n)");
        if(getch()=='y'||getch()=='Y')
            deletebyphone();
        return;
```

```
    }
    return;
}
```

7. 按姓名删除记录

```
void  deletebyname(  )
{
    int a = 0;
    int findmark = 0;
    int j;
    int deletemark = 0;
    int i;
    char name[20];
    printf("\t\t\t 请输入要删除用户姓名:\n");
    scanf("%s",name);
    for (i = a;i<num;i++)
    {
        if(strcmp(student[i].name,name) == 0)
        {
            printf("\t\t\t 以下是您要删除的用户记录:");
            findmark++;
            printf("\t\t\t_____");
            printf("\t\t\t 姓名:%s",student[i].name);
            printf("\t\t\t 电话:%s",student[i].phone);
            printf("\t\t\t 地址:%s",student[i].adress);
            printf("\t\t\te-mail:%s",student[i].e_mail);
            printf("\t\t\t_____");
            printf("\t\t\t 是否删除?(y/n)");
            if (getch() == 'y' || getch() == 'Y')
            {
                for(j = i;j<num-1;j++)
                    student[j] = student[j+1];
                num--;
                deletemark++;
                printf("\t\t\t 删除成功");
                if((i+1)<num)
                {
```

```c
printf("\t\t\t是否继续删除相同姓名的用户信息？(y/n)");
if (getch() = = 'y')
{
a = i;
continue;
}
}
printf("\t\t\t是否继续删除？(y/n)");
if (getch() = = 'y')
deletebyname();
return;
}
if((i + 1)<num)
{
printf("\t\t\t是否继续删除相同姓名的用户信息？(y/n)");
if (getch() = = 'y' || getch() = = 'Y')
{
a = i;
continue;
}
}
}
else
continue;
}
if ((deletemark = = 0)&&(findmark = = 0))
{
printf("\t\t\t没有该用户的记录");
printf("\t\t\t是否继续删除？(y/n)");
if(getch() = = 'y' || getch() = = 'Y')
deletebyphone();
return;
}
else if (findmark! = 0)
{
printf("\t\t\t没有重名信息");
printf("\t\t\t没有该用户的记录");
```

```
        printf("\t\t\t是否继续删除？(y/n)");
        if(getch() = = ´y´ || getch() = = ´Y´)
        deletebyphone();
        return;
      }
   }
```

8. 删除记录

```
int  dele(  )
{
    char choic;
    printf("\t\t\t1-按电话号码删除 2-按姓名删除");
    printf("\t\t\t请选择:");
    choic = getch();
    switch (choic)
    {
      case ´1´:deletebyphone();break;
      case ´2´:deletebyname();break;
    }
    return(0);
}
```

9. 按姓名排序

```
int  sortbyname(  )
    {
    int i,j;
    structrecord tmp;
    for (i = 1;i<num;i + + )
    {
    if(strcmp(student[i].name,student[i - 1].name)<0)
    {
    tmp = student[i];
    j = i - 1;
    do
    {
    student[j + 1] = student[j];
    j - - ;
```

```
            }while ((strcmp(tmp.name,student[j].name)<0&&j>=0));
            student[j+1] = tmp;
        }
    }
    printf("\t\t\t 排序成功,是否显示?(y/n)");
    if (getch() = = 'y')
        list();
    return(0);
}
```

10. 读取外存文件数据

```
void  readfile( )
{
    /* 从文件 student_address_book.dat 首部开始,按记录长度 sizeof(struct record) */
    /* 循环读出每条记录,直至文件尾部;每读出一条记录,则调用 encrypt()函数 */
    /* 对相应字段进行解密处理,并使记录计数器 num 加 1,统计出记录总数。 */
}
```

11. 向外存文件写入数据

```
void  writefile( )
{
    /* 根据记录总数 num,从首条记录即结构体数组首元素 student[0]开始, */
    /* 调用 encrypt()函数对相应字段进行加密处理,并将当前记录整体写入 */
    /* 文件 student_address_book.dat 中,直至最后一条记录。 */
    /* 也可以先对所有记录进行加密处理,然后整体一次性写入文件。 */
}
```

12. 用户信息加密处理

```
void  encrypt(char  *pwd)
{
    /* 与 15(二进制码是 00001111)异或,实现低四位取反,高四位保持不变 */
}
```

13. 主函数

```
int  main( )   //主函数
{
    printf("\t\t *******************************************\n");
```

```
        printf("\t\t****************欢迎进入通信录*****************\n");
        printf("\t\t*********************************************\n");
        printf("按任意键进入主菜单\n");
        getch();
        readfile();
        int selectnum;
        while(1)
        {
            selectnum = menu_select( );
            switch(selectnum)
            {
                case 0: adduser();       break;
                case 1: list();          break;
                case 2: searchbyname();  break;
                case 3: searchbyphone(); break;
                case 4: adduser();       break;
                case 5: sortbyname();    break;
                case 6: dele();          break;
                case 7:{
                    writefile();
                    printf("BYE BYE! \n");
                    system("pause");
                    getchar();
                    exit(0);
                }
            }
        }
        getchar();
        return 0;
    }
```

习 题

一、选择题

1. 以下程序的输出结果是（　　）。

    union myun{ struct { int x, y, z; } u; int k; } a;

```
int main( )
{
    a.u.x = 4;
    a.u.y = 5;
    a.u.z = 6;
    a.k = 0;
    printf("%d\n",a.u.x);
    return 0;
}
```
  A. 4   B. 5   C. 6   D. 0

2. 当定义一个共用体变量时,系统分配给它的内存是( )。

  A. 各成员所需内存量的总和   B. 结构中第一个成员所需内存量

  C. 成员中占内存量最大的容量   D. 结构中最后一个成员所需内存量

3. 若有以下程序段:

```
union data
{
    int i;
    char c;
    float f
} a;
int n;
```

  则以下语句正确的是( )。

  A. a=5;   B. a={2,'a',1.2};   C. printf("%d",a);   D. n=a;

4. 设 struct { int a; char b; } Q,*p=&Q;错误的表达式是( )。

  A. Q.a   B. (*p).b   C. p->a   D. *p.b

5. 以下对 C 语言中共用体类型数据的叙述正确的是( )。

  A. 可以对共用体变量直接赋值

  B. 一个共用体变量中可以同时存放其所有成员

  C. 一个共用体变量中不能同时存放其所有成员

  D. 共用体类型定义中不能出现结构体类型的成员

6. 下面对 typedef 的叙述中不正确的是( )。

  A. 用 typedef 可以定义多种类型名,但不能用来定义变量

  B. 用 typedef 可以增加新类型

  C. 用 typedef 只是将已存在的类型用一个新的标识符来代表

  D. 使用 typedef 有利于程序的通用和移植

二、填空题

1. 结构体变量成员的引用方式是使用_____运算符,结构体指针变量成员的引用方式是使用_____运算符。
2. 设 struct student { int no; char name[12]; float score[3]; } s, * p=&s;,用指针法给 s 的成员 no 赋值 1234 的语句是_____。
3. 运算 sizeof 是求变量或类型的_____,typedef 的功能是_____。
4. 设 union student { int n; char a[100]; } b;,则 sizeof(b)的值是_____。
5. 以下程序:

    ```
    #include <stdio.h>
    int  main(  )
    {  union { int a; char b[2]; } c;
       c.a = 65;
       puts( c.b );
       printf( "%d\n",sizeof( c ) );
       return 0;
    }
    ```

    程序输出结果是_____。

6. 以下程序:

    ```
    int  main(  )
    {
     union{
          struct { int x,y; } in;
          int a,b;
          } e; e.a = 1;
     e.b = 2;
     e.in.x = e.a * e.b;
     e.in.y = e.a + e.b;
     printf( "%d %d",e.in.x,e.in.y );
     return 0;
    }
    ```

    程序输出结果是_____。

三、编程题

1. 学生的记录由学号和成绩组成,N 名学生的数据已在主函数中放入结构体数组 s 中,请编写函数 fun,其功能是,把低于平均分的学生数据放入 b 所指的数组中,低于平均分的学生人数通过形参 n 传回,平均分通过函数值返回。

```c
#include <stdio.h>
#define N 8
typedef struct
{   char num[10];
    double s;
} STREC;

double fun( STREC *a, STREC *b, int *n )
{
    /*在此处填充完善程序*/
}

int main( )
{   STREC s[N] = {{"GA05",85},{"GA03",76},{"GA02",69},{"GA04",85},
    {"GA01",91},{"GA07",72},{"GA08",64},{"GA06",87}};
    STREC h[N],t;FILE *out ;
    int i,j,n;
    double ave;
    ave = fun( s,h,&n );
    printf( "The %d student data which is lower than %7.3f:\n",n,ave );
    for( i = 0;i<n; i++ )
        printf( "%s   %4.1f\n",h[i].num,h[i].s );
    printf( "\n" );
    out = fopen( "out.dat","w" );
    fprintf( out, "%d\n%7.3f\n", n, ave );
    for( i = 0;i<n-1;i++ )
        for( j = i+1;j<n;j++ )
            if( h[i].s>h[j].s ) { t = h[i];   h[i] = h[j]; h[j] = t; }
    for( i = 0;i<n; i++ )
        fprintf( out,"%4.1f\n",h[i].s );
    fclose( out );
    return 0;
}
```

2. N 名学生的成绩已在主函数中放入一个带头结点的链表结构中,h 指向链表的头结点。请编写函数 fun,其功能是,求出平均分,并由函数值返回。

例如，若学生的成绩是 85 76 69 85 91 72 64 87，则平均分应当是 78.625。

```
#include <stdio.h>
#include <stdlib.h>
#define   N   8
struct   slist
{  double   s;
   struct slist   *next;
};

typedef   struct slist   STREC;

double   fun( STREC *h )
{
   /*在此处填充完善程序*/
}

STREC *creat( double *s )
{  STREC   *h,*p,*q;
   int   i=0;
   h=p=(STREC *)malloc(sizeof(STREC));
   p->s=0;
   while( i<N )
   {  q=( STREC * )malloc( sizeof( STREC ) );
      q->s=s[i]; i++;   p->next=q; p=q;
   }
   p->next=0;
   return   h;
}

outlist( STREC *h )
{  STREC   *p;
   p=h->next; printf( "head" );
   do
   {  printf( "->%4.1f",p->s );   p=p->next;
   }
   while( p!=0 );
   printf( "\n\n" );
```

}

```
int  main( )
{   double   s[N] = {85,76,69,85,91,72,64,87},ave;
    void   NONO( );
    STREC   *h;
    h = creat( s );
    outlist( h );
    ave = fun( h );
    printf( "ave = %6.3f\n",ave );
    return  0;
}
```

第 11 章　编译预处理与文件

11.1　编译预处理

在 C 语言中,凡是以"♯"开头的行,都称为"编译预处理"命令行。"编译预处理"不是 C 语句,所以后面不需要加";"。C 语言提供三种编译预处理功能:宏定义、文件包含和条件编译。

11.1.1　宏定义

在 C 语言中,"宏"分为无参数的宏(简称无参宏)和有参数的宏(简称有参宏)两种。

1. 无参数的宏

无参宏定义的一般格式

♯define 宏名 替换文本

其中♯define 是宏定义命令

【例 11-1】　有以下程序

```
#define  PI   3.14159
  #include <stdio.h>
  intmain()
  {
    float r,area;
    r = 4.8;
    area = PI * r * r;
    printf("area = % f\n",area);
    return 0;
}
```

以上标识符 PI 称为宏名,不能与程序中其他名字相同。该语句的作用是在程序文件中用指定的标识符 PI 来代替"3.14159"。在编译预处理时,系统将程序中该命令之后的所有 PI 标识符都用 3.14159 代替。

编译预处理时,将宏名替换成后面的替换文本或表达式的过程称为宏替换。

说明 (1)宏名一般用大写字母,以便于和变量名相区别,但这并不是必需的,也可以用小写字母。且同一宏名不能重复定义。

(2)在进行宏定义时,可以引用已定义的宏名,层层置换。

【例 11-2】　＃define　PI　3.14
　　　　　　＃define　ADDPI　(PI+1)
　　　　　　＃define　TWO_ADDPI　(2*ADDPI)

如果在程序中有以下语句:

X = TWO_ADDPI/2;

宏展开过程:首先将表达式 X=TWO_ADDPI/2 中的 TWO_ADDPI 替换为(2*ADDPI),即为 x=(2*ADDPI)/2。注意一对括号不能少。然后将 ADDPI 替换为(PI+1),表达式变为 x=(2*(PI+1))/2。然后再将 PI 替换为 3.14,得到最终表达式为 x=(2*(3.14+1))/2=4.14。

(3)宏展开时,C 语言仅仅使用文本替换宏名,而不是使用计算结果进行替换。

【例 11-3】　＃define　PI　3.14
　　　　　　＃define　ADDPI　PI+1
　　　　　　＃define　TWO_ADDPI　2*ADDPI

如果在程序中有以下语句:

X = TWO_ADDPI/2;

本例与例 11-1 的区别在于替换文本没有使用括号。

宏展开过程:首先将表达式 X= TWO_ADDPI/2 中的 TWO_ADDPI 替换为 2*ADDPI,即为 x=2*ADDPI/2。注意一对括号不能少。然后将 ADDPI 替换为 PI+1,表达式变为 x=2*PI+1/2。然后再将 PI 替换为 3.14,得到最终表达式为 x= 2*3.14+1/2=6.28。

(4)宏定义时,不能替换双引号中与宏名相同的字符串。

例如不能替换 printf("printADDPI!\n");中的 ADDPI。

2. 带参数的宏

带参数的宏,即宏名后带有参数列表的宏定义,不仅仅进行文本替换,还要进行参数替换,其定义形式如下:

　　＃define 宏名(形参表) 替换文本

【例 11-4】　＃define MU(x,y)　((x)*(y))
　　　　　　……
　　　　　　int a=5,b=10;
　　　　　　s1 = MU(a,b);

s2 = 6/MU(a + 2,b);

以上程序的宏替换结果为

s1＝((a)*(b));

s2＝6/((a+2)*(b));

【例 11-5】 #define MU(x,y) (x)*(y)

……

int a = 5,b = 10;

s1 = MU(a,b);

s2 = 6/MU(a + 2,b);

以上程序的宏替换结果为

s1＝(a)*(b);

s2＝6/(a+2)*(b);

【例 11-6】 #define MU(x,y) x*y

……

int a = 5,b = 10;

s1 = MU(a,b);

s2 = 6/MU(a + 2,b);

以上程序的宏替换结果为

s1＝a*b;

s2＝6/a+2*b;

注意 宏替换是在编译时由预处理程序完成的,不占用运行时间,而函数调用时是在程序运行中处理的。

11.2 文　　件

11.2.1 文件概述

"文件"是指存放在外部介质(如硬盘、光盘、U 盘等)上的相关数据的集合。操作系统对外存介质上的数据管理是以文件形式进行的。

每个磁盘文件都有名称,处理磁盘文件时,必须使用文件名。文件名被存储为字符串,用于标识一组相关数据集,因此每个文件至少包含两大部分:文件名和文件数据。文件命名规则随操作系统而异。本书以 Windows 操作系统为例进行叙述。在 Windows 操作系统中,对存放于外存中的文件采用树型目录结构进行管理。其文件名结构如下:

文件主名【. 扩展名】

在对文件进行命名时,"文件主名"不能省略,最多使用 256 个字符,但不能使用括号内的字符(/ \ : * ?'＜＞|),命名时要尽量做到见名知意。

文件的扩展名用于表示文件的类型,例如文本文件.txt、数据文件.dat、可执行文件.exe 等,文件扩展名可以省略。

文件在外存设备的存储位置是以文件标识符表示的,其格式如下:

盘符　路径　文件名

例如图 11.1 目录结构示意图中文件 readme.txt 对应的文件标识符为

　　D:\test\User\readme.txt

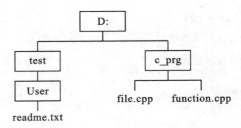

图 11.1　目录结构示意图

其中"D:"为磁盘驱动器的名称即盘符;"\test\User\"为文件存放位置对应的各级目录 (也叫文件夹)即路径;readme.txt 为文件名。

值得注意的是,文件的保存位置(即路径)分为绝对路径和相对路径两种形式。

绝对路径是指从文件所在驱动器名称开始描述文件的保存位置。

相对路径是指从当前工作目录开始描述文件的保存位置。

通常,操作系统会记住一个目录,这个目录即每个运行的应用程序的当前工作目录,一般来说,当前工作目录默认为应用程序的安装目录。

例如图 11.1 中,假设当前目录为 test,则文件 readme.txt 的绝对路径为

　　D:\test\User\readme.txt

相对路径为

　　\User\readme.txt

在 C 语言程序中,我们以如下的字符串形式表示上述文件

　　"D:\\test\\user\\readme.txt"

　　"\\User\\readme.txt"

11.2.2　文件的类型

文件根据编码的方式可以分为文本文件和二进制文件。

文本文件也称为 ASCII 文件,文本文件在存储时将数据转换成一串字符,每个字符对应一个字节,以其 ASCII 码值存储到文件中。例如十进制数 1314 的存储形式如下:

ASCII 码:　00110001　00110011　00110001　00110100

十进制码:　　　 1　　　　 3　　　　 1　　　　 4

文本文件可在显示器上按字符显示,因此能读懂文件内容。

二进制文件是把内存中的数据按其在内存中的存储形式,即二进制格式存放到文件中。 例如十进制数 1314 的存储形式如下:

00000101　00100010

由此可见，因为二进制文件不存在转换操作，从而提高了对文件的输入输出速度。注意，不能将二进制文件直接输出到屏幕，也不能从键盘输入二进制数据。

ASCII 码文件和二进制文件主要区别在以下几个方面。

(1) 存储形式：二进制文件是按数据类型在内存中的存储形式存储的，而文本文件是将该数据类型转换为 ASCII 字符的形式存储的。

(2) 存储空间：文本文件存储方式所占存储空间较多，其所占空间大小与数值大小相关。

(3) 读写时间：文本文件在外存上是以 ASCII 码形式存放，而在内存中的数据都是以二进制存放的，所以当进行文件读写操作时要进行转换，因此存取速度较慢。而对于二进制文件来说，数据本身就是按其在内存中的存储形式存放在外存中的，所以当进行文件读写操作时不需要进行转换，因此存取速度较快。

在实际使用中，由于文本文件可以通过各种编辑程序进行建立和修改，因此文本文件通常用于存放程序的输入数据及程序的最终结果。而二进制文件内容不能显示出来，或者说显示出来的内容无法读懂，所以通常用于暂存程序的中间结果，为另一段程序提供读取数据。

11.2.3 文件指针

C 语言对于文件的操作是通过文件指针实现的。文件的操作包括对文件本身的基本操作和对文件中信息的处理。在对文件操作时，首先应该定义文件指针，然后通过文件指针调用相应的文件；接下来对文件中的信息进行操作，从而实现从文件中读取数据或向文件中写入数据的目的；最后在完成对文件的访问操作后，为了保证文件数据的安全和内存的利用率，应及时关闭文件。其一般操作流程如下。

(1) 定义文件指针。
(2) 利用文件指针建立或打开文件。
(3) 利用文件指针从文件中读取数据或者向文件中写入数据。
(4) 利用文件指针关闭文件。

文件指针是通过 FILE 结构体类型定义的。当我们要访问一个文件时，一般需要该文件的一些相关信息，比如文件当前的读写位置、与该文件对应的内存缓冲区地址、缓冲区中未被处理的字符串、文件操作方式等。缓冲文件系统会为每一个文件系统开辟一个文件信息区，其包含在头文件 stdio.h 中，它被定义为一个 FILE 类型，其结构如下。

```
typedef  struct
{ short   level;             /*缓冲区"满"或"空"的程度*/
  unsigned   falgs;          /*文件状态标准*/
  char   fd;                 /*文件描述符*/
  unsigned   char   hold;    /*如无缓冲区不读取字符*/
  short   bsize;             /*缓冲区的大小*/
  unsigned   char   *buffer; /*数据缓冲区的读写位置*/
```

```
    unsigned   char   *curp;        /*指针指向的当前缓冲区的位置*/
    unsigned   istemp;              /*临时文件,指示器*/
    short      token;               /*用于有效性检查*/
}FILE;
```

当我们在程序中对一个数据文件进行访问时,只需要通过编译预处理命令

♯include〈stdio.h〉

将头文件进行包含处理,然后就可以使用该 FILE 结构类型定义相应的文件指针。

定义文件类型指针变量的一般形式为

FILE   *指针变量名;

例如   FILE *fp;

fp 是一个指向 FILE 结构体类型(即文件类型)的指针变量,也就是文件指针。注意这里的关键字 FILE 必须大写。

定义文件指针后,就可以利用该文件指针对文件进行打开、读写、关闭等操作。

C 语言提供了一系列函数用于文件操作。要使用这些函数,必须包含头文件 stdio.h。

11.2.4　打开文件

在对文件操作之前,必须先将其打开,C 语言提供了 fopen 函数来实现打开文件。fopen 函数原型如下:

FILE   *fopen(char   *filename, char   *mode);

fopen 函数的功能:使用 mode 方式打开指定的 filename 文件。如文件打开成功,则返回一个 FILE 类型的指针;若文件打开失败,则返回 NULL。该函数有两个参数,这两个参数都是字符串。第一个字符串 filename 包含了进行读、写操作的文件名,用来指定要打开的文件。第二个字符串 mode 指定了文件的打开方式,用户通过这个参数来指定对文件的使用意图(见表 11.1)。

表 11.1　文件打开方式

文件使用方式	意义
r(只读)	打开文本文件进行读操作。且该文件必须已经存在,不能用"r"方式打开一个不存在的文件,否则出错
w(只写)	打开文本文件进行写操作。如果文件不存在,系统将用指定的文件名建立一个新文件;如果指定的文件已存在,则将从文件的起始位置开始写,文件中原有内容将完全消失
a(追加)	打开文本文件,在文件后添加数据。如果指定的文件不存在,系统将用指定的文件名建立一个新文件;如果指定的文件已存在,则文件中原有内容将保存,新的数据写在原有内容之后
rb(只读)	打开一个二进制文件进行读操作,其余与"r"相同

续表

文件使用方式	意义
wb(只写)	打开一个二进制文件进行写操作,可以在指定文件位置进行写操作,其余与"w"相同
ab(追加)	打开二进制文件,在文件后添加数据,其余与"a"相同。
r+(读写)	打开文本文件,进行读和写操作。如果指定的文件已存在,既可以对该文件进行读,也可以对该文件进行写,在读和写操作之间不必关闭文件。只是对于文本文件来说,读和写总是从文件的起始位置开始。在写新数据时,只覆盖所占空间,其后的老数据并不丢失
w+(读写)	首先建立一个新文件,进行写操作,随后可以从头开始读。如果指定的文件已存在,则原有内容将全部消失
a+(读写)	功能与:"a"相同,只是在文件尾部添加新数据后,可以从头开始读
rb+(读写)	打开一个二进制文件进行读和写操作,功能与"r+"相同,只是在读和写时,可以由位置函数设置读和写的起始位置,也就是说不一定从文件开头开始读写
wb+(读写)	功能与"w+"相同,只是在随后的读和写时,可以由位置函数设置读和写的起始位置
ab+(读写)	功能与"a+"相同,只是在文件尾添加新数据之后,可以由位置函数设置开始读的起始位置

程序中使用该函数的一般格式为

FILE * fp;

fp = fopen(文件名,使用文件方式);

例如　fp = fopen("in.dat","r");

要打开名字为 in 的文件,使用方式为"r"(读入)。我们可以认为 fp 指向了文件 in.dat,这样 fp 就和文件 indat 相联系了。

通常,为了保证在程序中能够正确打开文件,必须检查 fopen 的返回值。可以使用如下程序段,当打开文件发生错误时,终止程序运行。

if((fp = fopen("D:\\in.dat","r")) = = NULL)

{

　printf("文件打开失败!");

exit(0); }

/* 这里的 exit 函数包含在头文件 stdlib.h 中 */

11.2.5　关闭文件

在使用完一个文件后应该关闭它,以防止误用导致数据丢失。用 fclose 函数关闭文件。fclose 函数的原型如下:

　　int　fclose(FILE　* fp);

fclose 函数用于将文件指针 fp 所指的文件关闭。如关闭成功则返回 0,若有错误发生则返回非 0 值。

fclose 函数调用的一般形式为

```
fclose(文件指针);
```

例如 fclose(fp);

在前面的例子中,我们曾把打开文件时 fopen 函数返回的指针赋给了 fp,现在通过 fp 把文件关闭,即文件指针不再指向该文件,文件指针变量与文件"脱钩"。

11.2.6 文件操作

当成功打开文件之后,接下来要做的就是对文件进行输入和输出操作。

在程序中,当调用输入函数从外部文件中输入数据赋给程序中的变量时,这种操作称为"输入"或"读";当调用输出函数把程序中的变量的值输出到文件,这种操作称为"输出"或者"写"。对文件的输入输出方式也称为"存取方式"。C 语言提供了两种文件存取方式:顺序存取和直接存取。顺序存取文件的特点:进行读或写操作时,总是从文件的开头开始,从头到尾顺序地读或写。直接存取文件又称为随机存取文件,其特点是可以通过调用 C 语言的库函数去指定开始读或写的字节号,然后直接对此位置上的数据进行读或写。

1. 判断文件结束的 feof 函数

C 语言提供了 feof 函数,用来判断文件是否结束。一般调用形式为

```
feof(文件指针);
```

如果文件结束,则返回 1,否则返回 0。

2. 文件定位函数

文件中有一个位置指针,指向当前读写的位置。如果顺序读写一个文件,每次读写一个字符,在读完一个字符后,该位置指针自动移动指向下一个字符位置,这就是顺序读写。如果想强制移动位置指针到需要的任意位置,就是随机读写。可以用下面介绍的函数来移动位置指针。

(1) rewind 函数。

rewind 函数原型:

```
void  rewind(FILE  *fp)
```

rewind 函数用于将文件的位置指针移回到文件的开头,函数调用形式为

```
rewind(文件指针);
```

(2) ftell 函数。

fell 函数的作用是得到文件位置指针的当前位置,函数给出当前位置指针相对于文件开头的字节数。函数调用形式为

第 11 章 编译预处理与文件

　　long t = ftell(文件指针);

当函数返回值为-1L时,表示出错

(3) fseek 函数。

fseek 函数原型:

　　int fseek(FILE *fp, long offset, int whence);

fseek 函数用来移动文件的位置指针 fp 由 whence 移动到 offset 指定的位置,接下来的读或写操作将从此位置开始。函数调用形式为

　　fseek(文件指针,位移量,起始点);

其中起始点用来指定位移量是以哪个位置为基准,起始点既可以用标识符表示,也可以用数字表示。表 11.2 给出了标识符和数字的对应关系。

表 11.2　代表位置指针起始点的标识符和对应的数字

起始点	标识符	数字
文件开始	SEEK_SET	0
文件当前位置	SEEK_CUR	1
文件末尾	SEEK_END	2

fseek 函数一般用于二进制文件。对于二进制文件,当位移量为正整数时,表示从指定的起始点向文件尾部方向移动;当位移量为负整数时,表示从指定的起始点向文件首部方向移动。

【例 11-7】指出下列语句的含义

(1) fseek(fp,100L,0)

(2) fseek(fp,-10L,2)

(3) fseek(fp,-10L * sizeof(int),SEEK_END)

(4) fseek(fp,0L,SEEK_SET)

解析

(1)将位置指针移到离文件头 100 个字节处。fseek(fp,100L,SEEK_SET)功能与此相同。

(2)将位置指针从文件末尾处后退 10 个字节。fseek(fp,-10L,SEEK_END)功能与此相同。

(3)将位置指针从文件尾部前移 10 个 sizeof(int),即 40 个字节。

(4)将位置指针移动到离文件头 0 个字节处。相当于 rewind(fp)。

【例 11-8】编写一个程序,用于判断文件的长度

```
#include <stdio.h>
int main( )
{ long a;
```

```
FILE * fp;      /* 定义文件指针 fp */
if((fp=fopen("d:\\in.dat","rb"))==NULL) /* 以只读方式打开二进制文件 in.dat */
   return 0;
fseek(fp,0,SEEK_END);    /* 将文件指针定位到文件末尾 */
a=ftell(fp);             /* 返回位置指针相对于文件开头的字节数 */
printf("a = %d\n",a);
fclose(fp);      /* 关闭文件 */
return 0;
}
```

本例首先使用 fseek 函数把位置指针移动到文件尾部,然后使用 ftell 函数获取指针的当前位置,这样就得到了文件的长度。

3. fputc 函数和 fgetc 函数(putc 函数和 getc 函数)

(1)fputc 函数。

fputc 函数原型:

  int fputc(char ch, FILE * fp);

fputc 函数用于把一个字符写到磁盘的文件中去。其一般调用形式为

  fputc(ch,fp);

功能 将字符(ch 的值)输出到 fp 所指向的文件中。ch 可以是一个字符常量也可以是一个字符变量。fputc 函数也返回一个值,如果输出成功,则返回输出的字符,如果输出失败,则返回一个 EOF(值为-1)。

putc 函数调用形式和功能与 fputc 函数完全相同。

(2)fgetc 函数。

fgetc 函数原型:

  int fgetc(FILE * fp);

fgetc 函数用于从指定文件读入一个字符。一般调用形式为

  ch=fgetc(fp);

功能 从 fp 所指向的文件中读入一个字符,把它作为函数值返回,并赋给 ch。

getc 函数调用形式和功能与 fgetc 函数完全相同。

4. fjputs 函数和 fgets 函数

(1) fputs 函数。

fputs 函数原型:

  int fputs(char * str, FILE * fp);

fputs 函数用于把一个字符串写到磁盘的文件中去。其一般调用形式为

```
fputs(str,fp);
```

功能 将字符串 str 输出到 fp 所指向的文件中去。str 可以是一个字符串常量、指向字符串的指针或存放字符串的字符数组名。用此函数输出时,字符串中最后的"\0"并不输出,也不会自动加"\n"。输出成功函数值为正整数,否则为 EOF(值为-1)。

(2) fgets 函数。

fgets 函数原型:

```
char  * fgets(char  * str, int  n, FILE  * fp);
```

fgets 函数从指定文件读入一个字符串。一般调用形式为

```
ch = fgets(str,n,fp);
```

功能 从 fp 所指向的文件中读入 n-1 个字符,然后在最后加一个"\0"字符,因此得到的字符串总共有 n 个字符,把它们放入 str 为起始地址的空间内。如果在未读满 n-1 个字符之前已读到一个 EOF(文件结束标志),则结束本次读写。fgets 函数返回值为 str 的首地址。

gets 函数调用形式和功能与 fgets 函数完全相同。

【例 11-9】 有两个磁盘文件 string1.txt 和 string2.txt,其中各存放一行字母,要求把这两个文件中的信息合并后并按字母顺序输出到一个新的磁盘文件 string.txt 中。

```
#include <stdlib.h>
#include <stdio.h>
intmain( )
{ FILE  * fp;         /*定义文件指针 fp*/
int i,j,count,count1;
char string[150] = "",t,ch;
if((fp = fopen("string1.txt","r")) = = NULL)    /*以只读方式打开文件 string1.txt*/
{
  printf("文件 string1 打开失败!\n");
  exit(1);
}
printf("\n 读取到文件 string1 的内容为:\n");
for(i = 0;(ch = fgetc(fp))! = EOF;i + + )   /*依次读出 fp 所指文件 string1.txt 中内容存入数组 string 中,直到文件结尾*/
{
  string[i] = ch;
  putchar(string[i]);
}
```

```c
    fclose(fp);      /*关闭fp所指文件string1.txt*/
    count1 = i;    /*记录连接数组2的位置*/
    if((fp = fopen("string2.txt","r")) = = NULL)      /*以只读方式打开文件string2.txt*/
    {
       printf("文件string2打开失败!\n");
       exit(1);
    }
    printf("\n读取到文件string2的内容为:\n");
    for(i = count1;(ch = fgetc(fp))! = EOF;i + +)     /*依次读出fp所指文件string2.txt中内容追加存入数组string中,直到文件结尾*/
    {
       string[i] = ch;
       putchar(string[i]);
    }
    fclose(fp);     /*关闭fp所指文件string1.txt*/
    count = i;    /*记录数组string的长度*/
    for(i = 0;i<count;i + +)    /*冒泡排序算法对数组内容进行排序*/
       for(j = i + 1;j<count;j + +)
          if(string[i]>string[j])
          {
             t = string[i];
             string[i] = string[j];
             string[j] = t;
          }
    printf("\n排序后数组string的内容为:\n");
    printf(" % s\n",string);
    fp = fopen("string.txt","w");    /*以写的方式打开文件string.txt*/
    fputs(string,fp);       /*将数组string的内容一次性写入到fp所指的文件string.txt中*/
    printf("并已将该内容写入文件string.txt中!");
    fclose(fp);     /*关闭fp所指文件string.txt*/
    return 0;
}
```

分析 本例程序的功能是将两个文件中的字符串合并后按照字母顺序存入另外一个文件中。首先将第一个文件中的内容依次读入字符数组string中,并用count1记录下次要读入字符的位置,然后将第二个文件中的内容从string[count1]的位置继续读入,此时已将两个文件中的字符串全部存入字符数组 string 中,接着利用冒泡排序算法将这些字符按照字母顺序进行排序,即 string 字符数组中现存的是已排好序的字符串。最后将字符数组 string 中的内容一次性写入文件 string.txt 中。

5. fiprintf 函数和 fscanf 函数

fscanf 函数和 fprintf 函数只能对文本文件进行读和写操作。它们的功能分别与 scanf 函数和 printf 函数相仿,都是格式化读写函数,只是读写操作的对象是文本文件中的数据。它们的一般调用方式分别为

fprintf(文件指针,格式字符串,输出表列);
fscanf(文件指针,格式字符串,输入表列);

例如　fprintf(fp,"%d,%6.2f",i,f);

若文件指针 fp 已经指向了一个打开的文本文件,它的功能是将整型变量 i 和实型变量 f 的值按照%d 和%6.2f 的格式输出到 fp 指向的文件中。如果 i=3,f=6.5,则输出到磁盘文件上的是以下字符串

3、6.50

例如　fscanf(fp,"%d%d",&a,&b);

若文件指针 fp 已经指向了一个打开的文本文件,它的功能就是从 fp 所指向的文件中读入两个整数放入变量 a 和 b。

【例 11-10】分析以下程序的输出结果。

```
int main()
{
FILE *fp;
char str[100]="hello";
printf("(1)The string of str is:%s\n",str);
fp=fopen("snut.dat","w");
fprintf(fp,"%s","SNUT");
fclose(fp);
fp=fopen("snut.dat","r");
fscanf(fp,"%s",str);
printf("(2)The string of str is:%s",str);
fclose(fp);
return 0;
}
```

答案:

(1)The string of str is:hello
(2)The string of str is:SNUT

分析　定义一个字符数组存储字符串 hello,输出该数组中的字符串,故为 hello;用 fopen 函数以"w"方式打开文件 snut.dat,并让文件指针 fp 指向此文件,接着用 fprintf 函数以字符串格式把"SNUT"写入 fp 所指向的文件中,即 snut.dat。用 fclose 关闭此文件。再以"r"方式打开这个文件,fscanf 函数是从 fp 指向的文件位置以%s 的格式将文件内容读入数组 str 中。所以再输出数组 str 的内容就是 SNUT。

6. fwrite 函数和 fread 函数

fwrite 函数和 fread 函数用来读、写二进制文件,它们的调用形式如下

fwrite(buffer,size,count,fp);

fread(buffer,size,count,fp);

其中,buffer 是数据库指针,对于 fwrite 来说,它是准备输出的数据块的起始地址;对 fread 来说,它是内存块首地址,输入的数据存入此内存块中。size 表示每个数据块的字节数。count 用来指定每读、写一次输出或者输入的数据块个数。fp 为文件指针。

【例 11-11】 执行以下程序后,分析 text.txt 文件的内容(若文件能正常打开)。

```
#include <stdio.h>
int main()
{
FILE *fp;
char *s1 = "Fortran", *s2 = "Basic";
if((fp = fopen("d:\text.txt","wb")) = = NULL)
  {
    printf("Can't open text.txt file\n");
    exit(0);
  }
fwrite(s1,7,1,fp);
fseek(fp,0L,SEEK_SET);
fwrite(s2,5,1,fp);
fclose(fp);
return 0;
}
```

分析　本例中的第一个 fwrite 函数将字符串 s1 的前 7 个字母写入文件 text.txt 中,即"Fortran"。然后调用 fseek 函数将文件指针的位置移动到文件开头。第二个 fwrite 函数将字符串 s2 的前 5 个字符输入文件中,由于是从文件头部开始书写,所以覆盖掉文件中原来开头的 5 个字符,后面的字符保持不变。因此文件的内容为"Basican"。

习 题

一、选择题

1. 以下叙述不正确的是（ ）。
   A. 预处理命令行都必须以#开始
   B. 在程序中凡是以#开始的语句行都是预处理命令行
   C. C 程序在执行过程中对预处理命令行进行处理
   D. 预处理命令行可以出现在 C 程序中任意一行上

2. 以下叙述中正确的是（ ）。
   A. 在程序的一行上可以出现多个有效的预处理命令行
   B. 使用带参数的宏时，参数的类型应与宏定义时的一致
   C. 宏替换不占用运行时间，只占用编译时间
   D. C 语言的编译预处理就是对源程序进行初步的语法检查

3. 以下有关宏替换的叙述不正确的是（ ）。
   A. 宏替换不占用运行时间
   B. 宏名无类型
   C. 宏替换只是字符替换
   D. 宏名必须用大写字母表示

4. 在宏定义 #define PI 3.1415926 中，用宏名 PI 代替一个（ ）。
   A. 单精度数   B. 双精度数   C. 常量   D. 字符串

5. 以下程序的运行结果是（ ）。
   ```
   #define ADD(x) x+x
   int main( )
   { int m=1,n=2,k=3,sum ;
     sum = ADD(m+n)*k ;
     printf( "%d\n",sum ) ;
     return 0 ;
   }
   ```
   A. 9   B. 10   C. 12   D. 18

6. 以下程序的运行结果是（ ）。
   ```
   #define MIN(x,y) (x)>(y) ? (x):(y)
   int main( )
   { nt i=10, j=15 , k;
     k = 10*MIN( i,j );
     printf( "%d\n",k );
   ```

         return 0；
      }
   A. 10   B. 15   C. 100   D. 150
7. 在任何情况下计算平方数都不会引起二义性的宏定义是（　　）。
   A. ♯define POWER(x) x＊x   B. ♯define POWER(x) (x)＊(x)
   C. ♯define POWER(x) (x＊x)   D. ♯define POWER(x) ((x)＊(x))
8. 若执行 fopen 函数时发生错误，则函数的返回值是（　　）。
   A. 地址值   B. 0   C. 1   D. EOF
9. 若要用 fopen 函数打开一个新的二进制文件，该文件既要能读也能写，则文件打开方式字符串应是（　　）。
   A. ab＋   B. wb＋   C. rb＋   D. ab
10. 利用 fseek 函数可实现的操作是（　　）。
    A. 改变文件的位置指针   B. 文件的顺序读写
    C. 文件的随机读写   D. 以上答案均正确
11. 函数 ftell(fp) 的作用是（　　）。
    A. 得到流式文件中的当前位置   B. 移动流式文件的位置指针
    C. 初始化流式文件的位置   D. 以上答案均正确

二、填空题

1. 以下程序的输出结果是 ＿＿＿＿＿＿＿ 。
   ```
   #define M(x,y,z) x*y+z
   int main( )
   { int a=1,b=2,c=3;
      printf("%d\n",M(a+b,b+c,c+a));
      return 0;
   }
   ```
2. C语言流式文件的两种形式是 ＿＿＿＿＿ 和 ＿＿＿＿＿ 。
3. C语言打开文件的函数是 ＿＿＿＿＿ ，关闭文件的函数是 ＿＿＿＿＿ 。
4. 以下程序的功能是将文件 file1.c 的内容输出到屏幕上并复制到文件 file2.c 中。
   ```
   #include <stdio.h>
   int main( )
   { FILE ＿＿＿＿＿ ;
      fp1=fopen("file1.c","r");
      fp2=fopen("file2.c","w");
      while(!feof(fp1))
         putchar(getc(fp1));
      ＿＿＿＿＿
   ```

```
       while ( ! feof(fp1))
         putc(_____);
       fclose( fp1 );
       fclose( fp2 ) ;
       return 0;
   }
```

5. 以下程序中通过定义学生结构体变量,存储了学生的学号、姓名和三门课的成绩。所有学生数据均以二进制方式输出到文件中。函数 fun 的功能是重写形参 filename 所指文件中最后一个学生的数据,即用新的学生数据覆盖该学生原来的数据,其他学生的数据不变。请在程序中 fun 函数体的下画线处填入正确的内容,使程序得出正确的结果。

```
   #include <stdio.h>
   #define N 5
   typedef struct student {
     long sno;
     char name[10];
     float score[3];
   } STU;
   void fun( char  *filename, STU  n )
   { FILE  *fp;
     fp = fopen(_____, "rb+" );
     fseek(_____, -( long )sizeof(STU ), SEEK_END );
     fwrite( &n, sizeof(STU), 1, _____);
     fclose( fp );
   }
   int main( )
   { STU  t[N] = {{10001,"MaChao", 91, 92, 77}, {10002,"CaoKai", 75, 60, 88},
                 {10003,"LiSi", 85, 70, 78},   {10004,"FangFang", 90, 82, 87},
                 {10005,"ZhangSan", 95, 80, 88}};
     STU  n = {10006,"ZhaoSi", 55, 70, 68}, ss[N];
     int i,j;
     FILE  *fp;
     fp = fopen( "student.dat", "wb" );
     fwrite( t, sizeof(STU), N, fp );
     fclose( fp );
     fp = fopen( "student.dat", "rb" );
     fread( ss, sizeof(STU), N, fp );
     fclose( fp );
```

```
       printf( "\nThe original data :\n\n" );
       for ( j = 0; j<N; j + + )
       { printf( "\nNo: % ld    Name: % - 8s      Scores: ",ss[j]. sno, ss[j]. name );
          for ( i = 0; i<3; i + + )   printf( " % 6.2f ", ss[j]. score[i] );
          printf( "\n" );
       }
       fun( "student. dat", n );
       printf( "\nThe data after modifing :\n\n" );
       fp = fopen( "student. dat", "rb" );
       fread( ss, sizeof(STU ), N, fp );
       fclose( fp );
       for ( j = 0; j<N; j + + )
       { printf("\nNo: % ld    Name: % - 8s      Scores: ",ss[j]. sno, ss[j]. name);
          for (i = 0; i<3; i + + )   printf(" % 6.2f ", ss[j]. score[i]);
          printf("\n");
       }
       return 0;
    }
```

三、程序设计题

1. 编写一个程序,比较两个文件内容是否相同,若相同输出"YES",否则输出"NO"。
2. 编写一个程序,可以将指定的两个文本文件连接生成一个新的文本文件。
3. 有 5 个学生,每个学生有 3 门课程的成绩,从键盘输入以下数据(包括学号、姓名、3 门课程的成绩),计算出平均成绩,将原始数据和计算出的平均分存放在磁盘文件 student 中。

附　　录

附录1　C语言中的37个关键字及含义

1. char：声明字符型变量或函数
2. double：声明双精度变量或函数
3. enum：声明枚举类型
4. float：声明浮点型变量或函数
5. int：声明整型变量或函数
6. long：声明长整型变量或函数
7. short：声明短整型变量或函数
8. signed：声明有符号类型变量或函数
9. struct：声明结构体变量或函数
10. union：声明共用体（联合）数据类型
11. unsigned：声明无符号类型变量或函数
12. void：声明函数无返回值或无参数，声明无类型指针
13. for：一种循环语句
14. do：循环语句的循环体
15. while：循环语句的循环条件
16. break：跳出当前循环
17. continue：结束当前循环，开始下一轮循环
18. if：条件语句
19. else：条件语句否定分支（与 if 连用）
20. goto：无条件跳转语句
21. switch：用于开关语句
22. case：开关语句分支
23. default：开关语句中的"其他"分支
24. return：子程序返回语句（可以带参数，也看不带参数）
25. auto：声明自动变量（一般不使用）
26. extern：声明变量是在其他文件正声明（也可以看作是引用变量）
27. register：声明积存器变量
28. static：声明静态变量

29. const：声明只读变量
30. sizeof：计算数据类型长度
31. typedef：用以给数据类型取别名（当然还有其他作用）
32. volatile：说明变量在程序执行中可被隐含地改变
33. inline：内联函数，是为了解决 C 预处理器宏存在的问题而提出一种解决方案
34. restric：用于告诉编译器某个指针所指向的内存区域是唯一的
35. bool：声明一个 bool 类型变量
36. _Complex：表示复数，复数类型包括一个实部和一个虚部
37. _Imaginary：表示虚数，虚数类型没有实部，只有虚部

附录 2　ASCII 码对照表

ASCII 值	控制字符	ASCII 值	控制字符	ASCII 值	控制字符	ASCII 值	控制字符
0	NULL	32	(space)	64	@	96	`
1	SOH	33	!	65	A	97	a
2	STX	34	"	66	B	98	b
3	ETX	35	#	67	C	99	c
4	EOT	36	$	68	D	100	d
5	ENQ	37	%	69	E	101	e
6	ACK	38	&	70	F	102	f
7	BEL	39	,	71	G	103	g
8	BS	40	(	72	H	104	h
9	HT	41	)	73	I	105	i
10	LF	42	*	74	J	106	j
11	VT	43	+	75	K	107	k
12	FF	44	,	76	L	108	l
13	CR	45	-	77	M	109	m
14	SO	46	.	78	N	110	n
15	SI	47	/	79	O	111	o
16	DLE	48	0	80	P	112	p
17	DCI	49	1	81	Q	113	q
18	DC2	50	2	82	R	114	r
19	DC3	51	3	83	S	115	s
20	DC4	52	4	84	T	116	t
21	NAK	53	5	85	U	117	u
22	SYN	54	6	86	V	118	v
23	TB	55	7	87	W	119	w
24	CAN	56	8	88	X	120	x
25	EM	57	9	89	Y	121	y
26	SUB	58	:	90	Z	122	z
27	ESC	59	;	91	[	123	{
28	FS	60	<	92	\	124	|
29	GS	61	=	93	]	125	}
30	RS	62	>	94	^	126	~
31	US	63	?	95	_	127	DEL

附录3 C语言中的运算符和优先级

优先级	运算符	名称或含义	使用形式	结合方向
1	[]	数组下标	数组名[长度]	从左往右
	()	小括号	(表达式)或函数名(形参表)	
	.	取成员	结构体名.成员	
	->	指针	结构体指针->成员	
2	-	负号运算符	-表达式	从右往左
	()	强制类型转换	(数据类型)表达式	
	++	自增运算符	++变量或变量++	
	--	自减运算符	--变量或变量--	
	*	取内容	*指针变量	
	&	取地址	&变量名	
	!	逻辑非	!表达式	
	~	按位取反	整型表达式	
	sizeof	求长度	sizeof(表达式)	
3	/	除	表达式/表达式	从左往右
	*	乘	表达式*表达式	
	%	取余	表达式/表达式	
4	+	加	表达式+表达式	从左往右
	-	减	表达式-表达式	
5	<<	左移	变量<<表达式	从左往右
	>>	右移	变量>>表达式	
6	>	大于	表达式>表达式	从左往右
	>=	大于或等于	表达式>=表达式	
	<	小于	表达式<表达式	
	<=	小于或等于	表达式<=表达式	
7	==	等于	表达式==表达式	从左往右
	!=	不等于	表达式!=表达式	
8	&	按位与	表达式&表达式	从左往右
9	^	按位异或	表达式^表达式	从左往右
10	|	按位或	表达式|表达式	从左往右
11	&&	逻辑与	表达式&&表达式	从左往右
12	||	逻辑或	表达式||表达式	从左往右
13	?:	条件运算符	表达式1?表达式2：表达式3	从右往左

续表

优先级	运算符	名称或含义	使用形式	结合方向
14	=	赋值运算符	变量 = 表达式	从右往左
	/=	除后再赋值	变量 /= 表达式	
	*=	乘后再赋值	变量 *= 表达式	
	%=	取余后再赋值	变量 %= 表达式	
	+=	加后再赋值	变量 += 表达式	
	-=	减后再赋值	变量 -= 表达式	
	<<=	左移再赋值	变量 <<= 表达式	
	>>=	右移再赋值	变量 >>= 表达式	
	&=	按位与再赋值	变量 &= 表达式	
	^=	按位异或再赋值	变量 ^= 表达式	
	|=	按位或再赋值	变量 |= 表达式	
15	,	逗号表达式	表达式,表达式,…	从左往右

附录4 C语言中常用的函数解析

1. 数学函数

调用数学函数时，要求在源文件中包下以下命令行：

♯include〈math.h〉

函数原型说明	功能	返回值
in tabs(int x)	求整数 x 的绝对值	计算结果
double fabs(double x)	求双精度实数 x 的绝对值	计算结果
double acos(double x)	计算 $\cos^{-1}(x)$ 的值	计算结果
double asin(double x)	计算 $\sin^{-1}(x)$ 的值	计算结果
double atan(double x)	计算 $\tan^{-1}(x)$ 的值	计算结果
double atan2(double x)	计算 $\tan^{-1}(x/y)$ 的值	计算结果
double cos(double x)	计算 $\cos(x)$ 的值	计算结果
double cosh(double x)	计算双曲余弦 $\cosh(x)$ 的值	计算结果
double exp(double x)	求 e^x 的值	计算结果
double fabs(double x)	求双精度实数 x 的绝对值	计算结果
double floor(double x)	求不大于双精度实数 x 的最大整数	
double ceil(double);	返回不小于参数的整数	
double round(double);	返回小数对整数部分的四舍五入值	
double fmod(double x,double y)	求 x/y 整除后的双精度余数	
double frexp(double val,int * exp)	把双精度 val 分解尾数和以 2 为底的指数 n，即 val $= x*2n$, n 存放在 exp 所指的变量中	返回位数 x $0.5 \leqslant x < 1$
double log(double x)	求 $\ln x$	计算结果
double log10(double x)	求 $\lg 10x$	计算结果
Double modf(double val,double * ip)	把双精度 val 分解成整数部分和小数部分，整数部分存放在 ip 所指的变量中	返回小数部分
double pow(double x,double y)	计算 x^y 的值	计算结果
double sin(double x)	计算 $\sin(x)$ 的值	计算结果
double sinh(double x)	计算 x 的双曲正弦函数 $\sinh(x)$ 的值	计算结果
double sqrt(double x)	计算 x 的开方	计算结果
double tan(double x)	计算 $\tan(x)$	计算结果
double tanh(double x)	计算 x 的双曲正切函数 $\tanh(x)$ 的值	计算结果

2. 字符函数

调用字符函数时,要求在源文件中包下以下命令行:

♯include〈ctype.h〉

函数原型说明	功能	返回值
int isalnum(int ch)	检查 ch 是否为字母或数字	是,返回 1;否则返回 0
int isalpha(int ch)	检查 ch 是否为字母	是,返回 1;否则返回 0
int iscntrl(int ch)	检查 ch 是否为控制字符	是,返回 1;否则返回 0
int isdigit(int ch)	检查 ch 是否为数字	是,返回 1;否则返回 0
int isgraph(int ch)	检查 ch 是否为 ASCII 码值在 ox21 到 ox7e 的可打印字符(即不包含空格字符)	是,返回 1;否则返回 0
int islower(int ch)	检查 ch 是否为小写字母	是,返回 1;否则返回 0
int isprint(int ch)	检查 ch 是否为包含空格符在内的可打印字符	是,返回 1;否则返回 0
int ispunct(int ch)	检查 ch 是否为除了空格、字母、数字之外的可打印字符	是,返回 1;否则返回 0
int isspace(int ch)	检查 ch 是否为空格、制表或换行符	是,返回 1;否则返回 0
int isupper(int ch)	检查 ch 是否为大写字母	是,返回 1;否则返回 0
int isxdigit(int ch)	检查 ch 是否为 16 进制数	是,返回 1;否则返回 0
int tolower(int ch)	把 ch 中的字母转换成小写字母	返回对应的小写字母
int toupper(int ch)	把 ch 中的字母转换成大写字母	返回对应的大写字母

3. 字符串函数

调用字符函数时,要求在源文件中包下以下命令行:

♯include〈string.h〉

函数原型说明	功能	返回值
char strcat(char * s1,char * s2)	把字符串 s2 接到 s1 后面	s1 所指地址
char gets(* s)	输入一个字符串到 s	
char puts(* s)	输出一个字符串到显示器终端	
int strcmp(char * s1,char * s2)	对 s1 和 s2 所指字符串进行比较	s1<s2,返回负数;s1==s2,返回 0;s1>s2,返回正数
char strcpy(char * s1,char * s2)	把 s2 指向的串复制到 s1 指向的空间	s1 所指地址
unsigned strlen(char * s)	求字符串 s 的长度	返回串中字符(不计最后的'\0')个数

4. 动态分配函数和随机函数

调用字符函数时,要求在源文件中包下以下命令行:
♯include 〈stdlib.h〉

函数原型说明	功能	返回值
void * calloc(unsigned n, unsigned size)	分配 n 个数据项的内存空间,每个数据项的大小为 size 个字节	分配内存单元的起始地址;如不成功,返回 0
void * free(void * p)	释放 p 所指的内存区	无
void * malloc(unsigned size)	分配 size 个字节的存储空间	分配内存空间的地址;如不成功,返回 0
void * realloc(void * p, unsigned size)	把 p 所指内存区的大小改为 size 个字节	新分配内存空间的地址;如不成功,返回 0
int rand(void)	产生 0~32767 的随机整数	返回一个随机整数
voidexit(int state)	程序终止执行,返回调用过程 state 为 0 正常终止,非 0 非正常终止	无